知識橋 系列 1

評鑑力

企業與組織創造績效的魔法師

傅志鵬
Jace Fu

著

巨流圖書公司印行

作者簡介：

傅志鵬

學歷：

國立新竹師範學院教育學碩士

國立台灣科技大學企業管理學系博士班（肄）

現職：

3E 魔法學院校長

經歷：

苗栗縣豐田國小、栗林國小、銅鑼國小校長合計13年

美國專案管理學會專案管理師（PMP）

苗栗縣教育人員研究著作審查委員

苗栗縣中小學校長、主任儲訓班輔導校長

苗栗縣資深優良教師、特殊優良教師評審委員

國立新竹教育大學特聘校友諮詢委員

評鑑資歷：

教育部交通安全教育評鑑苗栗縣受評學校輔導委員

教育部體育署運動 i 台灣地方訪視委員

苗栗縣交通安全教育評鑑委員

苗栗縣樂齡學習中心評鑑委員

苗栗縣學校衛生與健康促進訪視委員

苗栗縣攜手計畫課後扶助訪視委員

苗栗縣台灣母語日暨本土語言訪視委員

苗栗縣本土教育訪視委員

苗栗縣客語生活學校訪視委員

受評績效：

教育部交通安全教育評鑑全國第二名（含各直轄市2所代表學校）

教育部建置防災校園評比銀質獎（全國備選學校共七十餘所）

教育部攜手計畫訪視「直轄市、縣（市）績優學校—特優」（二次）

教育部補救教學實施方案訪視特優（二次）

苗栗縣國中小學提升閱讀計畫訪視特優

苗栗縣國民中小學校網站觀摩評比特優

苗栗縣生活教育評鑑特優

苗栗縣台灣母語日訪視特優

苗栗縣客語生活學校訪視特優（三次）

部落格：

知識橋（https://make-fortune.blogspot.com/）

Email：

fuchpeng@gmail.com

評鑑力，組織成長與創新的引擎
范揚松

（企管博士／教授；大人物知識管理集團董事長）

　　因緣俱足之下，有機會認識傅志鵬校長，拜讀其大著《評鑑力：企業與組織創造績效的魔法師》，十分驚喜傅校長寫作的視角與風格，這是國內第一本以被評鑑者的角度書寫的評鑑書籍；內容則旁及學校教育、企業機構、社團法人等相關概念、模式及工具，可謂傳經送寶，金針度人。

　　作者 31 年教育職涯中，歷任 3 所國小校長，有 13 年校務管理經驗，曾經擔任各項評鑑／訪視委員及輔導委員久經江湖，觀千劍然後知劍；評鑑眼光訓練有素，洞若觀火，公平公正。他領導的學校也接受評鑑，獲全國第二名兩次及苗栗縣十餘次特優等級獎勵表揚，輝煌的成果，領袖群倫，引領風騷多年。這也是他治理論實務一爐，寫出此書的底氣與實力，頗有可觀。

　　更令人驚艷的是，作者除學校教育行政有豐富知識、經驗外，他跨界學習，攻讀企業管理博士學位學程，斜槓多年，融貫多元智慧，紮下深厚的學養，舉凡企業經營、專案管理、詩詞歌賦、藝文創作都是本書寫作的思路與內容來源，消融一體，相互啟發，應用之妙存乎一心！

　　本書體大思精、綱舉目張，共分十二章節，被評鑑者若對評鑑產生困惑、壓力、焦慮或疑問，都可在本書的價值主張：3 個觀點（第一～三章）、8 大魔法（第四～十一章）及 16 進階（第十二章）得到解答與真傳，此書為隨時可參閱的寶典。

　　揆其內容，作者完成《評鑑力》這本書，有十大特色（請詳本書外觀文案介紹）值得向讀者推介，也是其獨特的亮點。本人因擔任顧問多年，常受聘對機關、企業、社團進行評鑑，早年研讀博班，研究評鑑中心測量信效度探討，後參與服務品質獎、傑出總經理獎、傑出台商獎評選多年，加上受政府委託評鑑產業園區，亦接受美國 IEET 高教評鑑師訓練，因此對本書十大亮點特色，感悟尤深。

　　曾以系統理論「因（input）－緣（process）－果（output）－報（feedback）」觀點，與作者切磋評鑑過程，是開放的系統性工程，評鑑本身不是目的，是組織雙迴路或三迴路的組織學習、反思與成長再啟動，也是推進績效的引擎。

　　我更重視的是如何應用評鑑結果與報告分析找出短板更精進、更創新、更成長、更高績效；找錯糾偏固然需要面對挑戰，排序前矛，應要肯定激勵；若有薄弱環節應強化改善或爭取資源協助；不妨善用外部行銷推廣成果；凝聚內部價值與行動，評鑑只是組織成長的再開始新啟點。

　　最後以二首藏頭詩嵌：《評鑑有力‧績效精進》及《因緣果報‧競標成長》，與大家共勉並祝此書出版成功，人手一冊，洛陽紙貴，暢銷長銷。

　　1. 嵌《評鑑有力‧績效精進》
　　評比擺位登高台，**鑑**空衡平創新裁；
　　有案可稽堂奧破，**力**能拔山金石開！
　　績學鴻篇壯情懷，**效**功處實三十載；
　　精金百煉智慧藏，**進**退損益敢慷慨！

2. 嵌《因緣果報・競標成長》

　因勢利導創績效，**緣**情體物筆出鞘；

　果行育德金針度，**報**本反始步步高！

　競局評鑑有門道，**標**竿指引領風騷；

　成算在心魔法師，**長**虹跨界射大雕！

從容迎接評鑑

黃新發

（前教育部國民及學前教育署副署長；國立聯合大學兼任教授）

　　一昧指責「評鑑猛如虎」難免被指偏激，然而，眾所皆知、無庸置疑的是各行各業談「被評鑑」而色變。坊間不乏談「評鑑」的書，大都是從「評鑑者」觀點，談如何進行評鑑。志鵬校長在這本書中也談「評鑑」，是從「被評鑑者」的角度，探討「評鑑力」的議題。

　　縱然是從被評鑑者的立場出發，這位教學與行政經驗豐富，領導卓越的學校行政主管，在功成身退後，將自身長年被評鑑而累積的「備評」經驗，忠實地分享給讀者。全書娓娓道來、鉅細靡遺，不批評、沒埋怨，也無太多學理的堆砌。字裡行間流露著陽光、正向，真誠的教您如何積極、從容迎接「被評鑑」。

　　「行政歷程之父」費堯（Henri Fayol）提出 POCCC 對「行政」解釋為計劃（plan）、組織（organize）、命令（command）、協調（coordinated）及控制（control）的歷程。學者謝文全（2004）亦認為「學校行政」乃是計畫（planning）、組織（organization）、溝通（communication）、領導（leading）與評鑑（evaluation）的歷程。管理學中的「控制系統」（control system）原理，應用在學校行政，就是「評鑑」（evaluation）什麼，就代表希望學校朝那一方面投下較多人力、注意力和資源。當前實際的情況顯然不同，在面對上級多如牛毛、未加整合、名目各異的預期或不預期的考核或評鑑時，學校幾乎是窮於應付，評鑑失去原本的自

主健檢的意義。

志鵬校長之於評鑑可謂身經百戰，給「評鑑力」的定義，是從運用「計畫力」定案，透過「規劃力」研修課程；順應需求，發揮「溝通力、協調力、應變力、教學力、整合力、創新力、資源取用力或問題解決力」支撐、落實「執行力」，藉「檢核力」的控管，最後以「學習力和省思力」接受評鑑。簡言之，「評鑑力」是一種從「計畫力」至「省思力」的十四項能力綜整的動態歷程。

在所有篇章中，第八章「製作一擊致勝的簡報」，誠如志鵬校長說「是評鑑最強而有力的攻心之術」，具有畫龍點睛的「開路、濃縮、優化、說服和差異」的功能。簡報就是一個帶領評鑑者登堂入室的前鋒，學校因此御風而上或慘遭內傷都有可能。志鵬校長深獲其益而悟出獨領風騷的簡報，是具有：醒目標題、統一格式、謙遜思維、專業脈絡、強調核心、質量並重、軟硬兼施、特殊事蹟、成效檢核、後設認知、績效對照、感性氛圍和惕勵未來的精彩簡報。

志鵬校長對備評的建議不浮誇、不躁進、不取巧，是一步一腳印，是按部就班、次第進行，可以說是做好評鑑準備的葵花寶典，是一本教您如何準備「評鑑」的工具書，是透露秘辛的嘔心瀝血之作。

面對接踵而來的考核和評鑑，無論從組織面和流程來看，要能做到人事圓滿和諧、組織運作順遂，顯然都是一次一次嚴酷的考驗！

親愛的讀者們！不妨相信我的閱讀心得，那就是「開卷有益」。

術以載道，評鑑創績效

顏國樑

（國立清華大學教育與學習科技學系教授）

在「評鑑」這個領域，相關知識與技術的研究發展從來未曾停歇，持續經由專家學者及實務工作者的探究與精進，以圓融學理內涵、誘導思維進化及策勵行動實踐，故而能「積跬步致千里，積小流成江海」，匯聚、凝練到今日的格局與層次。

這一套學理，毫無疑問已經做了廣泛的延伸與應用，正如作者費心整理於書中的資訊，包括教育、行政、金融、金管、科技、文化、公益、房仲、餐飲、旅遊、工藝、醫療、衛福、勞動、社工、民政、環保、宗教等，各領域都看得到「評鑑」的身影。

然而，你可有注意到？談論了這麼多年，規劃、執行了無數的評鑑專案，大多是從誰的立場來著眼？主辦方！評鑑者！意欲透過評鑑活動、結果、獎勵、追蹤、輔導等機制，給予受評者認可、鼓勵、導正或協助，那是一種「外在」的、「賦能」的影響力量，效果如何自有公論。本書所選擇的視角及強調的旨趣，則迥異於前者，是「內在」的、「自省／自助／自我修練」的受評者取向，當企業與組織的「知行思」臻於某個境界，便彷彿成就了魔法藝術，面對任何評鑑皆能無往不利。

作者在書中提到老子的一段話：「有道無術，術尚可求也；有術無道，止於術。」也就是說，如果能掌握事物的原理，即便沒有技術，仍可學習而得；若只學得技術，卻不了解它的本質，就只能停留在低層次的技術。綜觀本書，在各大魔法及進階祕訣中，都能

舉出具體的應用實例，作為價值鏈分析、微笑曲線、藍海策略、全面品質管理、五力分析、知識管理、組織學習⋯等管理、領導、教育理論落實於評鑑的驗證，可謂「術以載道」，同時兼顧了理論與實務，有益於受評者創造評鑑績效。

每一本書都應該能讓讀者有所收穫和進益，才是一種價值提供與分享。本書除了以 3 個觀點、8 大魔法及 16 進階構成其價值主張之外，還廣泛運用小說、戲劇、電影、音樂、詩詞、文章、歷史、故事、典籍、醫理、選秀、棋藝、體育、廣告、卡通、新知、技術、旅遊、企業、人物各類素材，妙筆生花、寓意澄明，立基於第一本論述「評鑑力」的專著，發揮出 10 大特色，並且淬鍊出 14 點獨創心法與論點，已然顯現高度的閱讀磁吸效應。

本人與作者志鵬校長結緣甚早，那是在新竹師院時期的碩士班課程；之後，因為學位論文寫作的需要，我成為他的指導教授。印象所及，由於其論文頗具開拓性與原創性，並且排版工整、細膩精緻，因此推薦參加全國博碩士論文獎選拔，也推薦給其他研究生當作編輯參考。2014 年，久別的人難得重逢，志鵬校長卻鴻圖遠志，繼續就讀頂尖大學管理類博士班，請我為他寫推薦函，那是第一次讓我感受到他的「非典思維」；時隔多年，他又再一次讓我驚豔，請我為本書撰寫推薦序。儘管，他用「我這個愛搞怪的學生」來形容自己，在我看來，有何不好呢？從教育跨到管理，正符合目前社會強調跨領域的學習。

寫書，是一條漫長的道路，需要有堅定的力量才能完成。很高興志鵬校長一本初衷、有志竟成！除了恭喜、道賀之外，也期勉他再接再厲，持續創作更多優質的作品，豐富專業領域的內涵。在書

籍的世界，不必一定奢求大作，只要有潛心著述者奉獻智慧與經驗，都將是讀者的福氣。

開卷有得，歡爾有喜

傅志鵬

　　我從 2021 年 10 月 25 日開始，當一個「全職」的知識工作者。這本書，是第一件成果，耗時一年二個月又七天完成初稿。能夠出版分享給讀者，是我幸福人生的嶄新篇章，而如果你喜歡，且在閱讀之後有所收穫，那麼，它便為你創造了價值。

　　本書的焦點在於：「評鑑力」如何為企業或組織創造績效價值。這是一套兼顧理論與實務的魔法祕訣，雖有不少特色，也有一些獨創的心法和論點，但它無法保證你每次都獲得「特優」，只確信能提高獲勝的機率。

　　在你的工作或生活中，也許不必面對評鑑，但還是可以擁有這本書，因為裡頭有許多管理、領導、教育的故事及案例，我很厚臉皮地說，它潛藏著難得聽聞的經驗與智慧。

　　不過，也許你是要和評鑑交手的人，它好比朱自清《匆匆》裡的一段描述：「燕子去了，有再來的時候；楊柳枯了，有再青的時候；桃花謝了，有再開的時候…」無論樂意與否，它總會一而再、再而三地來向你叫陣！

　　所以，你將難以避免地和它碰撞出「愛的火花」，談幾場轟轟烈烈的「第六感生死戀」，走幾段歡喜、悲傷、焦躁、痛楚…的心路歷程。

　　胡適在《夢與詩》中這麼寫道：「醉過才知酒濃，愛過才知情重；你不能做我的詩，正如我不能做你的夢。」大凡經歷過評鑑的

人，就會像「醉知酒濃」、「愛知情重」一般，有深切的感觸。只是，這感觸點滴由心，可能每一個人不同，又會像「你不能做我的詩，正如我不能做你的夢」一樣，心之所向分歧，身之所往亦將殊途，終至重複得到迥異的結果。

假若不在乎評鑑，「笑罵由人笑罵，好官我自為之」，日子依然可以快樂天堂。但，這是你要的嗎？我相信不是！那麼，本書會是你的最好夥伴：為你分憂解惑，陪你學習成長，幫助你提升實力、整理戰果、突顯差異、包裝行銷，最後奪取錦標！

全書章次的編排，同時考慮學理脈絡及評鑑流程，第一～第三章建立重要的認知基礎；第四～第七章論述必需的業務知識、能力與技術；第八～第九章談論評鑑實務的勝出關鍵；第十章強調細節對於所有評鑑面向和歷程的用處；第十一章倡議評鑑的經驗學習可促使組織進化；第十二章提出優化評鑑力的進階魔法祕訣，歸納而言，由 3 個觀點（第一～第三章）、8 大魔法（第四～第十一章）及 16 進階（第十二章）構成本書的價值主張。

價值如何認定，來自於能否為你「解決問題」！而這，是一種專業表徵。本書只鎖定一個主軸：用「評鑑力」解決評鑑與績效的問題。你若是受評者，該如何自處？法鼓山聖嚴法師曾留下十二字人生箴言：「面對它、接受它、處理它、放下它」，可作為指路明燈，協助你催生出堅定意志、強烈企圖和明確目標。至於本書，則義無反顧擔當「軍師良謀」角色，伴你「開卷有得，歡爾有喜」，那將會讓我樂而忘憂！

CONTENTS 目錄

作者簡介　　　　　　　　　　　　　　　　　　　002

推薦序

評鑑力，組織成長與創新的引擎／范揚松　　　004

從容迎接評鑑／黃新發　　　　　　　　　　　007

術以載道，評鑑創績效／顏國樑　　　　　　　009

作者序

開卷有得，歡爾有喜／傅志鵬　　　　　　　　012

chapter
01

評鑑力是創造績效的魔法師

解析評鑑力　　　　　　　　　　　　　　　025

・評鑑力是無形的競爭力　　　　　　　　　　026

・評鑑力的家族體系　　　　　　　　　　　　028

組織一定要有績效　　　　　　　　　　　　040

・績效是組織的口碑　　　　　　　　　　　　041

・組織要有全方位的績效　　　　　　　　　　043

用評鑑力創造組織績效　　　　　　　　　　047

・評鑑是創造組織績效的好機會　　　　　　　048

・評鑑力的魔法祕訣　　　　　　　　　　　　051

chapter

02

正視評鑑就是一個專案

你可以輕易理解專案 059

· 美國專案管理學會認可的專案 060

· 原來這些都是專案 062

只要能成功管理評鑑專案就行 064

· 專案管理的內容架構 065

· 謀求管理評鑑專案的實質效果 069

chapter

03

設定評鑑的績效目標

評鑑終究會給你一個績效評價 075

· 改善的迷思 076

· 評鑑的績效評價類別 078

設定績效目標就是預立評鑑績效 081

· 心理預期的激勵作用 082

· 積極行動就能實現預期的績效目標 083

chapter

04

產出良好的品質

良好的品質與價值有關 089

· 品質的界定 090

・良好的品質與價值 092

・實踐價值、附加價值與創新價值
在評鑑中的應用 102

真、善、美是良好品質的歸趨 103

・良好的品質是評鑑最重要的需求 105

・良好的品質就是在追求真、善、美 107

・真、善、美是評鑑力的化現 109

・真、善、美在評鑑中的應用 113

運用品質管理矩陣產出良好的品質 117

・全面品質管理 119

・戴明循環 122

・品質管理矩陣在評鑑中的應用 123

・從品質管理矩陣、創造價值到
評鑑的真、善、美 128

chapter

05

發揮領導效能以互補於管理

用領導帶出六類效能 131

・誰是領導者 132

・領導要有效能 133

・領導的六類效能 135

CONTENTS 目錄

陰陽權變的領導與管理   *141*

・領導與管理的差異   *143*

・互為陰陽權變的領導與管理   *149*

在評鑑任務中以領導互補於管理   *151*

・為何要強調以領導互補於管理   *154*

・以領導互補於管理在評鑑中的實踐   *157*

chapter

06

善用知識管理系統

知識的強悍本質   *170*

・知識創造價值   *171*

・知識等同資源   *173*

・知識產生力量   *174*

知識管理是提升評鑑力的武功祕笈   *176*

・揭開知識管理的面紗   *178*

・在知識型組織中的知識管理   *180*

・知識型組織也是學習型組織   *184*

善用知識管理系統打通評鑑的任督二脈   *190*

・知識管理系統   *192*

・知識管理系統在評鑑中的應用   *195*

chapter

07

統合有利資源

資源是厚實評鑑力的最佳策略工具　　　*207*

・策略的效用　　　*208*

・策略性資源厚實評鑑力　　　*210*

在評鑑需求中運轉策略性資源　　　*213*

・人力資源　　　*213*

・機構資源　　　*216*

・物質資源　　　*218*

chapter

08

製作一擊致勝的簡報

簡報是評鑑的最強攻心術　　　*223*

・開路　　　*225*

・濃縮　　　*226*

・優化　　　*226*

・說服　　　*227*

・差異　　　*228*

讓簡報有畫龍點睛的效果　　　*230*

・醒目標題　　　*232*

・統一格式　　　*232*

CONTENTS 目錄

- 謙遜思維　　　　　　233
- 專業脈絡　　　　　　234
- 強調核心　　　　　　236
- 質量並重　　　　　　237
- 軟硬兼施　　　　　　239
- 特殊事蹟　　　　　　240
- 成效檢核　　　　　　241
- 後設認知　　　　　　242
- 績效對照　　　　　　243
- 感性氛圍　　　　　　244
- 惕勵未來　　　　　　246

chapter

09

透視評鑑指標

評鑑訪視何時了，指標知多少　　　　251
- 明瞭評鑑指標意涵　　　　252
- 認清評鑑指標功能　　　　253
- 正確解讀評鑑指標　　　　254

透視評鑑指標，徹底發揮評鑑力　　　256
- 廣泛　　　　259

· 深入　　　　　　　　　　　　　　　262

· 細膩　　　　　　　　　　　　　　　263

chapter

10

驅使細節裡的魔鬼為你服務

魔鬼比天使有用　　　　　　　　　271

· 避免差錯　　　　　　　　　　　　272

· 減少缺漏　　　　　　　　　　　　273

· 提高水平　　　　　　　　　　　　274

· 開展新局　　　　　　　　　　　　275

· 創造機會　　　　　　　　　　　　276

應用長尾理論延伸評鑑力　　　　　278

· 長尾理論　　　　　　　　　　　　279

· 細節的組合是長尾理論的具體實踐　281

· 驅使細節裡的魔鬼來延伸評鑑力　　282

chapter

11

汲取評鑑經驗讓組織再進化

評鑑是可貴的組織學習時機　　　　299

· 評鑑是組織逆向改造工程的促動因子　300

CONTENTS 目錄

・從專案管理角度導入經驗學習　　　　　　　　305

汲取評鑑經驗形成組織學習迴圈　　　　　308

・任何經驗都是組織學習的養分　　　　　310

・評鑑經驗形成組織學習迴圈的具體實踐　　312

chapter

12

優化評鑑力的進階魔法祕訣

評鑑績效不彰的原因　　　　　　　　　323

・基本條件欠佳　　　　　　　　　324

・起點行為較弱　　　　　　　　　325

・認知偏差　　　　　　　　　　　326

・心態消極　　　　　　　　　　　327

・本職學能不足　　　　　　　　　328

・職務與雜務干擾　　　　　　　　329

・時間短促　　　　　　　　　　　330

・規劃貧乏　　　　　　　　　　　331

・執行不力　　　　　　　　　　　332

・簡報不得要領　　　　　　　　　333

・自評報告粗糙　　　　　　　　　334

・現場視查有落差　　　　　　　　335

CONTENTS 目錄

・訪談不理想 337

・問卷反應不良 338

掌握進階魔法祕訣打造優異的評鑑力 340

・盤點組織條件與能力 340

・通透領導精髓展現風範 341

・跨越資源限制 342

・掌握核心指標 344

・擴大定義業務 345

・經營與管理利害關係人 346

・檢核進度並滾動修正 348

・提早啟動專案 349

・運用一魚多吃策略 350

・採取分進合擊策略 351

・呈現量化數據 353

・併入硬體績效 354

・視覺化資料 355

・兼顧紙本與數位資料 356

・重視每一種評鑑方式 358

・包裝與行銷成果 359

chapter 01

評鑑力是創造績效的魔法師

英國作家 J. K.羅琳的小說《哈利波特》暢銷全球，總銷量超過 5 億本，該系列叢書被翻譯成七十種以上的語言在世界各國閃亮出版，到目前為止，是史上最賣座的書籍之一，同名改編的電影票房收入也火爆長紅，氣勢與聲量歷久不衰。這部小說是描述主角哈利波特在霍格華茲魔法學校的種種玄妙遭遇，因為書中的人物奇幻新穎、角色高深莫測、故事跌宕起伏、情節曲折迴繞，十分引人入勝，可以說完全主宰了讀者的心理，吊足了觀眾的胃口。難道是作者羅琳也會魔法，因此讓廣大的受眾這般無法自拔地癡迷、狂熱？呵呵…突然茅塞頓開！這部曠世傑作之所以能成為超級名著，原因即在於鑲入了魔法師、咒語、魔杖這幾個特殊元素。你可以試著想像一下，如果抽離了這些耍弄法術的人物、神祕的暗語、溝通的介質和超自然的力量，這鉅著還會有這麼高的靈巧性、趣味性和魅惑性嗎？別忘了，主角哈利波特就是不折不扣的魔法師！

魔法師，在歐洲的中世紀民間傳說、幻想文學和現代的數位遊戲中經常被提到，意指能夠成熟操弄、運作法術的人。在實際生活中，有沒有真正的「魔法師」並無從得知，但引申它的意思擴及到各類領域，以表示某個人、團隊或組織的理念、知識、技巧、技術等專業能力和程度優異的用法，卻會不經意地出現在你眼前，就像徐志摩《偶然》裡的詩句：「我是天空裡的一片雲，偶爾投影在你的波心，你不必訝異，更無須歡喜，在轉瞬間消滅了蹤影。」可能大多時候，你的心湖不會泛起漣漪，因為還沒有迫切、特殊的念想或渴望，一旦有需要的時候，才會挑動神經熱轉引擎，開始搜尋能夠幫助你的人。那些被稱作品牌、創意、廣告、職場、溝通、聲音、校園、教學、記憶、城市、空間、居家、時間、健康、心靈、幸福、快樂、料理、股票…魔法師的專家，遍佈於工作、學習和生

活各場域，隨時等著你或企業／組織去探訪、挖掘與領悟他們的絕活。不過，魔法師不盡然指的是人，有時候指的是物，譬如：「陽光」是生命的魔法師，甚至有時候指的是概念，一如本書的主題「評鑑力」，是創造績效的魔法師。至於「評鑑力」如何幫助企業或組織創造績效，我將從現在開始，為你傾心細說分明。

解析評鑑力

　　許多女明星、藝人、貴婦、名媛會很在意穿著打扮，總是希望現身的時候，能夠亮眼獨特，吸引到眾人的目光，博得各方的讚賞。基於這樣的心理，如果該場合有其他地位、形象、聲望、氣場相近或更高的人，剛好也「撞衫」穿上同款式、同顏色的服裝，那麼她們心中的「OS」和「小劇場」應該會火速上演，至於能不能維持住表面的風度與和諧，就要看各人的修為及涵養了！我在思考本書主題的時候，也曾留意是否會有「撞衫現象」，於是透過國家圖書館「台灣書目整合查詢系統」、各大搜尋引擎和網路書店查找，得到的結果，與關鍵字「評鑑力」相關的，只有零零星星散見於不同領域的資訊，而且都只是簡簡單單提到這個詞語，並沒有多加著墨，更別說是專書著作了！不過話說回來，知識、經驗與智慧就像是隱形的翅膀，可以自由翱翔不受羈絆，並且將飛越過的千山萬水、領略過的春風秋雨和欣賞過的花鳥蟲魚恣意地揮灑於大塊文章之中，所以，即使書名完全一樣，不同作者寫出的內容還是可能有蠻大的差異，我只是好奇自己是不是以此為主題最先寫作的人。

　　1992 年 9 月《資優教育季刊》裡有一篇小論《發展評鑑力的

方法》，是我查詢到唯一在名稱上把「評鑑力」當作主要議題的文章，但作者的論點是站在「評鑑者」的立場來著眼，與本書站在「被評鑑者」的立場來剖析剛好是相對的角度，而這兩種取向，在各領域、各層面都有人運用，並非是某一方獨領風騷。既然「江山」如此多嬌，那麼引來塵世「英雄」競折腰，也就不足為奇了！忽然閃過唐伯虎《桃花庵歌》裡的詞句：「世人笑我太瘋癲，我笑他人看不穿。」你若譏諷我自比「英雄」是太過癲狂不知斤兩，我將開懷暢笑欣然以對，別無其他心思。人生不就是如此，抱著「大肚能容了卻人間多少事，滿心歡喜笑開天下古今愁」的練達胸懷面對凡俗，會比較有幹勁！這麼一來，自為封號的「英雄」就會有用武的意念。至於我在「評鑑力」的武學造詣究竟如何？能否淋漓盡致地施展招式、顯現功力？請泡杯茶慢慢看下去。

評鑑力是無形的競爭力

在這個世界上，有些東西雖然看不見，可是它們依然存在，譬如豪華跑車是可靈活移動的金屬體，能讓它疾速奔馳的是看不見的馬力和扭力；摩天大樓是雄偉矗立、剛硬堅固的建築物，能讓它承受恐怖地震劇烈搖晃的是看不見的耐震力；電子競技是新興的超級熱門體育遊戲，能讓眾多玩家趨之若鶩、突破極限的是看不見的戰鬥力…，很顯然地，這些存在都是力量（power or force），而且都是可以「數值化」的力量。「評鑑力」也是可以用數字來表示高低、優劣、強弱的結果，但它與前者並不相同，是一種競爭特質的無形能力（competence），這種能力是相對性的指標，必須通過相互比較才能顯現出程度、層次、狀態或影響的差異，在殘酷的社會中，它無所不在。舉例來說：洛桑管理學院（IMD）每年五到六月

間會公布「世界競爭力年報」，針對六十多個國家、二百餘項統計及調查指標進行世界各國競爭力評比排名；另外，世界經濟論壇（WEF）每年十月間也會公布「全球競爭力報告」，針對約一百四十個國家、一百餘項統計及調查指標進行全球競爭力評比排名，以反映各國的經濟實力與繁榮程度^{註 1-1}，這些是國家層級的競爭力評比，誰的綜合得分較優，誰的「評鑑力」就較強。除此之外，在企業層級有各類產品、服務或績效能力的評比，而在個人層級，有職場就業、存續、升遷能力的較量和競爭，都是顯明易見的「評鑑力」形式。

「評鑑力」在表面上看來，是一種無形的競爭力，但深入地觀察及探究，它其實是企業或組織在「價值創造」與「價值提供」上的競爭，能夠有效滿足（甚至超越）顧客的需求，才具備了為他們創造／提供價值的能力^{註 1-2}，因為如此，才會有競爭力，也同時有了「評鑑力」。1997 年 2 月，亞洲暨太平洋區域各國家聯合成立一個國際性的機構「亞太防制洗錢組織（Asia／Pacific Group on Money Laundering, APG）」，致力於防制洗錢犯罪、反資助恐怖主義和反大規模毀滅性武器擴散融資，而台灣是創始成員之一。APG 會員國每十年進行一次大規模的相互評鑑，評比各項主要事務的技術與執行能力，以及確定彼此是否遵從全球反洗錢和反恐融資標準，且在這十年間，各國仍須提出書面報告，否則隨時會被降級。

註 1-1　2022 年 9 月 1 日取自國家發展委員會／**國家競爭力評比**：https://www.ndc.gov.tw/Content_List.aspx?n=5C824BADA3359C35。

註 1-2　李明軒、高登第譯（2010）。Michael E. Porter 原著。**競爭論（全新增訂版）**。台北市：天下遠見。

2001 年時，台灣因為有金融情報中心與亞洲第一部洗錢防制專法，被評為「相當先進的組成和立法」，成績名列前茅，但隨著國際防制洗錢修法越來越進步，而台灣卻原地踏步，以致等級每況愈下，像坐溜滑梯一路往下掉，為了扭轉劣勢，政府成立洗錢防制辦公室、大修「洗錢防制法」、訂定「資恐防制法」，並且舉辦數十場的模擬評鑑，以及上千場的宣導與訓練；而在企業端，也體認到同舟共濟的使命感與責任感，積極地改善內部控制及稽核制度、強化業務經營環境、辦理洗錢防制講座、鼓勵員工考取相關證照，以提高整體的「評鑑力」，因此最後能獲得滿意的結果[註1-3]。從這一個例子我們可以看到，表象目標在於追求強效的「評鑑力」，實質上卻是為顧客創造和提供價值：政府的勵精圖治讓它的顧客（企業和國民）享有更健全的法規保障、監管制度與國際聲譽；企業的變革進取也讓它的顧客（政府、企業和民眾）享有更透明的金融環境與更安全的金流系統，無論對誰來說，它的競爭力都是跟著水漲船高了！

評鑑力的家族體系

俗話說得好：「十年風水輪流轉」，意思是指隨著時間推移與運勢變化，人的吉凶禍福或成敗興衰也會跟著變異。這種如潮水般震盪起落的人生境遇，在自然隨緣的狀態下，可能發生在每一個人身上，譬如評鑑這回事，許多時候我們的角色是「被評鑑者」，但

註 1-3　沈瑜（2018）。**撐過關鍵 10 天，台灣就跟「洗錢天堂」說再見？** 2022 年 9 月 2 日取自《遠見》：https://www.gvm.com.tw/article/54735。

有的時候我們在他項業務或領域，甚至是相同評鑑事務具有專長，也可能會被聘為「評鑑者」，那麼，我們應該抱持怎樣的心態來看待這種現實呢？我心中有答案，你應該也有主見。蘇軾在《題西林壁》詩中形容廬山是「橫看成嶺側成峰，遠近高低各不同」，這句話用在「被評鑑者」所準備的資料上，完全沒有違和感，怎麼說呢？因為評鑑委員絕對不會只有一位，兩人以上的眼光及視角必定也是異樣化與多面向，於是就會有解讀、說項的空間和彈性，形成「青菜蘿蔔各有所好」的狀態，以至於評出來的結果可能是「東山飄雨西山晴」，各有意見而沒有一致性。不過話說回來，即使評鑑委員「英雄所見略同」看法貼近，那又如何？評鑑的重點及核心在於「業務成果」，不在於「評鑑者」或「被評鑑者」，所以，無論是哪種立場和角色的人，應該都要聚焦於受評成果能否呈現出真實性、差異性及優越性，據以促進評鑑的正向發展，而這些指標與特性的綜合反映力與表現力，就是企業或組織的「評鑑力」。

本書所指的「評鑑力」，是接受評鑑考核的應對處理能力，它是一種複合的多元能力，需要團隊的力量才能完成。通常，面對一個評鑑，從流程上來看，會經歷規劃、準備（執行）、受評、收尾（檢討）等幾個階段；從組織面來看，有管理層、基層等不同角色的責任和需求，對於企業或組織來說，要能人與事各項條件都順暢和諧運作，顯然是一種考驗！你不妨想想，在熱鍋上的螞蟻處境是怎樣？評鑑帶來的焦慮感和危機感，也可能讓人寢食難安，此時，「如果」身邊有哆啦 A 夢和他裝有任意門、時光機、竹蜻蜓、電話亭、翻譯蒟蒻…的神奇百寶袋，就可以化身為評鑑各階段所需要的能力，讓惱人的繁瑣工作如魚得水，也讓碰到的疑難雜症迎刃而解。如果真有「如果」，事情就滑順好辦了！能夠輕而易舉地完善

「評鑑力」這個家族體系，各自在適當時機散放它們的光芒，讓評鑑的績效閃亮輝煌。那麼，「評鑑力」家族包括哪些成員呢？以下逐一說明：

◢ **計畫力**：在職場工作上，無論你是用「計畫」這個名詞，還是用企劃、規劃、策劃來定位特定的業務或專案，它們都是屬於前端作業，以作為後續執行的根據，就好像民俗活動「舞龍」中的龍頭，帶動龍身、龍尾演出遊龍、穿騰、翻滾…等精彩動作一樣，角色是很吃重的！所以，「計畫力」如何會直接影響到整個方案的走向及成敗。依據日本流程設計暨品質實踐專家芝本秀德的經驗，學校和公司都不會教你怎麼寫計畫，但這種工作上必需的能力是可以學習和訓練的，他主張：「會問問題就會做計畫。」用「要追求什麼？要做什麼？要做出什麼？何時要做到哪裡？要如何前進？何時要做什麼事？有什麼樣的作業？」7個問題來推陳，就能做出「可確實實踐的計畫」，達成預定的目標[註1-4]。

◢ **課程規劃力**：也有另一說法是「課程設計力」，更進階、系統和前瞻的實務操作是「課程發展力」。這方面的能力，乍看之下會直覺以為教育機構才有需要，事實不然，所有企業和組織都在面臨高強度的競爭，能跟隨思潮和趨勢的演變而進化者，才能掙得一席之地甚至領袖群倫，獲致「滾雪球效應（snowball effect）」的附加價值，所以，他們的在職進修與訓練萬萬不可少，當然就需要規劃課程來提升員工的知能。這種能力和「計畫力」是相輔相成的，同樣處於前端的流程，包括課程目標、選擇、組織、實施、評鑑各環節的應用及實踐，對於其後的業

務／專案執行、教學研訓、成果檢核、學習評量階段，已經明確地擘劃出一條光明坦途。

▰ **執行力**：是指貫徹企業或組織的策略意圖，達成既定目標的實務操作能力，它是競爭力的核心所在，也是將計畫轉化為績效成果的關鍵因素。英國著名經濟學家約翰・凱因斯（John M. Keynes）曾說過：「競爭的優勢，並不在於你知道如何做好事情，而在於你是否具備做好這些事情的執行力。」怎樣才算是有「執行力」？哈佛大學商學院教授嘉文（David A. Garvin）提出四個缺一不可的元素：第一、落實計畫；第二、準時完成沒有超過預算，而且有高品質；第三、不會大幅影響執行過程和成果；第四、面對意外事件，也不會讓結果受到影響[註 1-5]。要讓「執行力」徹底發散它的能量，必須仰賴「評鑑力」的其他家族成員如溝通力、協調力、應變力、教學力、整合力、創新力、資源取用力及問題解決力的齊心支援，才能看見綜效（synergy）。

▰ **溝通力**：曾任全球一動（Global Mobile）董事長兼執行長的何薇玲在美國工作的時候，有一天總經理找她面談，告知她公司決定拔擢另一位優秀同事當經理。何薇玲不平地說：「公司交辦的任務，我一向全力以赴，能力也不比人差，為什麼不是

註 1-4　芝本秀德（2017）。**完全圖解計畫力：會問問題就會做計畫，會煮咖哩就能做專案**。台北市：台灣角川。

註 1-5　EMBA 雜誌編輯部（2018）。**什麼叫作「有執行力」？** 2022 年 9 月 7 日取自《EMBA 雜誌》：https://www.emba.com.tw/?action=news_detail&aID=1886。

我？」總經理的回答是：「因為平時開會，我很少聽妳表達意見，如果升妳當經理，妳知道如何和部屬溝通、激勵士氣嗎？需要跨部門協調時，妳可以順利完成任務嗎？我沒看到妳表現出溝通能力，所以，這次只能對妳說抱歉！」[註1-6] 於是何薇玲領悟到，「溝通力」原來這麼重要！溝通力包含傾聽能力、表達能力和形象、動作、環境等設計能力，它是個人特質的展現，隱含品格、知識、經驗、技巧和方法。從表面上看，「溝通力」似乎只是一種能言善道的能力，實際上，它包羅了從穿著打扮到言談舉止一切行為的能力，有「溝通力」的人，能充分發揮他的專業態度及內涵。

▰ **協調力**：蜚聲國際的美國訓練大師戴爾・卡內基（Dale Carnegie）曾說：「一個人的成功，15%取決於專業技能，85%取決於溝通協調能力。」但弔詭的是，在企業或組織中善於協調並輕易達到目的的菁英和領導，並不會公開分享這種內隱能力，這種情形反讓「協調力」成為值得探索的對象。「協調力」是領導／管理者能夠兼顧工作要求及人際關係的能力，處理得好，則組織的運行就會順暢，效能自然提高。那麼，如何發揮高效的「協調力」呢？注意到三件事情，協調就會如虎添翼：第一、塑造信賴感：在談話之前，做好充分的準備，例如資訊收集、備選方案、優劣分析…；第二、善用說話術：真心傾聽是協調的最佳起步，整個過程要讓對方感受到舒坦適意，在不知不覺間接納所拋出的觀點或意見；第三、選擇好時機：協調需要花費時間，也依賴穩定的情緒，如果挑在對方休假前或壞心情時去戰鬥，鎩羽而歸的機率便會提高[註1-7]。

▰ **應變力**：企業或組織面對當前的大環境，必須深切體悟到，是充滿動態（dynamic）、多元（diversity）、複雜（complexity）、不確定（uncertainty）等特性。每一家企業身處的外在環境都相同，能讓經營績效畢露原形的，是它應對各種變化的能力。在這個瞬息萬變的時代，一位企業主彷彿抓到了浮木，他說：「企業必須重建自己的核心能力，其中最重要的就是『應變力』，而不是昔日的經驗[註 1-8]。」「應變力」是指針對外界事物發生的變異，個人、企業或組織所做出的反應與處置，可能是本能的，也可能是經過慎重思考後，所選擇的決策和方法，越能迅速行動且取得善果者，「應變力」越佳。那麼，「應變力」可以培養嗎？以下 4 個方法也許有用：第一、不可孤注一擲押寶單一方案，永遠要有備用選項；第二、無論發生什麼事，務必保持冷靜；第三、多做想像、思考、模擬情境訓練，並且閱讀吸收新知；第四、善用身邊資源，當機立斷處理事情[註 1-9]。

註 1-6　文及元（2009）。**溝通力**。2022 年 9 月 8 日取自《經理人月刊》：https://www.managertoday.com.tw/articles/view/2089。

註 1-7　胡碩匀（2022）。**世界級的協調─講理、講利、講使命**。2022 年 9 月 9 日取自：https://www.wishpowers.com/4351。

註 1-8　陳朝益（2011）。**應變力才是王道**。2022 年 9 月 10 日取自《遠見》：https://www.gvm.com.tw/article/49285。

註 1-9　Kai（2020）。**計畫趕不上變化？培養「應變能力」的 4 個方法，讓你在職場無往不利**！2022 年 9 月 10 日取自：https://mf.techbang.com/posts/12530-plans-cant-keep-up-with-change-4-ways-to-develop-resilience-so-that-you-cant-disadvantage-in-the-workplace。

◢ **教學力**：延續「課程規劃力」的脈絡需求，必須毫無懸念地教授課程／實施教學，展露出帶領、教導、指引、啟發、鼓舞、激勵學習者的能力，這樣才能確保理念和計畫的落實。企業、組織或學校內部一定有人才、專家、權威，但可能無法包羅萬方，在有需要的時候，向外尋找某個領域或議題的卓越師資，給予組織成員或學生講課、操演和訓練，那麼專業的成長、發展及學習的進步必然值得期待。假若站在衝擊觀念、吸收新知、汲取經驗、孺慕智慧的立場來看，我相信「外來的和尚會唸經」，畢竟，這些名師是闖蕩江湖多年、信譽卓著的專業人士，你向他們挖得越多、越深，就越划算超值。綜觀整體的規劃、籌謀，用外部的「特種」師資來輔助內部的「教學力」，是明智的抉擇，有益於成就「評鑑力」的系統力量。

◢ **整合力**：在中國，稱霸多年的「方便麵」逐漸失勢，是因為外送訂餐服務「餓了麼」竄起，改變了消費模式；而在全世界，衝擊金融業遊戲規則的力量，也不是源自業內，而是存在於他領域且應用廣泛的數位科技，這些殘酷事實讓人感覺有「我不殺伯仁，伯仁因我而死」的味道。但是，企業或組織若如此輕易被降伏，那不如「揮刀自宮」算了！我所強調的重點是，環境變化多端，「一鳥在手」還不夠，應該要有「百鳥在籠」，除了緊抓住自己的專業和特長，更須具備「整合」的思維，凝聚共識、糾合意志並廣納與整編各方資源，以穩定及擴展本身的能力，這就是經營管理所需要的「整合力」。它對內部的作用，是消弭成員在情緒、行為等方面所引發的內耗現象，使他們能專心致志聚焦於工作目標；而對外，則表現出能運用優

勢、創造機會、降低弱勢、排除威脅的統觀及操控全局的能力。你說，接受評鑑能夠缺少它嗎？

◢ **創新力**：台灣的製造業長時期倚賴代工維生，近年來則有自創品牌的覺悟，會邁向這條道路，除了訂單的不穩定，有開闢新市場的壓力之外，國內多年來培育的設計與創新人才，研製能量已足夠走到國際，需要擔心的，只是產品能否賣得出去的問題，而其中最關鍵的影響因素，是「創新力」的水平。「創新力」豈止適用於製造業，所有企業或組織都對它求之若渴。管理學大師彼得·杜拉克（Peter F. Drucker）即有一句震撼人心的箴言：「不創新，即滅亡（innovate or die）」，突顯了「創新」的重要性，它包括創造、改變和更新等各種涵義，若想達到這個目的，就要同時兼顧「思考」和「行動」兩個層面，才能在最後產生有效的力量。對於評鑑來說，呈現出「品質」是一種態度及格調，它需要「創新力」來支撐促成，一旦有所欠缺，必會讓業務「產品」相形失色許多，怎能因此「大意失荊州」？

◢ **資源取用力**：「資源」在經營管理領域，是時常被提到的一個名詞，不過，知道如何利用其長處、開發其潛能，才有機會感受它的價值。舉例來說，以前我有一位同事口條很好，不僅發音字正腔圓，而且思路清朗明晰，臨機應變的語言表達和場面駕馭能力勝過許多老師，所以，每當學校有重大而特殊的活動，例如：音樂成果發表會、活動中心開工動土和落成啟用典禮…等，就會敦請他出馬主持以順遂流程，最後不負眾望完成任務。這一位仁兄著實是個人才，在歸屬感與責任感的驅使

下，他不吝惜貢獻智慧和長才，襄助學校往前跨步、向上提升，是學校難能可貴的資源。除了這類人力資源，物質資源、自（天）然資源、社會資源是無所不在、無所不包的，只要你想它、念它、愛它、戀它，它必為你所用，換句話說，當企業、組織或學校欠缺某方面資源的時候，設法去「爭取」、「求取」、「換取」、「賺取」，才有助於之後的「利用」和「運用」，這種「資源取用力」不僅應該具備，並且要越強越好。

▰ **問題解決力**：解決問題的需求普遍存在於人們的工作和生活之中。在職場上，如果可以隨心所欲地排解困境和難題，便是擁有無可取代的專業能力。為何這麼說呢？因為不是所有人能夠輕易抓取問題的核心，那些只看見表象所回應的解方，多半是勞而無功、虛耗能量。根據國際知名的管理顧問公司 The Boston Consulting Group（簡稱 BCG）領先全球的諮詢輔導經驗，指出：找得到問題背後 20％的關鍵點，就能順利解決剩下 80％的問題！而這樣的能力，是需要批判思考、邏輯思考、假說思考和獨立思考等能力的綜合磨練，日積月累地運作打造成思維習慣，方能提升決策的精準度[註 1-10]。所有企業或組織，永遠沒有風平浪靜的日子，卻從來不缺大大小小的試煉及考驗，尤其是在評鑑的關口，此時，對於「問題解決力」的需求將更為急迫與殷切。

註 1-10　徐瑞廷（2021）。**BCG 問題解決力：一生受用的策略顧問思考法**。台北市：時報出版。

▰ **檢核力**：我當兵的時候，是在機械化師裝甲部隊，所屬群、營中的戰鬥車輛主要是 V150 輪式裝甲車、M113 履帶式裝甲車和 M48 履帶式戰車三類。這些行動車輛上，都會配置武器如機槍、彈藥，而駕駛、指揮及乘坐的官兵，也一定會穿戴全副武裝如頭盔、步槍、彈匣、子彈，以執行訓練或演習任務。在部隊裡做的事情，許多都具有特殊性，有時候無預警的命令下來，可能會被搞得天翻地覆！但有些是可先知、可預測、可提前準備的，譬如：五項戰技檢驗、高級裝備檢查（即「高裝檢」）…，後者是上級來檢查部隊的所有裝備，小自個人配備如鋼盔，大至連隊運輸及武器如甲車、砲台，都是受檢標的。像這類檢核、維修的動作，除了軍隊之外，航空、運輸、物流…等公司也都會做，若擴及到整個企業或組織的管理層面，還會運用 QC（quality control）七大手法來提高品質，用戴明循環（PDCA）裡面的查核（check）概念來檢驗計畫和專案，以核實目標、確認水平、發掘問題、尋求解方、檢討績效，這些都可以反映「檢核力」的程度，而且也能用在評鑑上。

▰ **學習力**：躋身世界五十大名廚的唯一華人江振誠先生，只有淡水商工餐飲科的學歷，但他的廚藝已臻全球頂尖，廣受眾人矚目。他曾在 2018 年開辦台北、台中、台南三場工作坊，傳授品牌與經營心法，台下坐滿董事長、經理人、年輕創業家…專心聆聽課程，他第一句話就說：「今天的文盲不是不會讀和寫的人，而是無法自我學習的人。」他之所以能夠成功開創七個品牌事業，對於廚藝、食物、音樂、設計有精深的造詣，甚至說得一口流利的英語，都是透過刻苦有紀律的學習。在這個時代，IQ、EQ 的觀念已經相形失色，未來的世界要靠「學習力

智商（learnability quotient,LQ）」，才能推進個人、企業和組織，它的重要性與日俱增。著名企管顧問公司萬寶華自 2016 年起，即在全球致力宣揚「學習力」的概念，要義是說：「能透過快速適應並發展新技能，以維持職場上的能力」^{註 1-11}。這一點，當然也適用於評鑑工作。

▰ **省思力：**在《論語為政篇》裡，孔子說過一句話：「學而不思則罔，思而不學則殆。」意思是說：只知道學習而不思考，就容易迷惘困惑；而只思考卻不學習則容易猶疑倦怠，由此可知，「學習」和「省思」同樣重要，是一體的兩面。孔老夫子這個見解，在兩千五百多年後的現代，被一群懷抱理想、熱情和創新實驗精神的教師，藉由開放教室、組建社群、講座傳播和分享經驗的做法，予以充分實踐。開路者是一位博士教師兼作家張輝誠先生，他提出「學思達」的理念，並且設計出一套能讓學生有效學習的教學方法，訓練學生自「學」、閱讀、「思」考、討論、分析、歸納、表「達」、寫作等綜合能力，透過以問題為導向的講義、小組之間新競合關係的學習模式，將講台還給學生，而老師則轉換為主持人、引導者^{註 1-12}。這是一個鏗鏘有力的證則，說明了「省思力」在學習上的關鍵效用，不僅如此，在工作上許多需要處理的事務和問題，包括對

註 1-11　劉光瑩（2018）。**學習力決定未來！測驗你是哪種學習者？**2022 年 9 月 15 日取自《天下雜誌》：https://www.cw.com.tw/article/5092750。

註 1-12　張輝誠（2015）。**學思達──張輝誠的翻轉實踐**。台北市：親子天下。

策略、方法、原則、感受、情緒、結果…等行動與狀態的察覺、批判、檢討及改進，「省思力」都不可或缺，應該佔有舉足輕重的地位。

以上十四項能力，在每一個階段或環節，各自扮演適切的角色、挹注可觀的能量，共同成就了「評鑑力」。首先，運用「計畫力」訂定相關計畫／企劃專案，也透過「課程規劃力」安排組織成員的進修研訓課程；其次，順應環境及局勢需求，發揮「溝通力」、「協調力」、「應變力」、「教學力」、「整合力」、「創新力」、「資源取用力」或「問題解決力」來支撐、落實「執行力」；而為了明瞭方案目標、操作歷程及執行成果的達成率（量）、妥善率（質）、優缺點與問題點，必須依賴「檢核力」來查驗詳實、追蹤管考；至於前述所有的辛勞付出，則要善用回饋循環原理賺取最大的附加價值，以「學習力」和「省思力」儲備未來新方案的知識、經驗與智慧動能。它們彼此之間，有著清晰明確的邏輯脈絡關係，我用圖 1-1 的架構為你說明：

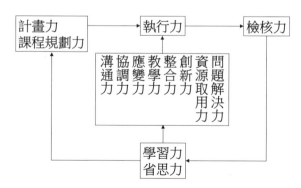

圖 1-1 「評鑑力」的邏輯體系

組織一定要有績效

　　你知道台灣股票市場個股的歷史最高價是多少嗎？是哪一家公司創造出來的紀錄呢？比起股神華倫・巴菲特（Warren E. Buffett）所掌管的波克夏海瑟威公司（Berkshire Hathaway）每股 504,400 美元（換算台幣約 15,132,000 元,2022 年 3 月）來說，大立光的 6,075 元歷史天價（2017 年 8 月），真可以說是「小巫見大巫」了！但不管是波克夏也好，大立光也罷，都是股市中各據一方的雄主，股價起伏動見觀瞻。它們之所以能吸引萬千投資人的眼光，是因為公司的經營賺了很多很多錢，完全落實了「以營利為目的」的存在意義和價值。

　　上市櫃公司賺了錢，就是有「績效」，賺得越多代表績效越高，因而能獲得法人、大戶、中實戶、散戶的青睞追捧，享受不斷墊高的股價；反過來說，公司沒有賺錢而是虧損，則表示績效差，不僅會被視如敝屣，股價還會節節滑落，如果連續三年虧損或個股交易清淡，甚至財務數據太糟糕，還會被強迫下市。這種衡量公司經營能力的指標和方法，只是若干選項的其中之一，可以把它歸類為「經濟績效」或「財務績效」，除此之外，公司也可能有其他性質的作為及成果，例如企業社會責任（CSR）的參與度、達成度或社會回應度，則是指它們的「社會績效」。

　　公司是一種營利的企業組織，構成這個社會的，還有非營利組織、公部門及學校。每一類組織各有它存在的目的和追求的目標，要說是大異其趣也無不可，而因為這種先天及根本上的差別，連帶使得服務的對象也跟著不同，例如學校為學生、家長甚至是老師服

務；政府為老百姓服務；社福機構為弱勢者服務；企業為股東服務，能夠滿足各別對象的需求，或是締造一些特殊優良的紀錄和成績，才稱得上創造了價值、實現了績效。任何組織的「績效」都是具有多面向、多發展的特性，換句話說，組織可以在某個時刻為多重的目標而努力，也可以在不同時刻為嶄新的任務而奮進，只要「還是一尾活龍」，呼風喚雨、舞動山河不是難事！但更關鍵的影響因素在於，有沒有「想把事情做好」的強烈企圖心、責任感和榮譽感，這是能否創造「績效」行銷組織的前提。彼得・杜拉克曾說：「企業一切的經營活動，最終都是為了績效。」所有組織皆然！唯有認知到這一點，才有可長可久的契機，而不致被冷淡的目光拋落在籍籍無名的荒煙蔓草之中。

績效是組織的口碑

　　在台灣有一種風景，也可以說是一種文化，就像電視／網路廣告或房地產銷售看板一樣，它總會不經意地映入你眼簾，告訴你它有多麼特別！即使如此，它其實花費不了幾個錢，卻能換得顯著又長期的效果，許多同業認為划算，便「依樣畫葫蘆」跟著這樣的處理模式來做，以顯示「有為者亦若是」。那麼，是怎樣的行動如此輕易地蔚然成風呢？是公私立學校都樂意採取的教育行銷策略，利用學校的門面、圍牆或校舍，懸掛醒目的紅色慶賀條幅或帆布，把師生的傑出成就或行政的優越辦學，「肆無忌憚」、「堂而皇之」的昭告天下，不怕你經過，就怕你不看！超級明顯的「司馬昭之心路人皆知」，沒錯！就是要讓路人甲、路人乙、路人丙…等一干陌生人都知道學校這般「豐功偉業」的「績效」。不是有句話這麼說嗎？「有花堪折直須折，莫待無花空折枝。」有績效的時候，當然

就要敲鑼打鼓大舉吹擂，否則，一旦「花褪殘紅零落成泥」，再想做時已是空空如也！不過，學校老師都是聰明的傢伙，不會讓這種情況發生，行銷的方法除了用在實體物件的宣傳之外，還會透過資訊、網路、科技設備，披露更多元豐富的戰果，經由此管道看到的，就不只是「路人」而已，包括學生、家長、老師、長官、同業…所有「到此一遊」的人都將見證風光，觸及量和擴散率自然會倍數成長。

運用各種策略和方法行銷組織的績效，已經是跨越領域的「common sense」，沒啥好驚奇詫異，不這麼做反而是浪費組織的資源和能耐，曲解「低調」的意涵。曾經以「華碩品質，堅若磐石」這句口號打響名聲的華碩（ASUS），從 1989 年成立至今，便以提供頂尖的主機板，還有高品質的個人電腦、螢幕、顯示卡、路由器及全方位科技解決方案而揚聲國際，並且持續研發和設計新世代的智慧創新技術，用無與倫比的絕佳體驗為消費者構築美好的數位生活。從華碩的官方網站揭露的訊息，你可以知道他們的產品及服務深受全球各界肯定，獲得無數獎項與榮耀的加持，包括德國紅點設計獎、德國 iF 產品設計獎、日本優良設計獎、美國消費性電子展創新獎、亞洲新聞台創新企業獎、台灣精品獎、台北國際電腦展最佳產品暨創新設計獎、TCSA 台灣企業永續獎、台灣金點設計獎，以及入選美國《財富》雜誌「全球最受推崇公司」、美國《富比士》雜誌「全球最受信賴公司」、英國《湯森路透》「全球百大科技領導企業」、Interbrand 台灣 20 大國際品牌第一名、國際電工技術委員會（IEC）頒授全球第一家電腦公司 HSPM 證書…，多到彷彿是「連綿的青山百里長」，一眼看不完。這些傲人的成績和紀錄，就是奮戰多年踏實牢固的「績效」，將會永久留在華碩的史冊

裡，不僅能作為鞭策前進的激勵與動因，更是逐鹿於商業疆場最強勢可靠的籌碼。

　　像學校、企業這樣為「績效」而活的覺悟，同樣體現於非營利組織和公部門，以及所有現實社會中的各類型組織。俗話說：「人爭一口氣，佛爭一炷香。」誰願意無所作為而被鄙夷小看呢？有志者總是胸藏丘壑、深謀遠慮，卻無奈躲不過韶光飛縱，所以常躊躇滿懷。好比亂世梟雄曹操，即在《短歌行》的開頭感觸深刻地慨嘆：「對酒當歌，人生幾何！譬如朝露，去日苦多。」無論你是何方神聖，時間都會公平地對待你，但是，抱持不同的心態和行動去回應時間，卻可能得到迥異的結果。相信許多人跟我一樣，經歷過「當時明月在，曾照彩雲歸」的夜闌返家寂景，求好心切於工作，有所堅持於理想，孜孜矻矻為的是什麼？為的是「成果」與「績效」！還在職場的你，和我這個「瀟灑走過一回」、已然遠離煙硝的「天涯倦客」，可能都忍不住有此一問：問世間「績效」為何物，直教人生死相許？它到底有什麼魔幻力量能逼得人唯它馬首是瞻？原來，「績效」就是組織的口碑，是組織獲得眾人給予的正面讚譽和評價，它可藉由 Facebook、Line、Twitter、Instagram、Blog…等各種社群、網路管道的口耳相傳，產生乘數擴散的驚人效果；也像人體分泌的多巴胺、腦內啡，一方面可以帶來開心滿足，另一方面能夠排解痛苦憂傷，你說，能不讓人執著、眷戀嗎？

組織要有全方位的績效

　　台灣第一學府台灣大學，在 2023 年的《QS 世界大學排名（Quacquarelli Symonds World University Rankings）》位列第 77

名，是台灣唯一進入百名內的大學。除了 QS 之外，還有《泰晤士高等教育世界大學排名（Times Higher Education World University Rankings）》、《美國新聞與世界報導全球最佳大學排名（U.S. News and World Report Best Global Universities Rankings）》，都是權威性機構每年對全世界大學做成的評比。由於所選擇的指標及權重各有不同，而且可能調整更動，因此即便這些大學仍按既有的步調和模式運作，沒有什麼「驚奇之旅」，他們的排名也可能明顯變動，例如以 A 機構的調查來說，2004 年馬來亞大學（Universiti Malaya）的排名高達第 89，3 年後卻跌至 200 以外，馬大校長因此不獲續聘，曾引發學界一陣熱議，但其實馬大的教研素質並沒有重大變化，只是因為評分委員會之前把學校的華人學生視為海外學生，在「國際化」項目上拉高不少分數，後來因指標修改，所以被打回原形。不過，雖然是調查機構的內部問題，他們每年公布的排名結果，依舊受到不少重視，對某些人來說，這是攸關學校「績效」的其中一個面向。

針對這個議題，聯合報曾經採訪國內大學校長，他們多數認為，回歸教育本質最重要！台大校長管中閔也表示，台大不會追求排名，但是會認真對待[註 1-13]。這種立場和心態既中肯又正直，明知調查本身不夠公允客觀且隱含商業銷售服務目的，各大學仍願樂觀積極面對，以驅策自己成長茁壯，創造各種意義、類型與層次的教育價值，並爭取更貼近於學校和師生的全方位「績效」。怎樣才是全方位的「績效」？這並沒有固定樣板，但很容易理解為：只要是好事情、好結果、好成績、好名聲，無論是什麼性質的事項，無論是由個人、團隊或組織所操作締造，都可以廣義認定為組織的「績效」。以台大 2022 年 3 月下旬至 9 月下旬半年期的校務發展為

例，可以看到多元面向的豐碩成果，包括在「行政」方面，連續三年獲得天下雜誌主辦的《USR 大學公民調查》第一名、台大系統舒適度及計畫摘下《TSAA 台灣永續行動獎》的永續城市銀獎、榮獲《泰晤士高等教育》2022 年大學影響力排名全球第 37 名；在「教學」方面，教師榮獲師鐸獎、IEEE 電力電子教育成就獎；在「研究」方面，廣及分子醫學、細胞生物學、法醫學辨識、大麻對心血管系統的影響、新疫苗預防嬰幼兒腸病毒重症、螢光粉材料的演進與其於 LED 的應用…等領域，並且研究論文都榮登國際權威、頂尖期刊；在「獎項」方面，麻醉評估 App 榮獲德國「iF 設計獎」、電資學院教授獲頒「全球語音學界最大獎」及科技部「傑出研究獎」、癌症中心主任獲頒世界肺癌學會「Paul A. Bunn Jr. Scientific Award」、研發長榮獲醫工領域重要獎項「Otto Schmitt Award」…；在「榮譽」方面，教授獲選中央研究院院士、昆蟲學系蚜蟲研究七度榮登國際期刊封面並獲專文報導；在「學習」方面，學生研究計畫榮獲科技部「研究創作獎」；在「競賽」方面，男排重返榮耀挺進大專排球聯賽公開一級、女排寫下大專排球聯賽一般女子組四連霸紀錄[1-14]。

　　非營利組織（nonprofit organizations, NPO）也是一樣對自己有所期許，希望能落實成立的宗旨和設定的目標，追求、檢驗「績效」是其必然的思維與行動。例如：「中華民國保護動物協會」是

註 1-13　馮靖惠（2022）。**排名迷思／台若跟進陸退國際大學排名，世界學術圈也沒人在乎**？2022 年 9 月 27 日取自《聯合報》：https://vip.udn.com/vip/story/122609/6384699。

註 1-14　2022 年 9 月 28 日取自《國立台灣大學網站／臺大校訊》：https://sec.ntu.edu.tw/epaper/default.asp。

全國第一個保護動物的組織，早年即匯集愛心人士，設立「流浪動物之家」，救助無人照養的貓狗，宣導「愛牠養牠就不要遺棄牠」的理念，並推動以人道方式結紮流浪貓狗來替代捕殺，更進一步敦促政府訂定動物保護法規，藉由法律、教育和絕育等途徑減少甚至清零流浪動物；2001 年以後，「流浪動物之家」保育場作業開始採取電腦化管理系統，落實犬隻植入晶片並拍照建籍，登錄牠們的特徵、健康狀況、預防注射及就醫診療等紀錄，要求每位管理員隨時掌握所屬犬隻的清潔、餵養、數目、性格、行為，且列入工作績效考評，使得場內環境獲得大幅改善，動物生活品質顯著提升；而在減少流浪動物的作為上，則採用絕育動物、以領養代替購買、幫你的動物家人入戶口等做法；此外，協會還擴展業務範疇到保育野生動物、保護禽畜，以及對流浪動物的救助等工作，呈現出廣泛的「績效」成果。另一個非營利組織「中華民國兒童福利聯盟文教基金會」，從成立以來致力於推展兒童福利工作，除了催生「兒童及少年福利法」並持續修訂和倡導，還開發許多直接服務的方案，包括失蹤兒童協尋、收出養、棄兒保護、托育諮詢等服務，一方面由專業社工人員為特殊際遇兒童提供相關保護協助，另一方面也為一般家庭建構完整的支持網絡；1997 年開始，陸續成立南部、中部辦事處，同時和內政部共同設置「全國失蹤兒童少年資料管理中心」，希望透過此完整的全民情報網，解決兒童少年失蹤的問題；往後數年，業務內容更擴及托育服務和單親兒童輔導暨家庭服務，努力讓孩子獲得愛、關懷與了解；另外，兒福聯盟對於兒童權益及校園霸凌等議題也很重視，經由操作媒體發聲，喚起更多人關注孩子生活或學習各層面的問題，而這些多面向的成果，都是紮實的「績效」^{註 1-15}。

用評鑑力創造組織績效

　　台灣的長照機構大多數在面臨評鑑的時候都會人仰馬翻，除了超量的紙本作業，還要不斷掃除、粉刷和打蠟以整修門面、改善環境，老人們也要高規格梳理一番，讓他們穿上最稱頭的衣服，保持身體的乾爽潔淨，沒有眼屎也沒有口水，指甲都修剪齊整，呈現出最妥貼的一面；此外，有些較小型的機構，因為沒有足夠的能量應付評鑑，或是本身狀況過多需要「粉飾太平」，則會花錢找顧問公司製作班表及書面資料[1-16]。如此看來，這些機構相當在意及重視評鑑，渴求得到理想的成績。成績理想有什麼好處呢？第一、可以彰顯「績效」博得好名聲；第二、可以獲得較多的政府補助款；第三、可以有助於「招生」收費。

　　重視評鑑是好事，無論從學理或實務的角度來看，它都能夠敦促受評者朝向更為良善、美好的方向發展。關於「善」及「美」的追尋與呈現，我在第四章會有詳細的論述，和你一起從「評鑑品質」的視野，深入探勘核心觀點。有些理念與原則不能輕易妥協或放棄，那就像指引人生的燈塔、衝破黑暗的光芒，帶來正向積極的願想與力量。在接受評鑑這件事情上，努力做到「善」與「美」是令人尊敬的高尚品德和藝術性格的表現，但有些人容易忽略一個極為重要的準據，假若失去了此一堅實穩固的基礎，即便評鑑成果做

註 1-15　林淑馨（2011）。**非營利組織概論**。高雄市：巨流。

註 1-16　林韋萱（2018）。**大家一起來演戲──看不見真相的長照機構評鑑**。2022 年 9 月 30 日取自《報導者（The Reporter）》：https://www.twreporter.org/a/nursing-home-evaluation。

得再豐盛華美，都只是「空中樓閣」夢幻泡影而已！聰慧如你，應該意識得到我指的是什麼？沒錯，就是「真」！只有真金才不怕火煉，經得起嚴苛的檢驗；反過來說，只知道投機取巧或是偷雞摸魚，不循正路而行，那就是邪魔闖歪道，把自己推向萬惡的淵藪。所以，應該選擇哪種方向、目標和途徑來投入發展，已經不辯自明，但問題在於，人人都想獲得績效攫取利益，老天爺為何要獨厚於你（企業／組織）？假設你的確有過人之處，所依憑的又是什麼？教育家福祿貝爾（Friedrich Froebel）曾說：「教育之道無他，唯愛與榜樣而已」，套用在評鑑上則可以這麼說：「創造績效無他，唯評鑑力而已」，真正要費心著力的標的，是如何建構和運用「評鑑力」，使它成為企業或組織最鋒利的刀劍、最強大的後盾，這樣才是釜底抽薪、正本清源之道。

評鑑是創造組織績效的好機會

　　一代歌后鳳飛飛唱過一首歌《巧合》，歌詞是這樣寫的：「世上的人兒這樣多，你卻碰到我，過去我沒有見過你，你沒見過我。這樣的機會不太多，只能算巧合，湊巧相遇在一起，相聚只一刻。我看你，你看我，相對默默無話說，偶然間，這一刻，轉眼就溜過。是否還能再見面，誰都不敢說，以後我會見到你，你已忘掉我。」情竇初開的男女，有個「巧合」的機緣交錯碰面，心頭難免會小鹿亂撞、迷失方寸，能不能「修成正果」，交給命運來張羅。可對象如果是評鑑，就千萬不能這麼灑脫地順其自然，而是要執著地克盡人事，因為「世上的評鑑這樣多，誰能躲得過？」既然無從閃避，何不調整心態轉守為攻，把評鑑變成修練進化的策略工具，幫助企業或組織累積經驗、鍛鑄技巧、創新知識及圓熟能力，到最

後必定是「一路流雲飛，收穫滿行囊」。

世上的評鑑這樣多，到底是怎麼個多法？老實說，百工百業不計其數，都在搞些什麼名堂，別說我不知道，你可能也不清楚。在這樣的前提下，我們怎麼能夠蒐羅殆盡所有領域的評鑑資訊呢？既然如此，那就 take easy！放輕鬆一點，看誰與我有緣分，自然會讓我遇見它，感受到「眾裡尋他千百度，驀然回首，那人卻在，燈火闌珊處」的悸動。那麼，「有緣人」究竟是哪些呢？包括金融的「國際洗錢防制評鑑」、金管的「公司治理評鑑」、科技的「科技組織績效評鑑」、企業的「CHR（Corporate Health Responsibility）健康企業公民評鑑」、管理的「CSIM®（Customer Service Indication Star）神祕客服稽核星級評鑑」、文化的「博物館評鑑」、公益的「非營利組織績效評鑑」、房仲的「台灣安心代銷評鑑」、餐飲的「美食評鑑／葡萄酒評鑑／食品安全管制系統衛生評鑑」、旅遊的「觀光遊樂區考核評鑑」、工藝的「工藝品牌認證評鑑」、醫療的「醫院評鑑」、衛福的「社區發展工作評鑑／一般護理之家評鑑」、勞動的「職場健康自主管理評鑑」、社工的「團體工作成效評鑑」、民政的「殯葬設施及殯葬服務業查核評鑑」、環保的「公廁分級評鑑」、宗教的「環保寺廟評鑑」…，還有很多「猶抱琵琶半遮面」，卻是「空守深閨人未識」。

至於我較熟悉的教育領域，評鑑項目多如繁星，也是不爭的事實。在大學評鑑部分，有整體性的校務評鑑、院／系／所／學位學程評鑑、學門評鑑和專案評鑑等類別；在高級中等學校評鑑部分，也有相似的評鑑分類，包括校務評鑑、專業群科評鑑和專案評鑑；而在國民中小學的評鑑部分，則可概分校務評鑑、學習領域評鑑和專案評鑑。後者看似沒啥特別，但「戲碼」一齣接一齣輪番登場，

有些是「排班表」可預見的，有些則是「興之所至」突如其來、新鮮滾燙的，不管是哪一種，都得跟上步調、融入劇情，否則就會「芭比 Q 了（完蛋了）」！這些評鑑包括校務評鑑、學校型態實驗教育評鑑、校長辦學績效評鑑、教師專業發展評鑑、課程評鑑、閱讀訪視、英語教學訪視、台灣母語日訪視、本土教育訪視、客語生活學校訪視、藝術深耕教學訪視、攜手計畫課後扶助訪視、補教教學訪視、友善校園評鑑、生活教育評鑑、學校衛生與健康促進訪視、體育訪視、永續校園暨環境教育評鑑、樂齡學習中心評鑑、交通安全教育評鑑、防災教育評鑑、營養午餐評鑑、性別平等教育評鑑、輔導評鑑、特殊教育評鑑、家庭教育評鑑、幼兒園（基礎）評鑑…，足夠讓學校剝好幾層皮！

　　作家游乾桂最近寫了一篇文章《改變與黑不一定是黑》，裡面提到美國作家珍妮・艾倫（Jennie Allen）在新書《甩開你的腦（Get Out of Your Head）》中提到，負面思想是一種自我綁架。他對這句話的理解是：自己是自己的「絆腳石」。每一件事都會有兩種面相，簡稱為「黑白無常」，負向思考影響情緒的叫做「黑無常」，而白無常叫做「改變」，可以轉化負能量成正能量，例如：把「辦不到」想成「試試看」；把「我不夠格」想成「我還行」；把「好煩喔」想成「去找有趣的事」，而這種「轉念」，就是正能量的方法，只在於腦海中的「一念之間」。與其花時間感嘆自己專業不足、能力不夠，或埋怨自己不受青睞、老成遺珠，不如把心力用在本事的積累上。他這個論點，恰巧是古意新解。《易經》乾卦裡的「潛龍在淵」，指的是君子可養精蓄銳、博觀沉潛、待時而動、厚積薄發，聚焦於明確的方向，並且為之昂揚奮進、努力不懈，猶如眼望蒼穹、心懷九霄，終有一日能「飛龍在天」，騰躍翱

翔於萬里長空。無論是個人、企業或組織，具備這種先覺，就能帶來行動的力量，獲致滿意的結果。從這個角度來看，評鑑再多何須懼怕，見獵心喜也無不可，因為每一次都是創造組織績效的好機會！

評鑑力的魔法祕訣

技藝精湛、享譽全球的聞人劉謙，不僅是第一個受邀到拉斯維加斯和好萊塢魔術城堡演出的亞洲魔術師，還被美國權威專業雜誌稱讚為「當代最知名的魔術師」，他曾經在 2012 年，獲得好萊塢魔術學院的「年度魔術師獎」，成為歷史上首位榮膺此世界魔術最高名譽獎項的華人；他也曾經在 2013 年，獲頒歐洲電影及藝術界歷史最悠久的「格羅拉魔術大師金獎」，再度成為首位接受殊榮的華人；另外，從 2009 年到 2019 年，他五度登上中國「中央廣播電視總台春節聯歡晚會（簡稱央視春晚，已被金氏世界紀錄認證為全球收視率最高的電視節目）」，神奇吸睛的演出讓他聲名大噪、家喻戶曉。

你或許跟我一樣，見識過劉謙那些「欺瞞拐騙純情心靈」的魔術表演吧！如同「四川變臉」般玄妙，除非你聰明絕頂洞若觀火，或是拜師學藝受過訓練，只能等到魔術師自己「揭開謎底」，才有機會讓我們這些「肉眼凡胎」頓悟說出：「原來如此」的驚嘆！不過，那可能要痴痴等待直到天荒地老、海枯石爛，為什麼呢？因為「商業機密」、「技術壟斷」，也就是「智慧財產」！魔術師賴以生存和競爭的「祕訣」，你說他們怎麼會輕易公開呢？但是，並非所有「智慧財產」都可等量齊觀，我的就是「開放碼」特性平易近

人，巴不得大家接觸、了解、吸收、應用、交流、分享、傳遞和創新，才有機會提供微薄的知識與經驗價值。以本書的主題「評鑑力」來說，就是許多個人、企業或組織需要的能力，它既容易學習也容易變現，即便套用電影《復仇者聯盟》的話：「你給它一分鐘，它給你全世界」，也不會言過其實。那麼，「評鑑力」究竟是怎麼揮灑它的魔法藝術，順利創造出組織績效呢？答案就在以下的祕訣裡：

■ **產出良好的品質**：套句俗話來強調一個理念：「有品質走遍天下，無品質寸步難行。」所以這個議題是「重中之重」、「根本之中的根本」！在本書的魔法祕訣裡，它因此佔有最高的權重，其他的祕訣都是在襄助、成就它，理所當然要安排在第四章最先討論它。

■ **發揮領導效能以互補於管理**：「領導」與「管理」這兩個概念非常熱門，在學理上的研究和實務上的談論繁盛到足以「炸鍋」！但我把焦點限縮，放在如何施展領導作為以共振出企業或組織效能，以及它們互為權變體用而生的微妙促動力量。這是一種智慧的催發、生命的交流，虔心走過才能烙印留存下來，詳細內容在第五章。

■ **善用知識管理系統**：每一個人都是獨特的個體，差別在哪裡呢？腦袋裡裝的東西不一樣。這「東西」指的又是什麼？好問題！但不好回答，因為它可以談的面向很廣泛，牽涉到觀（信）念、認知、思考、記憶、學習、經驗、知識、智慧…等概念，而且都會產生複雜的交互作用。對於企業或組織來說，要做的是找到方法「化繁為簡」，從所屬成員身上熔煉出提高

效率、達成目標的重要元素，這個工具就是「知識管理系統」，在第六章有深入論述。

▰ **統合有利資源**：你可能聽過人生有四大樂事，其中之一是「久旱逢甘霖（雨水）」，也可能聽過一句俏皮話：「你是我冬天的太陽、夏天的冰淇淋」，這「甘霖」、「太陽」、「冰淇淋」對旱災、寒天、熱浪來說，都能帶來解消痛苦的舒暢感，因此都可以稱為「資源」。有利的「資源」遍佈四周，就看賽局中人能否覺知、尋覓、統合和運用，我把這部分的解說放在第七章。

▰ **製作一擊致勝的簡報**：在 Amazon 網路書店排行榜中，蓋瑞‧范納洽（Gary Vaynerchuk）的暢銷書《一擊奏效的社群行銷術》攻佔上網路行銷類第一名。該書的 slogan 主打「一句話打動 1500 萬人，成功將流量轉成銷量」，強調身處於社群時代，沒有故事就沒有銷售，「說故事」是行銷人必備的高超技能，如此才能在社群媒體的拳擊場上，闖出自己的一片天。在評鑑之中，「簡報」的角色功能和「說故事」神似，請詳閱第八章便可知曉。

▰ **透視評鑑指標**：「評鑑指標」通常會揭示在企業或組織所遞交的「自評表」前方欄位。它的用意非常明顯，就是擔當「標尺」、「準則」、「法度」的角色，要受評者朝這個方向發展、實踐，以成就專案預先設定的理想和目標。只是，冰冷生硬的指標文字不必然能得到熱情豐富的回應，關鍵就在於賽局中人有沒有認真「審視」、「解讀」指標，這會影響整個受評的行動和結果，我把它放在第九章來說明。

◢ **驅使細節裡的魔鬼為你服務**：注意「細節」是把事情做好的前提，這是「差不多」先生一輩子都無法理解的道理，所以，能幫助你落實念想的「魔鬼」不會跟他交朋友。祂很清楚一點，「細節」裡面還有「細節」，儘管繼續追索下去會耗費更多心神精力，還是要無怨無悔受你驅使，才有可能充分貫徹你的意志，這整個處理過程和心路歷程，就是「如切如磋，如琢如磨」，往最深入、細膩的地方下手，以謀得最極致圓滿的成果，祂的魅力在第十章。

◢ **汲取評鑑經驗讓組織再進化**：有一個年輕人羅右宸，22 歲就白手起「家」，只花三年時間就快速滾出 30 間房當包租公。起初他浮現投資房產念頭時，第一個問題是：「頭期款怎麼來？」經由人指點後才發現，晉身有殼階級有 SOP 可循。於是他把操作流程視覺化，運用股東概念集資，首次出手即獲利 94 萬，其訣竅在於「讓利少賺」，後續則是「大量複製」。但他並非獨資，合購有許多問題，譬如持分怎麼解決？稅金怎麼計算？怎樣的金主得婉拒？他也是在磕磕碰碰和學思並用之後才進化成專家。企業或組織面對評鑑也可以這樣，以前面的經驗為借鏡，育成後面的功績，我會在第十一章說得更多。

　　假若你也有一套自己的見解，以「評鑑力」之名撰述一本專書，可能寫出來的內容會與我的大相逕庭，但也可能只有部分差異，無論是哪一種情形，圖 1-2 的組成結構就會不同。我這樣說的意思是，「腦海中的世界」複雜深奧，每個人都有獨特的、寶貴的背景和經驗，所鎔鑄而成的知識與智慧定然也各有善巧，以至於我的看法或許會被質疑甚至遭受批判，那都是常情所在、無可厚非，

若能以文會友、交流互賞，豈不是美事一樁？

圖 1-2　評鑑力的魔法祕訣

chapter 02

正視評鑑就是一個專案

　　你能想像蓋一座豪宅動用到直升機，是一種什麼樣的情況嗎？這棟別墅的主人是一位優雅的女性，對於心中的願望和理想，她有著高度的執著，光是挑選興建的地點，就花了 15 年的時間，最後終於在美國加州南部的一個山脈聖莫尼卡山（Santa Monica Mountains）上定址下來。說到這裡，你有沒有嗅到什麼不尋常？或者是冒出什麼問號？如果有，那麼恭喜，表示你是個心存好奇、思考敏銳的聰明人！而且很有可能，潛入你腦海中的謎團跟我的並無不同，比如：到底是要蓋怎樣形式、風格的豪宅？這種別墅有什麼奇異妙趣的地方？是什麼原因要動用到直升機？為什麼堅持蓋在交通不便的高山上？女主人是否偏愛在特殊位置蓋別墅？…，種種的疑問，是不是很引人懸念？別急，我馬上當「報馬仔」洩露更多資訊給你。

　　原來，女主人是有所「肖想」的，肖想什麼呢？非常特別的物件！她花 5 萬美元購買了一架退役的波音 747 客機，用精密的激光技術將機翼切割下來，想拿來當作別墅的屋頂，但是因為機翼太長，單是公路運輸就不得已勞動到警察「護駕」，並且封閉 5 個區段的高速公路，更棘手的是，貨車根本無法載送這麼長的物件登上曲折蜿蜒的高山，所以她必須再想辦法才能達到目的，這時候直升機就派上用場了！再花 100 萬美元用懸吊空運的方式降臨勝地。你是否感到訝異，這世間真是無奇不有？女主人也深具巧思，在屋頂下方都是採用大面積的落地窗，可以無死角的看到機翼，待在裡面感覺隨時要起飛！屋頂也可以輕易地爬上去，站在上頭彷彿置身於九千米的高空，而從室內往外看，戶外的別致風景一覽無遺，無價瑰寶足以療癒心靈；除了機翼，機身也被回收利用作為其他生活的空間；至於主臥室則更酷，恰好位於兩片飛機尾翼下方，打開窗戶

還能看到一截機翼，視野夢幻超絕；到了日落時分，與親密夥伴坐在屋頂上，一邊享受夕陽的照拂，一邊品味名酒的芬香，美景良辰為伴，人生若此，夫復何求？

但現在，對，就是現在！讓我們從旁觀者的立場推敲這個女主人的作為：她能夠如願完成這一座新穎精巧的豪宅傑作，所憑藉的是什麼呢？是夢想、目標、眼光、耐心、籌謀、方法、金錢、人力、器具、設備⋯嗎？無庸置疑，這些都不可或缺，因為「用飛機組件在高山上蓋別墅」，是一個貨真價實的「專案」，要讓它順利「結案」，就必須考慮諸多因素，以及克服如影隨形而來的紛雜問題。巧的是，面對「評鑑」也和「蓋別墅」類似，有許多需求要去規劃和爭取，你只要稍微瀏覽我的介紹，就能了解意思，簡單地說：「評鑑就是一個專案」，正視它的意涵和特性，才有可能搞定它。

你可以輕易理解專案

當初，為了考管理類的博士班，我每週利用三個晚上的時間，從苗栗到新竹交通大學（已與陽明大學合併為陽明交通大學）上課，目的在取得相關的學分，以厚實學養基礎提高考試的競爭力。我選修的學科中，有一門是「企業管理」，在學期之初，老師就先把學習評量的方式及權重交代下來，其中的一種是期末才需要繳交的，就是寫「專案企劃」或是「學術論文」。前者對我來說，沒實際經驗比較陌生，而且時間受限也不允許我邊學邊寫，所以我選擇了後者，但是，心裡卻有點彆扭：因為不懂「專案」也沒做過「企

劃」，以致喪失了一半的選擇權。或許因為這個緣故，當我繼續邁向博班之路而有考照念頭時，便鎖定「專案管理師」這個國際證照來努力，透過企管顧問公司的課程及輔導，一方面學習到專案管理的內涵，另一方面又能增加博班甄試的籌碼，可以說是一舉兩得。

　　有句俗話這麼說：「活到老學到老」，即便我對生活的感觸有時也像黃庭堅一般：「花氣薰人欲破禪，心情其實過中年。春來詩思何所似，八節灘頭上水船。」但是，「樂齡學習」始終是感人肺腑、激昂心志的畫面（呵呵…請容許我往自己臉上貼金一番），所伴隨而來的收穫、喜悅和驚奇往往也出人意表，就以上述「專案管理」課程的學習經驗來說，竟然大大地打臉了我自己！我怎麼都想不到，幹了三十幾年的教育活，做了一缸子的「專案」工作，渾然不知盡在力行實踐這套學理。所以，我真是「好一個笨蛋！蠢蛋！傻蛋！」不過，傻人還是有傻福，踏實地向前邁出步伐，我終究破除了混沌而迎向澄明，讓自己從「草包」變成「菜包」、「肉包」、「筍丁包」、「鮮菇包」、「咖哩包」、「奶皇包」、「起司包」、「紅豆包」、「芝麻包」、「芋頭包」…那樣實在有料又賣相逼人。千萬別流口水唷…我就只是比喻而已！真正的企圖是在幫後面的文字陣仗打前鋒啦！

美國專案管理學會認可的專案

　　你如果想開車上路，是不是要有駕照？想當醫師、心理諮商師、藥劑師、護理師、職能治療師、營養師、律師、法官、建築師、設計師、不動產估價師、會計師、精算師、分析師、理財規劃師、管理師、航空機師、引水師、教師、花藝師、藝品鑑定師、咖

啡師、調／品／侍酒師、廚師、麵包師、甜點師、美容師、按摩師、芳療師、調音師、禮儀師…，哪一項不需要證照？都需要！尤其若想開業營利的話，更是不可欠缺。這就是一種「制度規範」，用具有穩定性和強制性的規定、章程、方法或標準來指引和約束該領域的（欲）從業者，期許他們表現出符合專業涵養的知識、能力、技術、倫理、精神和態度；說得淺白一些，即是建立一套「遊戲規則」，讓大家跳進來跟著「玩」，最後得到兩種結果：一是「順我者昌」，另一則是「逆我者亡」。

用小屁屁想也知道，誰都會充分展現「求生欲」以期達成目的免遭「滅頂」，識時務如我者當然也不例外。當年報考「專案管理師」證照的時候，被要求提出三個專案工作經驗讓學會來審核，通過之後才能擇日在線上接受四個小時的考照測驗。曾經做過的專案大多已像陳年老酒，從窖藏中挖出仍然值得品評、鑑賞，以下就是簡單的介紹（當年以英文形式送審）：

專案一：苗栗縣新移民活動

本專案的目的在提供文化交流的機會，促進苗栗縣的族群融合。我做了一些事，包括了解利害關係人的期望、發展專案計畫、組織專案團隊、召開工作會議，在有限的預算及可用的資源中與團隊成員溝通，並且在過程中執行監控。專案成果是 1200 人參加這個新移民活動，這個活動帶給她們歡樂。

專案二：校園安全系統

本專案的目的是為了提高學生、老師、家長…在學校的行動安全。我向贊助人提出計畫爭取經費、對利害關係人說明專案需求及內容、取得利害關係人同意書、解決利害關係人問題、安排專案時

程、規劃並執行採購、監視及控制風險，然後如合約結束專案。這個專案的產出是完成一條車輛專用的道路。

專案三：多元文化活動博覽會

本專案的目標是藉由多元文化活動博覽會提高學生、家長、社區人士對學校的滿意度。我的做法是了解利害關係人的需求、發展專案計畫、運用人力物力資源、估算成本、制定預算、爭取經費、監控專案工作。專案的成果是 350 人參加這個多元文化活動博覽會，這個活動帶給她們快樂。

　　有沒有發現，在這幾個專案裡重複提到或是強調某個概念，例如：利害關係人（stakeholders）、需求、計畫、經費、資源、時程、成本、預算、團隊、會議、溝通、採購、監控、結案、成果，這些都是探究、論述和執行「專案」會帶出來的相關內涵，而且都經常有機會接觸到，現在已經讓你先睹為快！除了這些之外，還有學會所揭櫫的各類「知識領域」及含括其間的概念，將會在下一單元「只要能成功管理評鑑專案就行」中做更詳細的說明。

原來這些都是專案

　　對於已經操作或研究過專案的人來說，這一小節可能會讓你想打瞌睡！那就請您大人大量多包涵，用寬忍慈愛的心，幫我檢驗、批判一番，讓我可以校正錯誤和跳躍精進。所以在這部份，我是針對沒聽過或沒碰過專案的人而介紹的。那麼，除卻工作之外，專案有沒有可能存在於生活或學習中呢？其實這個問題，本章從開頭以來的敘述都已經把答案放進去了，就是肯定的！你若要用「專案無所不在」來形容它，我也覺得貼切。現在來玩個「貓捉老鼠」的小

遊戲：以下有好多「行動」，你把它們當作「老鼠」，而你呢？嘿嘿…當然是扮演「貓咪」呀！嘗試看看用你精明的頭腦、銳利的眼光，從以下小屋（表格 2-1）中，逮出哪些是可以被認定為「專案」的行動：

表 2-1　哪一個是「專案」行動

旅遊	露營	政府採購	製作唱片	競選議員
訪問名人	舉辦展覽	參訪教學	緝捕逃犯	拍賣精品
出版書籍	拍攝紀錄片	快閃音樂秀	行銷高粱酒	訓練解說員
獎勵招商評比	改建老舊社區	準備證照考試	參加籃球競賽	籌辦畢業典禮
培訓新進員工	籌募公益基金	企劃綜藝節目	設計新款手遊	規劃路跑活動
接待來台明星	辦理學術研討	救援遇難山友	籌備開張營業	開辦投資講座

上述這些行動，是萬紫千紅社會、須臾浮生歲月中，你可能聽聞、見證或參與過的事情，卻只是浩渺天波下「滄海之一粟」而已，還有無止盡的人際活動，每一時每一刻都在頻繁而綿密地交錯進行，其中，就有不可勝數的「專案」輪番上演著。表 2-1 裡，究竟哪一個是「專案」行動呢？是不是「看起來」有一些很明確、有一些很疑惑？會不會覺得很難衡量和判斷？又或者完全篤定「都是／不是」？對於「專案」意涵的界定，品質管理大師朱蘭（Joseph M. Juran）這麼說：「專案是必須排定時程去設法解決的問題。」而美國專案管理學會（PMI）則如此定義：「為了產出獨特的產品、服務或結果而進行的暫時性工作。」有幾個重點是必須要達成

的，包括：有明確的開始和結束（時間限制）、有工作範疇（或數量）的清楚規定、有預算（成本控制），以及符合特定成效的要求註2-1。所以，用這兩種說法來檢視表 2-1 的「專案」行動，答案就呼之欲出了！貓咪應該都有抓「滿」小老鼠了吧！

只要能成功管理評鑑專案就行

本身具備美國專案管理學會專案管理師證照（PMP），且曾任新加坡淡馬錫集團富登金融控股公司董事總經理、台積電財務高階主管的郝旭烈先生，在他所寫的《專案管理：玩一場從不確定到確定的遊戲》書中提到，人生就像一個專案，「只有想不到，沒有做不到」、「人算還不如天算，計畫趕不上變化」，以及「轉來轉去又怎樣，變化無常本這樣」，藉由比擬的譬喻和輕巧的說辭，把「專案管理」的特性與無奈表達得通透傳神。能夠用這麼淺白卻又精煉的語句，讓想了解「專案」的讀者，像泛舟遊於湖面，欣賞沿岸綠柳垂楊、繁花競艷的景色一般，在悠然愜意之間，吸收到他多年豐富的經驗及心得，此等功力已然出神入化、深入骨髓，足以依循專案的演進而隨時調變因應。

你也許會有疑問，只是前面那幾句「人生像專案」的描述，我就把郝先生捧上天了嗎？倒也不是，我這麼「難剃頭」的人心裡還是有一個尺度的。主要是自己的專案操作體會，和他所分享出來的

註 2-1　何霖譯（2022）。J. Heagney 原著。**我懂了！專案管理（暢銷紀念版）**。台北市：經濟新潮社。

重要觀點恰好不謀而合，引起共鳴所致，而這些想法又是怎樣的呢？我舉兩個層面的思維及行動來說明：其一、有關「專案任務」的安排，他強調專案任務中的資訊要同步更新、任務要對準目標、任務要有效產出、任務有清楚分工，這些重點我在後面的章節都會帶出來；其次、有關「專案工具」的選擇，他從需求性、操作性及適用性三個方向來做篩檢，若能符合夠用、好用、常用的條件，就是個妥貼的工具，此觀點深得我心，因為在實際的專案工作中，並不會特別需要用到功能「完備」的套件，所以選擇多數人常用且能上手的文書處理軟體及社群軟體，反而能夠以簡馭繁、順心如意。從專案的結果及經驗來看執行的各個層面和狀態，如果太過於僵固，或拘泥於無礙大局的枝節，有時反倒會給自己製造出新的問題，耗損寶貴的時間、精力和資源，不是很可惜嗎？「成功管理專案」才是最高的指導原則，在這個前提下，讓團隊所有人自主又自律地專注於本身的任務，較能順利達成專案目標。

專案管理的內容架構

作為新時代的女性，有許多是白領階級甚至還位居要津，稍微化妝在職場中進退、攻防或社交，已經成為標準的配備和基本的禮數。當然啦…有上妝就會有卸妝，在一整天的忙碌過後，總是要保留一段時間讓肌膚回復它的清爽和潔淨，才不至於帶著粉彩臉去「嚇周公」！這個時候，就要做「保養」的動作。基礎的保養並不複雜、困難，只要把握正確的步驟和重點，便能迅速達到效果。首先，是「洗臉」及「卸妝」，確保肌膚已經乾淨；其次，是使用「化妝水」，讓肌膚初步保濕和短暫濕潤角質，以利後續推勻與吸收；第三，是使用「精華液」，此乃保養的核心步驟，添加了高濃

度的保濕、美白、抗老、舒敏或酸類精華成分，為肌膚密集補充最需要的養分；最後，則是使用「乳液」或「乳霜」，幫助肌膚鎖水，讓它在表面形成一道薄膜，將精華成分鎖進基底，同時為乾燥膚質帶來深層的滋潤[註2-2]。這四道「保養」的程序，組成了「管理」臉部肌膚的內容架構，必須完整做到、確實做好，才稱得上是「成功結案」。

美國 PMI 的專案管理內容架構同樣也有系統的流程，包括起始、規劃、執行、監視及控制、結束等五大群組，這是屬於矩陣中的 X 軸；而在矩陣中的 Y 軸，則包括整合、範疇、時間、成本、品質、人力資源、溝通、風險、採購、利害關係人等十大知識領域，在專案管理權威約瑟夫・希格尼（Joseph Heagney）所寫的《我懂了！專案管理》一書中有相關的介紹，以下簡單說明並整理於圖 2-1：

▰ **專案整合管理**：為了得到理想的專案結果，每一項活動都必須和其他活動協調、整合在一起，目的就是確保專案在每個流程中能夠順利進行。這方面的能力及操作，我除了在第一章的第一單元有關「評鑑力的家族體系」中已有探究之外，也有一些論說散見在其他各章節。。

▰ **專案範疇管理**：包括擬訂說明以定義專案界限、授權工作、將

註 2-2　Sophie Ku（2021）。【宅女保養新手養成班】正確的保養步驟是什麼？第一步不是化妝水是這個！帶妳了解基礎保養順序以及保養重點！2022 年 10 月 27 日取自：https://www.womenshealthmag.com/tw/beauty/skin/g37018462/skincare-steps/。

工作細分成有交付標的又可管理的組合、驗證規劃的工作量有否完成，以及明確地說明範疇變更的控制程序。這方面的運作，我在第五章的第三單元有關「以領導互補於管理在評鑑中的實踐」裡有所著墨。

▰ **專案時間管理**：也有另一個說法是「專案時程管理」，意思是指訂出可兌現的時間表，而後控制工作進度，以達成「期限」的要求。

▰ **專案成本管理**：牽涉到人力、設備、原料、差旅費…等各項資源成本的估計，之後編入預算執行並追蹤，控制專案成本在預算之內。有些組織並未涉及產銷商品營利，所以不是用「成本」這個語彙，而是採用「經費」一詞來定義和交流，意思上是可以相通的。

▰ **專案品質管理**：在實務上，有一個可能性是「準時完成」專案，卻發現所交付的成果和預期落差很大，這樣其實不是「成功」的專案，而是失敗的！不管是被時間所迫還是任何其他原因，都不應該忽略或犧牲品質，所以要強調「品質保證」與「品質管制」。關於這一點，我是非常重視的，你可以在第四章看到我的完整論述。

▰ **專案人力資源管理**：包括確定專案成員；決定他們的角色、責任和從屬關係；招募哪些人加入專案團隊；以及如何在專案執行時做好管理工作。這一個面向，也是影響專案成敗的關鍵因素，我在第七章有廣泛的討論。

▰ **專案溝通管理**：包括在規劃、執行、監視及控制等不同流程階段，取得和傳遞利害關係人需要的所有相關資訊。這些資訊可

能包含專案狀態、已經達到的成就，以及可能影響其他利害關係人或專案的事件。這方面的能力和操作，我除了在第一章的第一單元有關「評鑑力的家族體系」中已有探討之外，也有一些論說散見在其他各章節。

▰ **專案風險管理**：這是鑑別、量化、分析及回應專案風險的系統化過程。對專案有正向影響的事件，要盡可能地提高它發生的機率及附隨而來的效益；而有負面影響的事件，則要盡可能地降低它發生的機率及對於目標的衝擊。任何企業或組織隨時都會遭遇風險，這方面的意識、觀念與能力必須及早建立。

▰ **專案採購管理**：採購專案所需要的機器、設備、工具、物品或服務，是屬於後勤補給的事項。管理採購專案包括決定採購的物件、發出投標書或報價邀請書、挑選供應商、管理合約，以及在工作結束時終止合約。

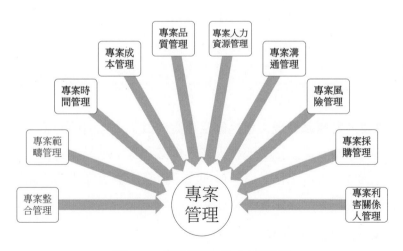

圖 2-1　專案管理的內容架構

▟ **專案利害關係人管理**：包括確認和管理可能影響專案或受專案影響的個人、團體或組織，這是相當重要的工作。對待各方的利害關係人不應該一視同仁，必須衡量他們對專案的影響力與支持程度，規劃及執行「管理利害關係人參與」所需要投入的時間和心力。這方面的操作需求，我也有一些談論散見在其他各章節。

謀求管理評鑑專案的實質效果

像廠房、住宅的建築專案一樣，每一位老師接受教育部的專業發展評鑑就是一個獨立的專案。在大坡國中的英語科任教師陳郁欣，加入這個評鑑操作兩年之後，從緊張、講課速度快、只顧帶學生念課文、授課後難過沮喪，到開心地看見學生充滿活力、積極學習，因而產生強大的信心，於是陳老師自己有所感悟地說：「我的成長與改變，不全然是教專評鑑直接帶給我的，卻絕對是由教專評鑑而開始的」^{註 2-3}。這一個評鑑專案，設定改善教師與學生行為的目標，在預計的時間內，採用共同備課、觀察授課、課後會談、教學省思、策略調整的做法，讓它循環運行、螺旋精進，即便相關的設備、人力等經費（成本）並不巨大、採購並不繁複，仍然透過妥善溝通、協調及整合有關人員，產出團隊能量以取得評鑑專案的成效。大凡一套學理的論述，必定要嚴謹周密而且有系統，但是在實

註 2-3　大成報（2015）。**教師專業發展評鑑校園小故事：改變與成長，從教師專業發展評鑑開始**。2022 年 10 月 30 日取自《蕃薯藤 yamNews》：https://n.yam.com/Article/20150929302587。

務的操作上，不必然其間的每一個概念都用得到，或是都有用到比例卻相差懸殊，這種情形恰是「專案管理」的自然現象。

「專案管理」還有另外一種自然現象，就是「變」！因為主客觀與內外在環境、條件和需求的「改變」，而使得專案的狀態也要跟著「變動／變化／變更」，以朝向「更好」的方向發展，所以，若出現「朝令夕改」的情況，著實不必太驚訝，那是有心追求專案成功的合理反應，久而久之，就會形成一個「常態」。對於這種「專案管理」的特性，商周集團執行長郭奕伶引用老子的話：「有道無術，術尚可求也；有術無道，止於術。」也就是說，如果能掌握事物的原理，即便沒有技術，仍可學習而得；若只學得技術，卻不了解它的本質，就只能停留在低層次的技術，藉此表達她的體悟，也強調「專案管理」的工作，要能融通其精髓與要領，才有辦法駕馭得當，而關鍵即在於「修」這個字[註2-4]！像修改衣服到最合身、最理想的狀態一般，不厭其煩地「修正」專案的執行，直到圓滿成功為止。

專案管理「變」的特性與「修」的需求，是否也適用在「評鑑」工作上？那是肯定的！因為「評鑑」就是一個實打實的「專案」！我可以打包票地說，如果怠慢它、輕忽它，甚至讓它自生自滅，不僅成果將捉襟見肘，在「上頭」那位恐怕也會被「滅」了！不過，也不用壓力那麼大，天不會因此塌下來，只要服膺「心隨勢轉」、「臨機應變」的指導準則，把握「專案管理」的知識與方

註2-4　郭奕伶（2022）。修！才是專案的本質。載於**專案管理：玩一場從不確定到確定的遊戲**。台北市：商業周刊。

法，那麼落實目標應該也十有八九了！舉例來說，那一年學期快結束的時候，台中教育大學的學生突然和我們連絡，想在暑假期間為學校小朋友辦夏令營活動，主任向我請示並徵求意見，我二話不說馬上答應，原因在於，除了這原本就是一件對學生、家長和學校有益的事情，還可以提供附加價值給我們，是什麼呢？就是以「交通安全教育」為主軸來貫串整個活動。可你知道嗎？大學生起初所設計的主題和規劃的架構並非如此，是應我們的要求而「改變」的，這個「改變」，紮實地闡釋了專案管理「變」與「修」的本質，而且是雙向的效應：對我們來說，此一活動是「從天外飛來的」，但我們為它「變更」了原定的「評鑑專案計畫」，請大學生「修改」了主題以適配於評鑑需求；對大學生來說，這一「夏令營專案企劃」雖然「可以如期進行」，卻因為我們有所期望，而被動「調整」了實施的方向及內容，但仍無礙於他／她們的目標，從結果來看，活動順利完成，兩造各取所需、皆大歡喜。在彈性決策及運作的前提下，獲致管理專案的實質效果，才是最重要的！

chapter 03

設定評鑑的績效目標

　　在我目前住的地方，有許多熟識幾十年的老鄰居，平日裡偶爾碰面，寒暄幾句是「家常便飯」，但大多時候是各自忙活，彼此「相忘於江湖」，浸淫在自己的「神祕世界」，像我就是宅男一「隻」，爽度「山中無甲子，寒盡不知年」的快意逍遙日子。不過，說穿了也沒啥了不起，百樣人生的平實寫照而已！可即便如此，面對生活，「較真」的人難免還是有期待，甚至會訂定目標努力追求、積極實踐，不管是打理表象的外在，或是澆灌深層的心靈，都是一致的態度。舉例來說，老鄰居之中，從年輕就開張營業到現在，已經當阿嬤的美容院老闆娘，永遠都是那麼青春有勁、樂觀爽朗，只要她一出現，高亢直率的音頻和語調就會吸引眾人的目光。但是，我猜想她的人生應該藏有某個缺憾，卻又能讓人不費吹灰之力感受並發現到，那是什麼呢？身高太矮！所以她永遠都是蹬著「恨天高」到處晃蕩，沒有仔細看的人還會被她蒙混過去，以為她天生「腿夠長」。這個例子十分簡約鮮明又容易理解！一個鄉下阿嬤在心裡設定一個「增高」的「目標」，然後日復一日、年復一年地「穿高跟鞋」確實執行她的意志，因而每天都能達成「墊高 N 公分」的「績效」。

　　在我們的生活周遭，類似阿嬤這麼懂得做 SWOT（優勢、劣勢、機會、威脅）分析，進而採取策略來扭轉不利局面並達成目標的「勵志」人物與故事，應該是不勝枚舉，只看我們眼光夠不夠犀利、心思夠不夠細膩去發現或挖掘。你若存疑，我再舉一個實例分享給你。話說我在台北市初為人師幾年之後，有機會兼任輔導室資料組長的工作，那時的主任（後來也考上校長）也算年輕，大我不到十歲，是個對穿著很能塑造個人風格與特色的時尚女性，這麼說吧…作為她的同事八年（後來我調回苗栗），我只有一次在學校辦

理的員工自強活動時，看過她穿牛仔褲和球鞋，其他時候，她永遠都是裙裝、高跟鞋的搭配，沒有別樣的風貌。這顯示什麼訊息？是否感覺有似曾相識的思維模式重現？沒錯！是阿嬤的「復刻版」兼「升級版」，頗具「長江後浪推前浪，一代新人換舊人」的架式！兩相比較，她們當然有各自的特質，但這並不是焦點，我要強調的，是她們都有強烈的企圖心去雕塑和維護某種形象，而此形象雖然只是外表的視覺觀感，對她們來說，卻是相當重要的「生活任務」，所以，都很慎重地將它設為必須每日達成的「目標」，而由於堅守志趣、踏實行動，得到滿足的「績效」成果自是理所當然，我那位「前長官」始終能展露出明麗優雅的氣質，便是最好的說明與驗證。依此而推理，企業或組織也可以像個人一樣，在日常業務或評鑑專案等不同面向這麼操作，只不過組織層次的複雜性和困難度相對高出甚多，需要投注更多的時間和心力。

評鑑終究會給你一個績效評價

在 2018 年 10 月，台灣有幾家網路及娛樂公司合作開播了一個音樂性的選秀綜藝節目《聲林之王》，聘請許多線上知名歌手擔任各類型的導師，對來自不同國家的參賽新秀進行歌唱的評判、指導與協作。根據網路上的資訊，主辦方及合作方祭出一些誘因來吸引有興趣的人，包括幫獲勝的選手出唱片、上媒體平台宣傳和發高額獎金，另外，每一期的冠軍可獨得一台運動型休旅名車。事實證明，「紅蘿蔔」對「兔子」是有誘惑力的！茫茫人海中，那些有夢想、有抱負的青年，如蜂群簇擁般投入比賽，一舉壯大了節目的聲勢與威望。但是，理想可以編織得極盡豐美，現實卻是無比的殘

酷！能夠像關雲長那樣過五關斬六將，最後得償所願的，比例低到幾乎是趴到地面。以最近期的《聲林之王 3》為例，就有三搶一合作賽、一對一 PK 殘酷爭霸戰、巨獸合作賽、團隊合作賽、跨界合作野獸內戰、夢想 Jungle 賽外賽、魔王踢館賽、Live 直播冠軍賽及網路投票等多種爭鬥階段與類型，如果沒有超強的心臟和過人的毅力，隨時會有「中箭落馬」的可能，而大部分類似節目的這種關卡，恰是最難拿捏、捉摸的環節，因為，對於參賽者的演出內涵及水平，是否喜歡或欣賞、提攜或淘汰，決定權並非在於歌者的自我感覺，而是操之於現場導師和網路觀眾。那麼，究竟是用什麼方式來決定他／她們的去留呢？馬上為你揭曉。

改善的迷思

　　青年作家南有先生曾經在 2018 年發表一篇文章《有的人連自己是怎麼死的都不知道！》標題直白而且聳動，相當吸人眼球，但仔細讀來，發現是頗能激勵人心的「雞湯文」。他在文章中說了一個小故事：有一次他和一群人吃飯，裡頭有位小姑娘很厲害，無論大夥兒談論什麼議題，她都能接得上話，而且很有見解，三兩下就跟所有人拉近了距離。飯局結束後，他偷偷地問她，為什麼懂得這麼多？難道就沒有不知道的嗎？還是把全世界的書都吃進肚子裡了？小姑娘開心地大笑回應，其實她並不是什麼都懂，而是平時有個小習慣，遇到不懂的事情會隨手查詢，然後再延伸了解相關的知識。這種特質與態度，是所有認真生活、工作和學習的人都會具備的，不只是「求真」而已，還會「求善」及「求美」。所以，在《聲林之王》的每一次登台獻唱，參賽歌者必然會用吹毛求疵的心境及眼光來挑剔自己，並且渴望在表演之後，有更上層樓的機會展

現出進化和成熟的樣貌。不過，光靠參賽者對自我的嚴苛要求是不夠的，還需要節目和競賽的規則設計推送一把，然後像薛仁貴在地洞中吃下「九牛二虎」的麵食而開始擁有神力一般，才能真正天蠶蛻變、突破極限，終致脫胎換骨。

那「推送一把」的力量是什麼呢？就是導師的「點評」和「選擇」！前者逐一挑揀、評論歌者的優缺點，就像是寒天中的火炬、黑夜中的明燈，指引前方的道路，也作為改進、磨練的意見，雖然點到為止而已，卻是鞭策歌者的鮮明動力與壓力，更是提升節目及表演品質的關鍵因素；後者則從兩個（組）以上的歌者中選出最佳（或較優）的選手，確保他們下一次的競演機會，這一個「決定性」的動作，將迸發出兩種強烈對比的情懷，勝利的一方會感受到莫大的激勵，失敗的這邊得承受沉重的打擊，你說，誰會想當「魯蛇（loser）」呢？

從上述的說明可以清楚地知道，在現實生活中的各類「評鑑」和「競演選秀節目」頗為類似，都具備「點評」和「選擇」的功能，但是，「選秀」的導師點評會在同一平台繼續追蹤歌者的表現情形，「評鑑」卻不見得有「follow up（後續、跟進）」的動作，以至於往往只是區別高下、排列順位，做出獎優的「選擇」，而對於成績較差的末（或後）段班的受評者，並沒有發揮評鑑應有的功能實際幫助他們。在評鑑領域的著名學者史塔佛賓（Daniel L. Stufflebeam）曾經強調過一個重點：評鑑的目的在於「改善（improve）」，而不在於證明（prove），換句話說，如果主辦方是政府單位或權威機構，藉由辦理評鑑活動來宣示決心、彰顯政策、檢驗成果和獎勵績優，並且後續還有輔導改進的機制，這樣才算是一套比較完善的評鑑計畫／辦法，不僅能夠敦促所有受評者精

進業務，還能協助表現不良的企業或組織，找出問題癥結加以破解和克服，那麼，在評鑑的整體功效上，肯定會優於只有錦上添花的事後獎賞。然而到目前為止，似乎還有許多評鑑忽略「追蹤輔導」這個環節，或是有所規劃卻「鄉愿當好人」未落實執行，如此，企業或組織能期待評鑑幫助他們改善什麼嗎？或許不能這麼天真浪漫、一相情願，而是要確切地體認到，「反求諸己」、「設定高標」、「積極行動」與「經驗學習」才是應對評鑑的正本清源之道。

評鑑的績效評價類別

不知你是否想過，在網路世界裡看到或聽到的一張迷因（meme）梗圖、一部短片、一幅繪畫、一首音樂⋯等數位創作，都可能像實體藝術品一樣被競標出售？在 2021 年 12 月上旬，數位藝術家 Pak 的實驗性作品《The Merge》，以「非同質化代幣（Non-fungible token, NFT）」的形式採取「漸進拍賣」銷售，只花了 48 個小時，便以 9,180 萬美元的價格成交，到目前為止，是史上最貴的 NFT 作品[註3-1]。以往常聽到的比特幣（BTC）、以太幣（ETH），都是屬於同質化代幣（FT），每枚貨幣的本質、價值相同，可以相互替代，也可以分割成較小的單位，像現實生活中的貨幣一樣，都是同質化的資產，例如你可以將一張百元鈔票兌換成兩個五十元硬幣，也可以購買等值的百元商品；而非同質化代幣

註 3-1　區塊客（2022）。2021 年「10 大最貴 NFT」：榜首居然不是《Everydays》？！2022 年 11 月 11 日取自《區塊客（blockcast.it）》：https://blockcast.it/2022/01/04/2021-most-expensive-nfts/。

（NFT），同樣屬於數位加密貨幣的一種，但卻和 FT 貨幣有所不同，它是代表著一個獨特的數位資料如圖片、影片、遊戲專案、甚至是一則社群貼文⋯等任何有創意的作品。因為 NFT 背後有區塊鏈的技術支撐，任何物件只要被放置上去，就難以被竄改和複製，所以，數位藝術品的原創作者、上傳時間、轉手交易⋯等細節，都會被完整記錄下來且公開可見，持有者不必擔心真品驗證的問題，如同獲得數位保證書一般。

　　儘管 NFT 方興未艾，但想要評鑑它的價值，卻是一件不容易的事。市場的潮流會隨著時間變動，人們的喜好也會跟著改變，初始覺得新穎的素材，可能轉眼間就顯得過氣；而一時無法吸引大眾興趣的作品，卻有可能「大雞晚啼」，不鳴則已、一鳴驚人，是否具有人氣和價值，皆取決於收藏家的主觀判斷，以及依循市場的共識而轉變。如何在主觀與潮流之間精妙地評鑑 NFT 的藝術價值，幾位世界級的創作者及收藏家提出了三個寶貴的意見：思考模式、故事、稀缺性。首先，如果是創作者，切莫認為已有許多成功的巨額交易，便相信 NFT 是個能輕鬆賺到快錢的手段，而是要以「正確的思維」來用心從事，才有較高可能性產出好評的成果；其次，身處於藝術與商業的共振邊界，應該透過「自身的故事」，將藝術家的真實情感傳達給收藏家，創造出差異化的效果；最後，若在市場上廣泛複製難得具有的獨特性作品，則此「量產」行動將會造成品牌價值大幅下降，即便「稀缺性」不保證能提高價格，但這個因素確實是影響人們狂熱追捧 NFT 的關鍵原因[註3-2]。

註 3-2　成素羅、羅夫·胡佛、史考特·麥勞克林（2022）。**評鑑 NFT 價值的 3 個關鍵》思考模式、故事、稀缺性**。2022 年 11 月 11 日取自《商周》：https://www.businessweekly.com.tw/international/blog/3009301。

評鑑 NFT 的藝術價值，不會只有衡量思考模式、故事、稀缺性這三個指標，但無論再納入多少因子，仍舊逃脫不了收藏家的主觀意志，以及觀察潮流趨勢這兩個取向，從評鑑的觀點來看，它們恰巧與績效評價的兩大類別不謀而合，其中之一是「標準參照模式（criterion-referenced mode）」，另一個則是「常模參照模式（norm-referenced mode）」，如圖 3-1。前者是依據事前訂定的「絕對性標準」來給予評價，以 NFT 的藝術價值評鑑來說，就是指收藏家的主觀認定，符合或達到他們心中所設定的「那個尺度」，他們就會出手；再舉苗栗縣近幾年的交通安全教育評鑑為例，在評鑑計畫中，預先明定三個給獎的標準，獲得 90 分以上者列為特優、80 分以上未達 90 分者列為優等、70 分以上未達 80 分者列為甲等，未達 70 分者則列入輔導，這兩個例子都是屬於「標準參照模式」。至於「常模參照模式」，其評價是採用「相對性標準」，針對結果或程度比較受評者在團體中的位置而加以解釋，以 NFT 的藝術價值評鑑來說，就是指收藏家對於數位藝品在潮流趨勢中的前衛度、拔尖度、差異度、黏著度的審酌與判定，若都具有優勢或特色，他們就會出手；再舉教育部近幾年的全國交通安全教育評鑑為例，在評鑑計畫中，預先明定國中小學組「表現優良」的學校，特優至多各給 3 所學校，優等至多各給 6 所（直轄市組）與 8 所（縣市組）學校，未獲優等以上的學校仍給予評定等第。如果，基於某種理由一定得加入評鑑的賽局，什麼是你務必注意的事項？評鑑終究會給你一個績效評價，但評價的方式其實不是重點，百煉成鋼以求超越自我，才是該著力的「千秋大業」，屆時嚇嚇叫的績效自然手到擒來。

標準參照模式	常模參照模式
☐ 絕對性標準	☐ 相對性標準
☐ 事前訂定	☐ 事後比較
☐ 達標獎勵	☐ 擇優獎勵

圖 3-1　績效評價的兩大類別

設定績效目標就是預立評鑑績效

　　在古羅馬詩人奧維德所寫的《變形記》中，曾描述一位雕刻家比馬龍（Pygmalion），因為見到一些婦女不檢點的行徑，連帶厭惡起世上所有的女性，於是決意發揮他的藝術才能，希望雕塑出最完美的少女雕像，讓人們見證怎樣才是美麗與端莊的女子典範。他精心挑選質地姣好的雪白象牙，夜以繼日、廢寢忘食地不停工作，奇妙的是，當完成猶如女神般的雕像時，他竟然無法自拔地愛上了「她」，每天情不自禁對著「她」甜言蜜語、傾訴衷曲，沒想到真心因而感動上天，雕像在悄然靜默間有了生命，幻變成柔情似水的女神。這個典故後來衍生出廣為應用於教育、社會、精神、心理各領域的專業術語，就是「比馬龍效應（Pygmalion effect）」。這是一種「自我應驗預言（self-fulfilling prophecy）」的現象，意指人們先入為主的判斷，無論其是否正確，都將或多或少影響到目標對象的行為表現，而使這個預存的判斷最後落實成真，例如：人們在被賦予正面的期望以後，會樂觀積極地朝成功的方向發展；相反地，若被給予負面評價，可能會自暴自棄無法完成任務。如此看來，「比馬龍效應」是一把雙面刃，用得恰當才能產生助益，所以企業

或組織面對評鑑的時候，自然也有需要運用它。

心理預期的激勵作用

　　曾經登上台灣興櫃股票市場股王寶座的群聯電子，是全球前 2 大快閃記憶體控制晶片暨儲存解決方案整合服務廠商，全世界每 3 支隨身碟中就有一支是他們所生產，每 5 支手機中也有一支會用到他們的晶片，從 2000 年成立以來，長期穩定高獲利，可以說是績效卓著的模範生。天下雜誌在 2011 年專案採訪其董事長潘健成，而後整理成書籍《為自己爭氣：群聯電子十年 318 億元的創業故事》分享給讀者。在談及「創業成功的條件」時，潘健成提到最初幫群聯所募到的 3000 萬資金，全部都是個人股東捐注的，他強調，並不是單憑一張嘴說空話，而是拿技術去說服他們，他們認同的是整個團隊；他進一步解釋，投資者自有他們衡鑑的要點，著重於產業，產業會變化，著重於技術，技術會過時，而「投資」團隊，則「相信」這一組創業鬥士會解決任何問題。這就是比馬龍的「心理預期」效應！到目前為止，綜觀群聯的優異經營成果，絲毫不必懷疑他們自始以來的理想、企圖、決心和意志，的確值得眾人信賴。

　　《為自己爭氣》這本書，潘健成義不容辭地寫了自序，提名為《拚勁與傻勁》，文中非常謙和客氣並且態度低調，他說：「參與這個過程的所有群聯人，普通得跟大部分讀者一樣，並沒有什麼破表的智商，或是天生的英才，有的只是堅持下去的拼勁與傻勁。」而時任政大智財所副教授的邱奕嘉也在推薦序《相信，就看得到》中直言，成功的創業家有的跟你我一樣平實，甚至沒有什麼過人之

處，但他們有一個共同點，就是對所經營的事業有旺盛的熱情及拚搏的傻勁，這份執著，讓他們「相信」一定「看得到」光榮的未來。儘管這些說明或推崇都是群聯奮鬥多年有成之後的回顧與見證，但不可否認的，也隱含著某些寓意和道理，其中最為鮮活突出的，就是積極正向的心理狀態，能夠形成「自我應驗預言」的期望，在潛移默化之中，產生高度且持續的「激勵作用」，最後反映於企業文化、商品質量和經營績效的良性循環上。由此可見，論題的核心是在於具有牽引、鼓舞、推進甚至壓迫意味的「正向心理預期」！這種隱形的思緒及其伴隨的驅力，可能從企業或組織的外部投射過來，也可能萌發自內部，甚至是兩者同時齊聚，無論得之於何種情境，都應該感到慶幸，因為企業或組織將因此而奔走在正確的道路，隨時準備奪取勝利的旗幟。

積極行動就能實現預期的績效目標

任何人都可以預設高度期望、運用故事隱喻、落實以身作則…等各種方式，發揮激勵他人的作用力和影響力，以求遂行其理想與意志；而對於企業或組織來說，「預設期望」實際上就是宣示「預計達到的績效目標」，若用之於評鑑，即為「預立評鑑績效」。許多年前，在日本有一個小故事…夏普（Sharp）的液晶顯示器品質及技術執業界之牛耳，但是公司曾經在 1999 年幾乎瀕臨破產，當時它的執行長町田勝彥（Katsuhiko Machida）不僅並未輕言放棄，還大膽做出產業預測和釐定嶄新目標，他告訴員工：所有的 CRT 電視（舊式映像管電視，體型較厚實笨重）到 2005 年會被扁薄的 LCD 電視取代，如果要滿足消費者的需求，必須改弦易轍大幅度更新產品、著手研發，挑戰超高難度的任務。但是，光靠設定這些

「很離譜」的目標是不夠的，他們還需要「相信自己能夠實現」，於是町田勝彥採取行動去說服技術、工程團隊，極盡所能提供資源，並且一起面對問題解決困境，因而逐漸讓夏普起死回生、重回軌道，貼近預訂的目標[註3-3]。

「目標」這個角色是作為指引方向和揭示程度之用的，可高可低、可遠可近、可難可易、可大可小，都是相對比較的感受，不見得每個人體會相同，於是產生認知上和操作上的差異狀態，或許正因為如此，才能顯出某個企業、組織或個人的獨特思維和能力。以華特‧迪士尼（Walt Disney）為例，他給世人留下了許多偉大的遺產，包括迪士尼樂園、華特‧迪士尼世界度假村，以及膾炙人口的經典動畫電影，但他所帶來最偉大的禮物，卻是對自己一生的總結：「只要你能想得到，就一定做得到。」多麼鏗鏘有力的激勵！所謂「想得到」，不就是指有一個「什麼」等待被「尋找」、「追求」？那個「什麼」，就是「目標」！因此他的人生箴言可以換句話說：「只要你有目標，就一定做得到。」

設定的目標必須能激發你的想像力，讓你感到興奮，所以這目標得是一個具體的、鮮活的「宏偉目標」，能夠為你清晰地指明前進的方向。心理學大師米哈里‧契克森米哈伊（Mihaly Csikszentmihalyi）在他的名著《快樂，從心開始（Flow）》（另有譯名：心流）中，把大目標稱為「結果目標」，小目標稱為「過程目標」。「過程目標」的迷人之處，就在於它們很容易實現，不會超出你能力所及的範圍；它們會讓你全神貫注，事情都能掌控得宜，而且感到自我激勵的效應越發顯著，舉例來說，在與對方會談之前，你可以設定「要提出四個重點」、「要釐清三個問題」和「要稱讚客戶一次」，又或者，在下班前空餘的半小時，設定「要

發出兩封市場行銷素材的介紹信」等幾個「過程目標」，一旦養成
這種習慣，就會像職業運動員一樣，始終都在參加比賽、鍛鍊意
志，那快樂的感受，是用自己心智中蘊含的力量所創造的[註 3-4]。由
此得知，快樂的泉源來自於成功執行許多「過程目標」，逐步連結
最後達成「結果目標」。但請不要忽略，無論是哪種目標，都要依
靠積極、確實的「行動」才能實現，更何況一些「過程目標」（如
上述）本身就是「行動」，不是嗎？評鑑如果能夠這樣「玩」，何
愁達不到預期的績效目標？

註 3-3　劉奕吟譯（2019）。Paul Jarvis 原著。**一人公司：為什麼小而美是
未來企業發展的趨勢**。台北市：遠流。

註 3-4　路本福譯（2015）。Steve Chandler 原著。**勇敢創造自己的奇蹟：
100 種自我激勵法，徹底翻轉你的人生**。台北市：遠流。

chapter 04

產出良好的品質

2022 年 2 月，迪士尼公司的第五艘大型豪華郵輪「願望號」，在舉行盛大的下水儀式之後，正式加入服務高端遊客的行列。所謂「十年磨一劍」，這艘新郵輪花了他們十餘年的時間才造就完成，真是「千呼萬喚始出來」！不過，從成品來看，它確實是個傑作！這一座海上迪士尼樂園，長、寬、高分別是 342、39 及 35 公尺，共有 15 層甲板，總面積達到 7 萬平方公尺；全船設置約 1250 個房間，可容納 4000 位旅客；雖然體積龐大，卻使用清潔能源，日常巡航速度可達每小時 40 公里；船上的經典童話智財（intellectual property, IP）元素隨處可見，首次由女性角色「米妮」擔任船長，船體中庭安插「灰姑娘」，另在船舷處鑲嵌巨幅的「Disney wish」船號，而吉祥物則是由熱愛冒險的「長髮公主」來擔綱；最值得關注的是，頂層甲板上裝設了超過 230 公尺的漂流道，盤旋蜿蜒蔚為奇觀，遊客在透明的滑道裡感受音樂、特效、燈光，同時被海水沖擊快速起伏，宛如置身空中、體驗不凡；除此之外，郵輪還配置多個標準游泳池、星球大戰貴賓室、歌劇院、（美女與野獸、冰雪奇緣、復仇者聯盟…）主題餐廳、電影院、兒童樂園等娛樂場所。雖然在全球大型豪華郵輪的佔有率上，迪士尼並非領先者，但由於巧妙結合其老少咸宜的童話元素，以致能獨佔海上親子共遊的市場。

迪士尼「願望號」郵輪能夠引人矚目、搶得商機，至少有幾項條件滿足了消費者的眼光和需求：首先，它打著名滿國際、歷久不衰的迪士尼響亮招牌，足以擄獲「童話迷遊客」的心扉；其次，是迪士尼旗下最大規模的郵輪；其三，首次嘗試沉浸式體驗，將經典動畫與主要角色融入餐飲、娛樂和各項設施之中，提高遊客的參與及感官興致；其四，在頂層甲板設置長距離的水沖廊道，讓遊客更

接近白雲、藍天，彷彿與自然合為一體，將煩惱拋卻於遼闊大海；其五，擁有魔法號（Disney Magic）、夢想號（Disney Dream）、奇觀號（Disney Wonder）和幻想號（Disney Fantasy）4 艘前導的豪華郵輪團隊，都具備獨特的外觀設計與醒目的金色漩渦，並且專為闔家同樂而打造，盡皆融入溫馨、優雅及歡樂的元素，併計第 5 艘相同屬性但更為精緻、親民的「願望號」，形成旗幟鮮明、風格洋溢的生命體。從經營管理的角度來看，迪士尼緊密地掌握到企業與組織生存最為根本又重要的議題，是什麼呢？品質！一艘郵輪的出品竟然要耗費十幾年時間打造，無論由外觀、量體、住房、餐飲、休閒、娛樂哪方面來衡量，它都有巧思設計和特色創新，這些層次已然處理得細膩到位，不僅將「品質」的概念做了擴展及延伸，更是一種向上提升與轉化。這是一個落實「品質」的典範，可以作為應對「評鑑」的參考，至於要如何「產出良好的品質」，就請你繼續往下看囉！

良好的品質與價值有關

　　前陣子，我透過 Line 群組商城買了一台豆漿機，為的是能 DIY 打出一杯熱騰騰的香濃豆漿，在早餐時刻，配上兩顆水煮蛋、一小碟綜合堅果、一小盤切丁蘋果，悠閒地聆賞流轉的樂音，享受溫暖陽光的滋潤，那無疑是人生的美妙拼圖！開機這一天，一切已準備妥當，我滿心期待的樂活畫面卻瞬間破滅─豆漿機故障了！我立即聯絡賣家，詢問該如何處理？賣家並不是生產者，要我直接找廠商報修，電話撥過去，竟然是空號！

顯而易見地，這是品質不良的產品與服務，對於企業來說，那可能是生存的致命傷。為什麼呢？因為品質是信譽的標誌、品牌的先鋒，可以說是企業的生命，也是企業發展的根本，忽略了這個重點，無異於捨本逐末、緣木求魚，經營管理就會像在懸崖邊駕車，隨時都有墜入萬丈深淵的可能。

關於「品質」這個議題，許多企業與組織都非常重視，世界先進國家或區域如美國、日本、英國、加拿大、中國、新加坡、澳大利亞、歐盟…甚至設有相關獎項予以激勵表揚，扮演推波助瀾的角色。我國也從 1990 年開始設立國家品質獎，是亞洲第一個成立此類獎項的國家，設獎的目的在於提升整體品質水準、建立優良組織形象、樹立標竿學習楷模，以及獎勵成效斐然的卓越經營者。獎項中的「全面卓越類」包含「卓越經營獎」與「績優經營獎」兩類，所有規模的企業、機構、法人、學校、團體及個人都可以參與評選。經過這麼多年的推廣與發展，品質的意識已逐漸開枝散葉，品質的功能性、重要性也因政府及社會各界的努力而獲得突顯，自是好事一樁！那麼，我接著要問：你認為「品質」要怎麼界定呢？

品質的界定

在國家品質獎的獎項中，出現「品質」關鍵字的有兩類，一類是「製造品質典範獎」，另一類是「服務品質典範獎」，兩者都是在表揚企業的品質管理作法、效益與影響，具有相當成就且足以作為典範者；不同的地方則是前者在於表揚製造業，而後者在於表揚服務業。由此可以推論得知，品質是企業或組織全面發揮他們的企業功能及管理功能之後，所呈現出來的產品內涵或服務水平，而這

種內涵的好壞或水平的高低，最終將由體驗過的顧客滿意程度來給予評斷，就好像練武的人蹲馬步、習內功、記招式，經過長久時日的反覆鍛鍊與琢磨領悟，最後還是要在武林競技中盡展所學，與眾多高手過招決勝一般，接受嚴苛無情的考驗。

　　武林高手的對招博弈，憑藉的是武學修為的深淺，可以比擬成企業與組織的產品或服務品質。產品或服務品質的好壞怎麼界定？有一個衡量的參考點：是否讓顧客有「多付點錢也值得」，或是「賺到了／物超所值／高 CP 值」的滿意或滿足感受，如果有，那麼這些產品或服務就是獲得了正面的評價。「產品」的品質有哪些可供檢驗的面向呢？說明如下[註4-1]：

- **產品自身的物理特性**：包含產品的性能、特徵、質地、美感、耐用性，以及安裝和操作的便利性。

- **企業或其經銷商提供的互補性產品或服務的數量及特性**：包含產品的售後服務如顧客培訓或諮詢、與產品綑綁的附加產品如備用元件、產品保證書或保養合約，以及維修水平或服務能力。

- **與銷售或交貨相關的產品特性**：包含交貨速度和守時性、信用條款的有效性和有利性、賣方的所在位置，以及銷售前技術建議的好壞。

- **有助於顧客形成對產品性能、使用成本的知覺或期望的特性**：

註 4-1　Besanko, D., Dranove, D., Shanley, M. & Schaefer, S.（2013）. *Economics of Strategy*（6[th]ed.）. Hoboken:John Wiley&Sons.

包含產品性能的名聲、賣方銷售的持久力或財務穩定性（這對於某些行業交易有重要的意義，在這些交易中，買方期望與賣方建立持續的關係），以及產品的顧客群（也就是現在使用該產品的顧客數量，廣大的顧客群能讓賣方知道如何降低開發產品的成本）。

◢ **產品的主觀形象**：形象是反映顧客購買、擁有和消費產品而獲得的一系列心理回報的一個便捷方法。形象受到廣告訊息、包裝、商標，以及經銷商或產品銷售管道的聲望等因素的影響。

另外，有關「服務」品質的檢驗，則可從服務水平一致性、服務時效、服務達成率、錯誤率、抱怨件數、客訴率、顧客滿意度、回購率暨對外推薦意願（忠誠度）等面向來了解顧客的評價[註4-2]。

良好的品質與價值

好了，我們現在沒有「在懸崖邊開車」，所以，不用擔心會墜入萬丈深淵。但即便如此，我們還是常常有機會在一般道路上開車、騎車或走路，此時，你就有機會看到矗立在路口的紅綠燈號誌。紅綠燈號誌最早是在英國開始使用（西元 1868 年），當時，在倫敦議會大廈前經常發生馬車傷人的事故，為了指揮馬車和行人順利通行，減少交通意外發生，於是裝設了燃燒煤氣的交通號誌燈，但是只有紅、綠兩色，並且須靠交通警察手動轉換燈號。可惜

註 4-2　企業經營品質躍升計畫-國家品質獎網站首頁／卓越獎項／獎項資料下載／資料下載區／國家品質獎申請須知。

的是，面世僅 23 天的煤氣號誌燈突然爆炸，造成一位正在值勤的
交警因此殉職，也中斷了交通號誌燈的使用，直到 1910 年代，才
在美國各城市相繼恢復建置，而這時已經發展成為自動控制的電力
號誌燈，之後再經過研究改良，最終出現了由紅、黃、綠三色組成
的號誌燈並一直沿用至今。

　　紅綠燈號誌歷經了一百多年的演進，已經自成一個指揮交通的
號誌系統，怎麼說呢？因為它不僅在紅、黃、綠三色燈號的基礎上
附載閃爍功能，作為燈號轉換的提醒，在交通流量大的路口，還有
直行、左轉、右轉的方向燈號誌；此外，某些國家和地區甚至裝設
有聲號誌，以協助視覺障礙者通過路口；再者，為了讓用路人更正
確掌握綠燈時可過馬路或紅燈時尚需停等的剩餘秒數，交通號誌燈
又加裝上倒數計時器；時至今日，我們更有眼福看到靈巧活潑、速
度多變的動畫「小綠人」，在街頭陪伴人們一起走過無數個春秋寒
暑。

　　現在的交通號誌系統，是具有良好品質的服務系統，因為它滿
足了「實踐價值」、「附加價值」與「創新價值」的需求：紅、
黃、綠三色燈號附載閃爍功能及直行、左轉、右轉方向號誌，是實
踐價值；加裝倒數計時器及有聲號誌是附加價值；增設動畫「小綠
人」則是創新價值。良好的品質與上述價值的關係，可以用簡單的
公式如圖 4-1 來表示。企業或組織的產品或服務系統，若能兼顧這
三個需求，品質將不僅是良好，還有可能是卓越。以下分別說明：

圖 4-1　良好的品質與價值

壹、實踐價值

　　我在交通大學修「企業管理」學分的時候，寫過一篇論文《鴻海學：一個典範企業的探索》，從經營理念、競爭策略、全球運籌、研究發展、品質管理、人力資源、財務方法、社會責任、領導激勵、組織文化等十個構面，對鴻海這個策戰於全球的航空母艦級企業體進行研究分析，其中關於「品質管理」這個構面，鴻海的理念及做法如下：

▰ **純金哲學**：郭台銘有個「999」的純金哲學，追求像黃金般的最高純度，用挑剔到無以復加的程度去要求品質。為了達到這個標準，在南加州 Cypress 的連接器研發製造廠，不惜投注資金，購置新產品開發不可或缺的檢驗設備—電子顯微鏡，以放大三十萬倍的效果，來檢視連接器上鍍膜的分子排列；此外，用「風洞實驗」來檢測散熱片，做零組件的散熱實驗。鴻海的企圖，就是要把連接器產品做到藝術品的境界（張殿文，2005a）[註4-3]。

▰ **顧客至上**：顧客是企業的衣食父母，滿足他們的需求是生存的根本道理。鴻海在這方面的作為是相當果決的，例如：在 1989 年時，資訊大廠康柏電腦（Compaq）在亞洲還沒有據點，鴻海為了留住這個顧客，除了設立行銷辦公室，更加設一條小量生產線，可以在第一線快速試產出需要的樣式或產品；另外，如果顧客原有搭配的零組件不合適，鴻海會主動協助改善，甚至和顧客一起投資、研發、開闢市場，幫助顧客獲取利潤；而最極致的做法，則是光機電整合一次購足的創新系統，讓顧客的

需求能夠精準迅速地在鴻海的服務架構中得到滿足（張殿文，2005b）[註4-4]。

▰ **優質服務**：鴻海給予顧客細膩且週到的服務。以康柏電腦的採購為例，鴻海一開始就參與共同設計，從物料取得的難易，到作業員組裝時會不會割到手，都在這個時候考慮進去，以便更快進入量產階段，他們為顧客在產品上融合智慧的工業設計與快速應變的能力，贏得美國大廠的尊敬。不僅如此，鴻海也強調提供新點子服務，當構想成形，與顧客一起腦力激盪討論、修改，然後藉助實務經驗與電腦輔助開出模具，讓產品變現符合雙方期待（張殿文，2005a）。

麥可・波特（Michael E. Porter）在他的《競爭優勢（Competitive Advantage）》一書中提出了價值鏈（value chain）的分析架構，如圖 4-2。依據書中的論點，企業或組織的經營活動可分幾個階段，每個階段對最終產品都有一些貢獻，這些貢獻就是所創造出來的價值。他把價值鏈活動分為兩類，一類是「主要活動」，包括進料後勤、生產作業、出貨物流、行銷與銷售、服務與支援；另一類是「支援活動」，亦即企業基礎建設、人力資源管理、技術發展、採購作業，所有價值鏈活動都是在為最佳的產品與服務品質作嫁衣裳。以學校教育為例，所進行的「支援活動」如建置資通訊科技設備、尋找優秀師資、辦理教師進修、致力課程研發

註 4-3　張殿文（2005a）。在全球與客戶共舞，載於**郭台銘的鴻海帝國**。台北市：天下雜誌。

註 4-4　張殿文（2005b）。**虎與狐─郭台銘的全球競爭策略**。台北市：天下文化。

暨教學設計、發包工程或財務或勞務採購，都是為了服務學生、家長，甚至是所有利害關係人，期使透過「主要活動」如各項教育措施與教師教學之後，學生的知識學習與品行涵養都有進步，家長及利害關係人都能滿意。依循這些探討的脈絡，回顧鴻海在品質管理方面的努力，符應了波特的價值鏈理論，無疑是企業與組織實踐價值的典範。

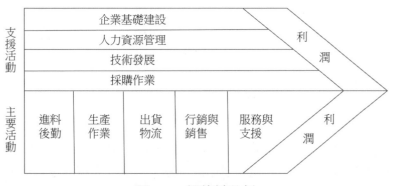

圖 4-2　價值鏈分析

貳、附加價值

「有價值不夠，要有附加價值！」多麼堅定又有自信的語氣，這是宏碁（acer）創辦人施振榮先生說的話。他為什麼這麼說呢？因為宏碁自 1976 年成立以來，專注於個人電腦的生產與製造，但是相關產業在跨入 1990 年代之後，發生了令人料想不到的巨變，從垂直整合的操作策略轉變到垂直分工，利潤突然大幅下降，面對這種典範轉移的考驗，宏碁的處境既艱困又為難，到底該何去何從**註 4-5** ？

　　一家企業想要百年不墜，並沒有那麼容易，就像《基業長青（Built to Last）》一書所研究的 18 家卓越非凡、長盛不衰企業中的摩托羅拉（Motorola）、惠普（HP）、索尼（Sony）、寶僑（P&G）等公司，都曾經出現過問題：摩托羅拉遭 Google 併購後，被取走了專利，再把硬體部門賣給聯想；惠普失去個人電腦產業的龍頭地位，收購 Palm 失敗，力圖打入平板市場的努力全軍覆沒，併購 Autonomy 更陷入財務醜聞與法律訴訟；索尼在 2014 年嚴重虧損達 1260 億日圓，成立以來首次取消股東年終分紅；寶僑則在傳奇領導人亞倫・拉弗雷（Alan G. Lafley）卸任後，旗下品牌急速膨脹，營收成長遲緩、毛利下降。正如作者吉姆・柯林斯（Jim Collins）所預示，高瞻遠矚公司也會遭逢挫折或犯錯，重點是如何展現出可觀的彈性，以及從逆境中恢復的能力[註 4-6]。

　　如同一箭射中靶心一般，柯林斯的提點有暮鼓晨鐘振聾發聵的效果。無論怎麼頂尖的企業，也要有洞察環境、切中需求的應變能力，否則，將輕易地被洶湧的濤浪淹沒。因為敏銳的嗅覺與深刻的思考，宏碁早在九零年代經營初遇瓶頸時，即快速反應提出了解決之道—微笑曲線理論（smiling curve），如圖 4-3 所示。

註 4-5、4-7　施振榮（2012）。**微笑走出自己的路**。台北市：天下遠見。

註 4-6　藍弋丰科技新報（2014）。**基業長青為何掉漆？HP 從 A+到分家說從頭**。2021 年 11 月 1 日取自《天下雜誌》：https://www.cw.com.tw/article/5061820。

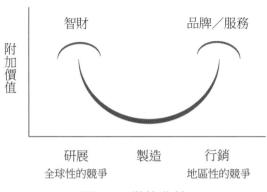

圖 4-3　微笑曲線

　　「微笑曲線」是施振榮先生於 1992 年提出，宏碁因為這個理論而一路創造高峰，後來這條曲線的運用越來越廣，不僅在電子產業，各行各業也都體現了微笑曲線的價值。「價值」是一切的起點，也是微笑曲線的中心思維，更深層地說，微笑曲線其實就是一條找出「附加價值」的曲線。它適用於企業或組織的經營管理，也適用於個人的職業生涯，每一個企業、組織或個人都要想辦法在價值鏈裡找到自己的定位與生存之道，其中的重點就是活用知識，而不是生產複製，因為生產複製容易供過於求而降低價值，活用知識才可以不斷創造價值。例如在教育界，老師如果選擇把教學做到最好，那就是在微笑曲線的右端經營相關服務、口碑與品牌；如果往曲線左端的智財（IP）發展，則可以開發教科書、教材或寫書。微笑曲線從橫軸來看，由左至右代表產業的上中下游，左端是研究發展，中間是製造，右端是品牌行銷；縱軸代表附加價值的高低，以市場競爭型態來說，左端的研究發展面對的是全球競爭，右端的行銷則是面對區域競爭。雖然，微笑曲線的名稱很容易被接受，但能夠掌握精髓的人並不多，若能參透、體用它的四個關鍵，就能真正感受「微笑」的力量[註4-7]。

▰ **關鍵一**：知識經濟讓大部份產業都能微笑，微笑曲線看的是附加價值。

▰ **關鍵二**：價值本身是動態的，今天有價值，明天不一定有。

▰ **關鍵三**：微笑曲線並不是要放棄製造，相反的，它是重要的「根」，也是利上加利的「載具」。

▰ **關鍵四**：製造是中性的，價值由左右兩端決定。

參、創新價值

回顧台灣股票市場的歷史，出現過千元以上股價的個股有國泰人壽、華南銀行、第一銀行、彰化銀行、台北商銀、中華開發、華園飯店、台火開發、宏達電子、大立光電、益通光能、矽力-KY、國巨電子、聯發科技、譜瑞-KY、力旺電子、富邦媒體、信驊科技、旭隼科技、祥碩科技、緯穎科技、亞德克-KY…，但是沒有一間公司被尊崇地稱為「護國神山」，只有台積電！雖然它的股價從來沒有達到過千元，卻是法人及散戶最放心持有的投資標的之一；此外，即便因為台灣半導體產業鏈在全球具有舉足輕重的地位及影響力，而後有「護國群山」的集體榮光，仍然無損於它的領袖權威與魅力。

台積電成立於 1987 年，是全球首家專業積體電路製造服務（晶圓代工）公司。在此之前，IC 設計公司的晶圓製造必須要透過 IDM（垂直整合製造）公司，但 IDM 公司對 IC 設計公司的服務並不周到，因為他們大部分並未將其視為主要客戶，只在有剩餘產能時才提供晶圓製造服務。正是因為當時 IDM 公司的商業模式

未能好好服務 IC 設計客戶，以至於台積電能夠抓住他們沒有重視客戶需求的契機，順勢提供專業的代工服務，為自己創造了一個廣闊的藍海[註4-8]。

「藍海」其實是過去及當前的經營生態一直都具備的特性，它從來就不是恆常不變的；而且，它能隨時間演進不斷被創造出來。藍海如何創造？要達到這個目標，必須有「策略」理念與行動，以追求企業或組織的「價值創新（value innovation）」，將其作為「藍海策略」的基石。之所以稱為「價值創新」，是因為這種策略不汲汲於打敗競爭對手，反而致力於為顧客和企業（或組織）創造價值躍進，進而開啟無人競爭的市場空間。在價值創新裡，「價值」和「創新」同等重要，沒有創新的價值，仍不足以脫穎而出。如圖 4-4 所示，當企業或組織的行動對本身成本結構，以及企業或組織對顧客提供的價值，都發揮有利影響時，才能創造出價值創新[註4-9]。

同時追求差異化和低成本

圖 4-4　價值創新：藍海策略基石

「藍海策略」的實用價值不只限於企業，也可廣泛地推動到各領域，以及各種不同的生活層面。所以，凡是與眾不同的、前所少

見的、稀罕的、貼近顧客的、足以誘發慾望的、甚至違反「常理」的「決定」、「行動」、「方式」、「過程」，都可以泛稱為運用「藍海策略」^{註 4-10}。就像慢食、慢活，帶領我們重新思索生活的意義；主張「慢學」的華德福教育（Waldorf Education），與現今社會希望孩子學得越多、學得越早越好的想法相比，很明顯走的是一條迥異的道路。這個看似「跟不上時代」的教育模式，卻是全球成長最快的獨立教育體系。英國的教育與技能部、美國哈佛大學歐伯曼（Ida Oberman）博士的研究報告，都建議公立學校可向華德福教育學習；《紐約時報》則報導美國科技公司高階主管紛紛把孩子送到華德福學校就讀，引起全球父母的關注。對照於公立學校，華德福教育的重點不是課程，而是「全人」，他們用藝術滋養孩子的意志，讓學習變得有趣，老師都能保持生機蓬勃的想像力，並且致力推動校園「自治」，和家長凝聚出強大的社群能量。華德福學校拓展了教育市場的邊界，創造了新的需求，提供給家長一個另類的選擇機會，不僅實踐了教育價值，也創新了教育價值^{註 4-11}。

註 4-8　朱博湧（2006）。**藍海策略台灣版：15 個開創新市場的成功故事**。台北市：天下文化。

註 4-9　黃秀媛譯（2005）。金偉燦、莫伯尼原著。**藍海策略：開創無人競爭的全新市場**。台北市：天下文化。（原著出版年：2005）

註 4-10　高希均（2005）。藍海策略的時代來臨—千山獨行、商機獨創、利益共享。載於**藍海策略：開創無人競爭的全新市場**。台北市：天下文化。

註 4-11　何琦瑜、賓靜蓀、陳雅慧、《親子天下》編輯部（2013）。**翻轉教育：未來的學習·未來的學校·未來的孩子**。台北市：親子天下。

實踐價值、附加價值與創新價值在評鑑中的應用

　　企業與組織的產品或服務系統，若能兼顧實踐價值、附加價值與創新價值三個需求，將能產出良好的品質。在一般經營管理層面是如此，在評鑑這方面也是一樣，甚至要做到更加精緻、細膩、有創意。那麼，要怎麼做才能符合期望同時獲得評鑑委員的青睞呢？我用兩個接受教育部評鑑（比）過的例子，從眾多受評業務內容中各舉其中一項來說明。首先，是關於交通安全教育的課程規劃及實施，分別是主題式課程，歸屬於實踐價值；融入九年一貫課程各領域及議題，歸屬於附加價值；活動式系列課程，歸屬於創新價值。其次，是關於建置防災校園的教學安排及實施，分別是主題防災教學（在地化教學模組），歸屬於實踐價值；防災教育融入各領域教學，歸屬於附加價值；教學情境布建及實境教學，歸屬於創新價值，詳細內容說明請見下表 4-1：

表 4-1　評鑑的「良好品質」績效舉例

評鑑名稱	交通安全教育	建置防災校園
辦理機關	教育部	教育部
績效	全國第二名（含直轄市）	銀質獎（全國備選七十餘所學校）
服務學校	苗栗縣豐田國小	苗栗縣栗林國小
教育內容	課程	教學

實踐價值	主題式課程： 針對喝酒不開車、乘車繫安全帶、騎乘腳踏車、走路上學、路權⋯等不同交通安全重點規劃課程。	主題教學（在地化教學模組）： 不同年段分別實施地震、颱洪、坡地等防災教學。
附加價值	融入九年一貫課程各領域及議題： 融入綜合領域、生命教育、生活教育、品德教育、法治教育、危機處理⋯等領域或議題安排課程。	融入各領域教學： 融入語文、自然、社會、健康與體育、生活、綜合等領域教學。
創新價值	活動式系列課程： 實施參訪體驗、角色扮演、事故模擬、情境認知、講座宣導、案例廣播、影片觀摩、線上學習等課程。	教學情境布建及實境教學： 布建室內疏散地圖、地震疏散路線圖、設備位置圖、安全死角地圖、避難方向指標等教學情境，並帶領學生進行現場實境教學。

真、善、美是良好品質的歸趨

　　「如何讓你遇見我，在我最美麗的時刻，為這，我已在佛前求了五百年，求祂讓我們結一段塵緣。佛於是把我化作一棵樹，長在你必經的路旁，陽光下，慎重地開滿了花，朵朵都是我前世的盼望。當你走近，請你細聽，那顫抖的葉是我等待的熱情，而當你終於無視地走過，在你身後落了一地的，朋友啊！那不是花瓣，是我凋零的心。」這是席慕蓉的詩作《一棵開花的樹》。我引用它來為這節文章開場，是偶然的靈感，因為詩裡隱含著「想要把最好的一面」呈現給對方的寓意，但這樣的情愫與意念卻要花上冗長時間的等待，最後還不一定能換得期待的結果，就像面對評鑑的心理狀態

一樣，萬千準備都只為了畢其功於一役，而整個歷程又是伴隨著緊張、焦慮、亢奮、猶疑…等複雜的情緒，成績也未必盡如人意。

2009 年 5 月 26 日那一天，是我們接受教育部交通安全教育評鑑的日子，為了這個日子，學校在正常教學以外，還要做許多評鑑的準備工作，幾乎要花去整個學年的時間。這不是一件簡單的差事，以一個學校[註 4-12] 代表全縣（市）參加全國的評鑑，背負的是績效與榮譽的壓力，許多校長是「聞交通安全教育評鑑而色變」，避之猶恐不及。我們是六班規模的小學校，位處於台三線旁的偏遠地區，全校編制內教師只有九位（含兩位主任），加上兩位幼兒園教師、一位護理師、一位專任幹事、一位工友，還有校長我本人，總計也不過十五位，但是所有評鑑要做的大小事包括強化交通安全教育、提升評鑑報告內涵、找尋改善環境經費、解決各項疑難困境…，每一個環節都要花心思打點與處理，臨近評鑑的時候，還要利用假日加班補強簡報、業務資料，改進不足或不理想的地方。當評鑑結束的時候，我對學校夥伴說：「美好的戰役已經打過！因為我們的努力與付出，明顯促進了親師生的交通安全知識、態度、行為，改善了學校的交通安全環境與設施，是最大的收穫，也是最好的回報」。

評鑑過後一段時間，我心上雲淡風輕，沒有再盤桓這件事。炎夏的某一天，走在新竹市喧囂火鬧的街頭，突然接到教育處業務承辦人打來的道賀電話，她說我們得到了交通安全教育評鑑的「金安

[註 4-12] 當年的評鑑規則是每個縣市國中、國小各提報一所學校參加評鑑（直轄市可各提報二所），不同教育階段分開評比。

獎」，僅次於台北市興隆國小的全國第二名成績，這個結果是我不曾想過的！由於比其他縣內大多數學校琢磨、體悟了更深更廣的交通安全教育，以及參加教育部評鑑的經驗，教育處接著要我們在全縣教師研習活動中分享成果。巧合的是，在活動中與交通安全教育評鑑委員再度相逢，她透露我們獲得金安獎的一個重要因素，就是學生們在評鑑當日的訪談中，表現出交通安全方面的良好學習成效，用熱烈激情的搶答反映出他（她）們的堅定與自信！所以，是良好的教學品質征服了評鑑委員，而這一點，恰恰是任何評鑑最重要的需求。

良好的品質是評鑑最重要的需求

文學影劇裡的《三笑姻緣》、《唐伯虎點秋香》之風流韻事為人所津津樂道，都是在恭維江南第一大才子唐寅（伯虎），說他為了秋香，捨身入華太師府為奴，在經過幾番曲折與考驗之後，終於如願以償抱得美人歸。不過，在真實的歷史世界裡，唐寅並不是這麼瀟灑倜儻，而是帶有憤世嫉俗的狂傲性格，因為不見容於當時的社會，最後潦倒坎坷、悲壯淒涼。他從小就天資聰穎，不只熟讀四書五經，而且博覽歷史典籍，十六歲時應試秀才考得第一名，轟動整個蘇州城，二十九歲時到南京參加鄉試，又高中解元（榜首）。他躊躇滿志、意氣風發，但第二年赴京會試時，卻因牽涉科場舞弊案而走惡運，從此和科舉無緣。不過，唐寅畢竟是滿腹經綸、才氣縱橫、情思洋溢、筆鋒無雙，在繪畫、書法、詩詞、文章各方面都造詣精湛，所以，文人雅士、平民百姓甚為喜愛他的作品。如果，我們穿越時空，把唐寅拉到現代，也讓他接受文藝評鑑的話，他的博學、天分與才情就是他的良好品質，而書畫詩文則是評鑑他良好

品質的形式，例如在書法方面，品評他的行書（傳世之作甚少篆、隸、草、楷等其他書體）；在繪畫方面，鑑賞他的山水、人物或花鳥畫作；在詩文方面，則議論他的感懷、題畫、記遊等合集。

　　想要了解、研究唐寅的藝術、文學涵養，可以透過他的書畫詩文相關作品，同理，想要檢核、評斷企業或組織的經營管理狀況，就藉由評鑑活動來進行。常見的評鑑方（形）式有書面或電子資料審閱、簡報、現場視查、訪談、觀察與問卷調查，多數時候，較為嚴謹、慎重的評鑑都會運用三角檢證法（triangulation）的概念，選擇「多種方式」蒐集評鑑所需的「多元資料」，以提供「多位評鑑委員」審酌判斷。書面／電子資料審閱的用意，在於檢閱受評機構的詳細計畫（企劃）、執行與成果內容，這些內容能夠發揮「證明」或「反證」的功能；簡報的用意，在於花十到二十分鐘精簡的時間，提綱挈領地了解受評機構的組織概況、基本條件、環境狀態、執行結果、特色亮點、創新事項、遭遇困難…等情形；現場視查的用意，在於親臨現場檢視、查核，除了「眼見為實」，也確認書面資料及簡報所陳述的受評內容；訪談的用意，在於直接面對受評對象或利害關係人，採取對談、問答的方法，蒐集口頭、肢體、表情、態度…等各種不同屬性的所需資料；觀察的用意，在於透過評鑑委員的各種感官（視覺、聽覺、觸覺、嗅覺…）及輔助工具，實地對受評對象進行計畫性或系統性的直接採證，以蒐集相關的資料；問卷調查的用意，則在於藉由預先設計好的一系列問題，透過書面、紙筆填答的方式，蒐集目標對象的意見、感受和問題，而後進行統計及分析判斷。

　　以上所說的不同評鑑方式，各有它的目的性與功能性，若是單獨實施，可能失之偏頗、不夠周延，無法蒐集到客觀、廣泛、深入

的資料，因此，在一個評鑑中，同時面對三種以上評鑑方式的機會是很高的。但不管要接招幾式，沒有三兩三，你應該不敢上梁山；沒有夠多顏色的染料和技術，你應該也不敢開染房！如果評鑑是可以選擇來做的，你必然會有高度的企圖心，把最好的結果展現出來，但是，往往接受評鑑是不得不面對的任務，受評的業務狀況很多時候也有一些缺陷及改善的變數，況且還要在限定的時間內想方設法去周全它，真可說是有形、無形壓力俱在。那該怎麼辦呢？有一個同時能夠緩解壓力與創造績效的解決方案，就是努力讓受評業務有良好的品質，就好比參加考試、演講比賽、咖啡師檢定⋯之前，持續學習強記、改進缺失、熟練技藝、提升程度，到了上場時刻，已然是準備就緒，既不慌亂緊張，又有十足的信心！所以，不管是什麼評鑑方式，或是同時面臨多種評鑑方式，「良好的品質」都是最重要的需求，只要掌握到這個關鍵，並且朝著這個方向去落實，許多困難將迎刃而解，甚至會有意料之外的收穫。

良好的品質就是在追求真、善、美

有一年暑假，我帶著家人到台南旅遊，目的地是位於素有「小江南」之稱的尖山埤水庫旁的渡假村。這個渡假村除了有頂級水上VILLA、雅致客房、原木屋、環保房等不同類型的客房，還有中式餐廳、西式餐廳、星光酒吧、國際宴會廳、會議廳、商務中心、活力健身房、撞球室、國粹室、露天游泳池、按摩池、水上腳踏船、水上自行車、水上獨木舟、遊湖畫舫、遊園列車、漆彈場、露營區等室內外設施，近年更成立環境教育中心，推動環教課程、生態夜觀，以及戶外教育。他們以秀麗的自然景觀、完善的設施規劃（含無障礙設施）與親切的專業服務，成為南台灣別具特色的渡假勝

地，不僅如此，從 2008 年開始，還連續榮獲觀光遊樂區考核評鑑特優等級的榮譽，真是難能可貴[註4-13]！

　　連續多年獲得觀光局評鑑特優的渡假村，是因為所提供的產品與服務具備良好的品質，良好的品質從何而來？從實踐價值、附加價值及創新價值而來，詳見表 4-2。由於企業或組織為顧客創造了價值，進而能滿足顧客的需求，那麼，我們可以進一步追問，顧客的需求有否滿足又是依據哪些尺度來衡量呢？這就牽涉到產品或服務給予顧客的真、善、美觀感。「真」是指真理、真知、事實、實體、存在、自然…，它的反面是「假」；「善」是指適當、實用、耐久、有益、舒服、愉悅…，它的反面是「惡」、「壞」、「差」；「美」則是指美麗、藝術、文化、巧妙、精緻、創意…，它的反面是「醜」。如果產品或服務的品質能夠嶄露出真、善、美兼具的內涵，讓顧客看見、體驗、感受及學習到，就能照顧、滿足他們的需求；而從企業或組織的角度來看，則可以說他們已掌握到根本及核心的經營要素，正如表 4-2 所顯示，清楚地揭明渡假村的產品與服務品質，就是在追求真、善、美。

註 4-13　2021 年 11 月 17 日取自《尖山埤江南渡假村》：https://www.taisugar.com.tw/resting/jianshanpi/index.aspx。

表 4-2　渡假村「良好的產品與服務品質」及其「品質追求的歸趨」

	實踐價值	附加價值	創新價值		真	善	美
雅致客房	★				★	★	
環保房	★				★	★	
原木屋		★			★	★	★
頂級水上 VILLA			★		★	★	★
中式餐廳	★				★	★	
西式餐廳		★			★	★	
星光酒吧			★		★	★	★
國際宴會廳	★				★	★	
會議廳	★				★	★	
商務中心	★				★	★	
活力健身房	★				★	★	
撞球室		★			★	★	
國粹室		★			★	★	
露天游泳池	★				★	★	★
按摩池		★			★	★	★
水上腳踏船	★				★	★	★
水上自行車		★			★	★	★
水上獨木舟		★			★	★	★
遊湖畫舫			★		★	★	★
遊園列車	★				★	★	★
漆彈場	★				★	★	
露營區	★				★	★	
環境教育中心			★		★	★	

真、善、美是評鑑力的化現

　　企業與組織的產品或服務也許沒有同時達到真、善、美的境地，但只要顧客滿意，還是成功的經營運作。曾任職於麥肯錫顧問公司二十餘年的國際知名趨勢大師大前研一（Kenichi Ohmae）在詮釋「專業（professional）」的意義時，對於醫師、藥劑師、律

師、會計師⋯等普遍被認同的專業身分人士，卻層出不窮做出令人不解的錯誤行為，因而沉重地提出質疑，他說：「如果沒有專業的實力，資格只不過是一張紙罷了！⋯在具備認證資格的人之中，用來區分專業與業餘的，不就是『顧客主義』？談專業卻忽視最重要的顧客，只在職業技巧和知識上打轉，正是讓我感到奇怪的一點。」他也轉述哈佛商學院教授李維特（Theodore Levitt）的見解：「企業是透過產品與服務，銷售能夠百分之百滿足消費者的『承諾』，並用此來約束自己。」這是一種負責任的心態，但與其用「約束」的說法，毋寧用「激勵」、「指引」更為積極，所以他進一步指出，如果能考慮到顧客的顧客，便會關心其他產業，而修正既定的方法，也許可以發展出一些機會，以提供獨特價值給直接顧客[註4-14]。由此可見，企業或組織因為具備專業性所提供的產品或服務，對顧客來說應該要是好的、有利的、有幫助的，才能符合「善」的期望。

　　另一個值得我們重視的，是看待產品或服務是否具備「美」的內涵。它並沒有什麼標準，而且會隨著時代不同有所改變，好比說欣賞女人的美，在唐代喜歡像楊玉環（貴妃）的豐腴圓潤，現在則鍾情於窈窕玲瓏、曲線婀娜。雖然審酌的尺度有明顯的差異，但是眼見耳聞到「美」的產品或服務，忍不住發出驚嘆讚頌的聲調，身、心、靈各方面都產生滌蕩和鳴的愉悅舒暢感受，卻是一致的反應，這就是企業或組織所創造出來的美感價值。類似的經驗在我們

註4-14　呂美女譯（2006）。大前研一原著。**專業：你的唯一生存之道**。台北市：天下遠見。（原著出版年：2005）

的生活中屢見不鮮，例如精緻中式餐點、法式餐飲、日本懷石料理、蛋糕甜點、調酒飲料…，你常會看到店家透過色彩組合、造型變化、食物擺盤、配品裝飾…等巧思設計，呈現料理的視覺美感，有的還播放能夠舒緩情緒的浪漫輕盈音樂、佈置賞心悅目的人文藝術情境，營造用餐的整體氛圍，所以，當成品端上桌，你除了興奮驚訝地瞪大雙眼、舞動身軀、誇飾表情、放浪言語之外，第一個做的動作就是「讓手機先吃（拍照）」」，然後馬上打卡上傳社群媒體；你也有很多機會觀看戲劇，尤其是古裝或歷史大戲像《武媚娘傳奇》、《延禧攻略》、《如懿傳》…，那些後宮寵妃的服裝、配飾，真可說是多彩斑斕、綺麗堂皇，而有時候，他們也會刻意打造讓你陶然醉心的畫面，例如《後宮甄嬛傳》裡有一個橋段，甄嬛為了重獲雍正皇帝的垂憐寵愛，選擇在酷寒的冬日梅園，釋放出隱藏於身上的蝴蝶，使其圍繞她與皇帝繽紛飛舞，此一臘梅白雪加上纖巧蝶影的電腦特效，為該劇的唯美畫面提高了好幾個檔次！這些視覺、聽覺、味覺…的美感體驗滿意（足）程度，是顧客評斷產品或服務的重要指標之一，也是企業或組織應該追求的品質內涵。

　　「善」與「美」都是企業或組織應該追求的品質內涵，但若少了「真」的本質作基礎，那就像是海市蜃樓般虛幻縹緲，也像蓋大樓沒有打好地基、偷工減料，或是用料不實。這樣的做法至少帶來三個負面後果，第一是心理不安、不踏實；第二是可能被顧客發覺而至嫌惡、唾棄；第三則是被內部員工舉報揭穿。2017 年 10 月，中國瑞幸咖啡（Luckin Coffee）開始營運，不到兩年時間就成功在美國上市，可以說是歷年來上市速度最快的一家公司。自詡要成為中國星巴克的瑞幸咖啡，靠著價格戰和快速展店策略，短時間即取得非常高的市場佔有率，到了 2018 年，已開設超過 1700 家門市，比起星

巴克耕耘十幾年才 2000 多家的成績，顯然更為出色。夾帶龐大資本的瑞幸咖啡，企圖用高品質的咖啡、高頻率的消費折扣，以及結合新零售的營運模式，改變既有咖啡市場的格局，這樣的願景果然讓投資人有高度的信心，連星巴克高層都買入股份。但是，風光背後卻暗藏玄機，2020 年 2 月，瑞幸咖啡被發現它的營運狀況有極大瑕疵，例如透過隨機跳號的方式混淆顧客的消費認知（前單為 15 號，下一單可能是 20 號），製造每天都有大量來客數和營業額的表象，之後，不到兩個月的時間官方即發布聲明，證實財務報表造假，作帳醜聞浮上檯面[註 4-15]。無獨有偶，美國能源公司安隆（Enron）暨安達信會計師事務所（Arthur Anderson）在財報上聯袂作假、生技獨角獸 Theranos 公司（暢銷書《惡血》的故事主角）偽造實驗結果和謊稱產品療效，都犯了欺騙造假的嚴重錯誤，如此一來，他們不但無法再服務顧客、營運獲利，連公司都被司法裁罰解體，完全是得不償失。所以，企業或組織必須要有一個認知，就是真心實意為顧客著想，提供貨真價實的產品或服務，才是永續經營的王道。

　　產品或服務的真、善、美內涵是企業或組織品質追求的歸趨，這樣的期許不只適用於經營管理的所有層面與內容，也適用於評鑑，因為評鑑就是對經營管理的所有價值活動成果做檢驗及評斷。雖然評鑑只是一時，但它卻要在有限的時間裡，用最有效率（能）的方法呈現出最極致的「作品」，是非常耗費心智的事情。所以，清楚了解評鑑的需求，思考如何達成評鑑的任務，就顯得格外重

註 4-15　吳宗賢（2020）。**近代有名的商業騙局：安隆風暴、「惡血」醜聞與瑞幸咖啡造假**。2021 年 11 月 28 日取自：https://www.thenewslens.com/article/134015。

要，其中，最為根本且為核心的要素，即是無論面對多少評鑑方式的檢閱，都要藉由實踐價值、附加價值與創新價值的齒輪般契合運作，讓評鑑委員見證產品或服務的良好品質，同時也見證良好品質所展現出來的真、善、美內涵，而這些努力，都是企業或組織評鑑力的轉化示現。圖 4-5 說明了良好品質與「真、善、美」之間的脈絡關係。

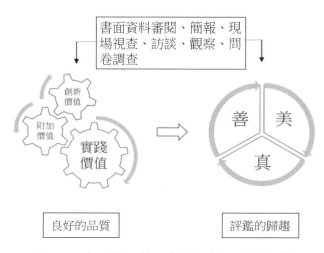

圖 4-5　真、善、美是良好評鑑品質的歸趨

真、善、美在評鑑中的應用

在我的工作生涯中，經歷過為數不少的各類評鑑，有的是縣府層級，也有的是全國層級；有的是現場實體進行，也有的是線上檢閱或單純書面送審，不管層級、方式為何，受評的心理狀態都是一樣的，那就是希望呈現出最好的成果。最好的成果本身意味著「承擔責任、盡其在我」的正面認知涵養，轉化在準備行動上，最終獲得令人認可、認同、滿意、讚賞的結果。所以，即便我曾經擔任過

許多評鑑、訪視或輔導委員，每當接到新的評鑑也都還會有這樣的心理投射，期盼能夠看到符合評鑑意旨、照顧目標族群、內容真切豐富、構想獨特創新的「作品」。之所以會強調這些，是因為還會見識到「移花接木」、「張冠李戴」、「錯配鴛鴦」…的謬誤情況，企圖「以假亂真」、「魚目混珠」。前面已經提過，評鑑力的根本及核心要素在於良好的品質，良好的品質同時也要追求真、善、美。「善」與「美」都有共同的前提，就是「真」，所有受評的內容如果有一些成分是「做」出來的，即是「偽善」，也像「紅頂藝人」般的「假美」，對於目標族群來說，是沒有得到應有的照顧與益處的；也有另外一種情形是，受評的內容都是忠實呈現，但可能做得不夠投入、不夠適切、不夠周全，即使具有美感，也還是沒有服務好顧客；最後一種情形是，徒具「外在美」卻無「真」與「善」的本質，那可以說是等而下之，對評鑑來說幾乎無用了。

基於以上的理念，以及對評鑑的自我期許，我對評鑑報告表的內容是非常注意的，因為這有可能是評鑑委員認識我們的第一步，而它也是完整呈現我們受評業務的重要文件。所以，在評鑑報告表「出門」之前，我都會逐一審閱，確認執行的業務內容是否如實呈現，另外，也檢查是否有遺漏未列入的事項，這一點，是站在「真」的立場實踐它。其次，我們在學校推動教育工作，從課程、教學、訓育、輔導、工程、採購到環境，以學生為核心向外擴展到家長及社區，所規劃、實行的各項教育措施，無不著眼於增長他們的知識、智慧，有益於他們未來的發展，這一點，是站在「善」的立場實踐它。至於「美」的立場，雖然不見得每項評鑑都能表現出這個內涵，但這個方向是可以重視與努力的，以下我舉出一些評鑑中創造出來的美感價值實例來作說明：首先，在教育部的交通安全

教育評鑑中，我們將原本雜物混充、學生多年不踏入玩耍的沙坑，改建成刻有交通安全警語的圓拱休憩涼亭；教室外牆面佈置美工設計的交通安全主題教學情境；教師指導學生以交通安全為主題彩繪廁所隔板；辦理交通安全藝文競賽如燈籠製作、書法，並公開展出優勝、美麗的作品。其次，在教育部的建置防災校園評比中，我們利用校舍耐震補強機會，將學校特色客家舞獅的生動活潑圖案，用馬賽克的技法鑲嵌在圓弧型牆面上；也利用校舍耐震補強機會，在強化的司令台兩側牆面上，張貼王羲之、懷素、于右任、王鐸等名家的書法作品；校園人車分道施工完成之後，師生合作彩繪車道牆面；還有辦理坡地災害繪本製作、四格漫畫製作等學藝競賽。這些實例我以圖 4-6～圖 4-13 來附加說明，你就能更加清楚明瞭。

圖 4-6　教育部交通安全教育評鑑：
將原本雜物混充、學生多年不踏入玩耍的沙坑，改建成刻有交通安全警語的圓拱休憩涼亭。

圖 4-7　教育部交通安全教育評鑑：
教室外牆面佈置美工設計的交通安全主題教學情境。

圖 4-8　教育部交通安全教育評鑑：

教師指導學生以交通安全為主題彩繪廁所隔板。

圖 4-9　教育部交通安全教育評鑑：

辦理交通安全藝文競賽如燈籠製作、書法，並公開展出優勝、美麗的作品。

圖 4-10　教育部建置防災校園評比：

利用校舍耐震補強機會，將學校特色客家舞獅的生動活潑圖案，用馬賽克的技法鑲嵌在圓弧型牆面上。

圖 4-11　教育部建置防災校園評比：

利用校舍耐震補強機會，在強化的司令台兩側牆面上，張貼王羲之、懷素、于右任、王鐸等名家的書法作品。

圖 4-12　教育部建置防災校園
評比：
校園人車分道施工完成之後，
師生合作彩繪車道牆面。

圖 4-13　教育部建置防災校園
評比：
辦理坡地災害繪本製作、四格
漫畫製作等學藝競賽。

運用品質管理矩陣
產出良好的品質

　　在我的部落格《知識橋》裡有三篇文章，一篇是《校長、主任、研究所甄試經驗談》，一篇是《博士班、碩士班甄試上榜 know-how》，另一篇是《考照之路─以考取美國專案管理師（PMP）為例》（見表 4-3），都是跟提升個人競爭力或職涯發展有關，這些目標、層次、水平或程度的確有它的某種難度在，不然怎麼總會有辛酸的失敗案例？可以想見，在追逐功成名就的道路上，有一些 key points 需要去掌握，才有可能衝破難關、更上層樓！這三篇文章有一個共同的使命，就是分享「所學、所知、所悟」給有志向的人，幫助他們圓成夢想、實現自我，而所有文章的意旨都可以用一個概念來貫串，那就是「know-how（知道-如

何）」。知道如何準備考試／考照、如何準備書審資料、如何提升筆試實力、如何回答口試問題，攸關上榜的可能性，怎能忽略這些要點呢？

表 4-3　《知識橋》部落格文章

《校長、主任、研究所甄試經驗談》 （https://make-fortune.blogspot.com/2010/01/blog-post_27.html）	
《博士班、碩士班甄試上榜 know-how》 （https://make-fortune.blogspot.com/2018/09/know-how.html）	
《考照之路──以考取美國專案管理師（PMP）為例》 （https://make-fortune.blogspot.com/2018/10/pmp.html）	

　　同樣的道理，知道如何發掘問題、如何準備評鑑、如何產出良好品質、如何展現特色亮點，為企業或組織檢核自我、反思改進，以及創造績效，是多麼緊要的事。在本章前面兩個單元，花了許多篇幅解說良好品質與價值的關係，也強調真、善、美是良好品質的歸趨，目的就是要突顯良好品質在評鑑中的根本及核心地位，既然如此，如何產出良好的評鑑品質，便是一個需要鑽研的課題，更是一個需要投注不少時間、心力與經費才能貫徹實踐的艱難挑戰。

　　如何產出良好的評鑑品質，我選擇用「全面品質管理（total quality management, TQM）」與「戴明循環（Deming cycle, PDCA）」兩種方法所建構成的品質管理矩陣來運作。這個概

念源自於管理矩陣（management matrix），管理矩陣中的縱軸表示規劃、組織、用人、領導、控制等管理功能；橫軸則表示生產、行銷、人力資源、研發、財務等企業／業務功能，企業或組織所有的企業／業務功能，都可以用管理功能來達成。矩陣中的每一個方格，都是代表企業或組織的一個基本活動，例如生產控制、行銷組織、財務規劃…。應用這樣的分析模型，品質管理矩陣的縱軸可置入「全面品質管理」的事先預防、永續改進、顧客至上、品質第一、全面參與、教育訓練等主要理念；橫軸則置入規劃（plan）、試做（do）、查核（check）、行動（act）等「戴明循環」流程。要特別說明的是，PDCA 循環在一般情況下是用來提高產品品質和改善產品生產過程，以確保目標達成並促使品質持續改進，但這樣的管理方法若僅用於產品品質的永續改進則實在可惜，所以，我把它擴大範疇應用到更為全面的品質管理需求上。以下我分別簡單介紹「全面品質管理」與「戴明循環」的內涵：

全面品質管理

　　「全面品質管理」是一種組織管理的方法，透過組織成員的全員參與、團隊合作，建立值得信賴的品質，並且持續加以改進，以滿足或超越顧客的需求與期望。對於品質的理解，品管大師戴明（William E. Deming）認為無須什麼驚人之舉，從根本做起而已。他提出的「管理十四要點（Deming's 14 points）」，從顧客、員工、管理者角度指陳面對問題的解方，是所有想達成目標的企業或組織必須遵循的準則，也是廣被採用的「全面品質管理」的基礎。

這些要點簡述如下[註4-16]：

一、建立長期目標，以改善產品與服務：建立持續一致的經營目標、改善產品與服務，並藉以提高產品與服務的品質。

二、採納新哲學：企業、組織應採行新的經營哲學與理念，並且藉由溝通、管理與制度運作，建立所有員工對品質的共識。

三、停止倚賴大量檢驗：最終檢驗無法提升品質，改善品質應從最根本做起。

四、不再以價格為採購的單一考量：慎選供應商以購買高品質的材料與零組件，不以低價為標準。

五、持續改善：不斷改善生產與服務系統。

六、建立在職訓練制度：訓練再訓練，持續實施員工教育訓練，促使他們做「對的事情」。

七、以領導代替監督：管理者應建立領導風格，採用新領導理念並且制度化，致力於消除妨礙生產效率的各種有形與無形的因素。

八、排除員工的恐懼：管理者應協助員工面對問題，排除他們的恐懼，不應讓員工單獨面對問題。

九、破除部門間的藩籬：管理者應建立部門間的溝通管道，掃除部門間的障礙，為改善品質而努力。

十、避免對員工喊口號、猛說教：管理者應對改善品質身體力行，而不是一直訓示員工。

十一、廢除以數字界定員工成敗：要以優秀的領導達成工作要求，

而不是以數字或目標。

十二、排除妨礙員工追求工作榮譽感的因素：鼓勵員工的工作績效，使他們以工作為榮，並為他們去除障礙。

十三、鼓勵自動自發：實施活潑的教育訓練與再訓練計畫，讓每一位員工願意追求成長和自我改善。

十四、採取行動勇於轉型：企業、組織內的每一個人都應參與品質活動，並促成他們工作態度的轉變。

自 1980 年代逐漸興起的全面品質管理理念，除了戴明十四要點的貢獻，朱蘭特別著重品質管理的過程，柯洛斯比（Philip B. Crosby）提出品質改進的 14 個步驟，也都發揮了推波助瀾的效果。由於這幾位主要代表人物的大力推動，全面品質管理已然生根茁壯、自成體系，對於產品、服務、過程與方法的全面品質追求，反映在五個主要理念當中：其一、事先預防，才能確保品質無缺點；其二、永續改進，才能隨時滿足消費者多變的需求；其三、顧客至上，才能確保組織的生存與繁榮；其四、品質第一，才能強化組織的競爭力；其五、全面參與，由遍佈於各個部門的各個小組發揮「品質圈」或「品管圈」（quality circle）的功能[註 4-17]。除此之外，還有一個理念也不可忽略，那就是「教育訓練」，它的目的在於將組織的規範和行為重新對焦於重要的議題上，如品質改善、顧客服務…等，使整個組織成為學習分析的單位，有助於品質管理目

註 4-16　鍾漢清譯（2015）。William E. Deming 原著。**【戴明管理經典】轉危為安：管理十四要點的實踐**。台北市：經濟新潮社。

註 4-17　吳清山（1998）。全面品質管理及其在教育上的應用。**教育革新研究**。台北市：師大書苑。

標的實踐，所以，我也把它列入品質管理矩陣的縱軸變項之中。

戴明循環

　　戴明循環（PDCA cycle）是指透過規劃（plan）、試做（do）、查核（check）、行動（act）的循環流程，有效地改進產品或服務的品質。它最早是由統計學家史瓦特（Walter Shewhart）發展出來的，用之於美國貝爾實驗室，到了 1950 年代由戴明加以發揚光大，成為品質管理的重要方法。規劃、試做、查核與行動四個步驟，分別有它的涵義：「規劃」的意思是分析想要改進的活動或事項，尋找變革的機會，也就是要確認組織所遭遇的問題，找出解決問題的方法；「試做」是以小規模或小範圍來嘗試解決問題或執行變革，無論是否可行有用，盡量不要干擾到例行性的活動；「查核」是檢核小規模或小範圍的變革是否達到預期的效果，同時為了確認一些待克服的新問題，也必須持續考核變革所進行的重要活動；「行動」是在實驗成功之後，遂行較大規模的變革運動，而如果不幸失敗，則回到下一個循環的「規劃」步驟重新操作[註4-18]。

　　戴明循環具有三個特點：第一、是大環帶動小環：如果把整個企業的工作視為一個大的戴明循環，那麼各個部門、小組還有各自小的戴明循環，就像一個行星輪系一樣，大環帶動小環，一級帶動一級，構成一個有機運轉的體系，如圖 4-14；第二、是階梯式上升：戴明循環不是在同一水平上循環，而是每循環一次解決一部分問題、取得一部分成果，水平就提高一階層，進到下一次循環，有了新的目標和內容，又更上一層樓，如圖 4-15；第三、是科學管理方法的綜合套用：戴明循環套用以品質管制（QC）為主的統計

處理方法與工業工程（IE）中的作業研究方法，作為活動進行和發現、解決問題的工具[註4-19]。

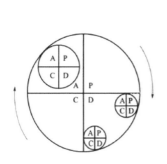

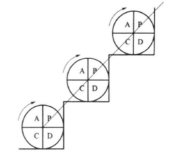

圖 4-14　戴明循環協同　　　圖 4-15　戴明循環階梯上升

品質管理矩陣在評鑑中的應用

　　如何產出良好的品質，簡單的說，就是企業或組織的事先預防、永續改進、顧客至上、品質第一、全面參與、教育訓練等全面品質管理的評鑑需求，都可以用規劃、試做、查核、行動四個戴明循環步驟來達成。以下，我舉出一些品質管理矩陣的受評實證（都取自於「教育部交通安全教育評鑑」及「教育部建置防災校園評比」）來加以說明，同時整理在下表4-4中：

註 4-18　吳清山、林天祐（2011）。PDCA 循環圈。**教育 e 辭書**。台北市：高等教育文化。

註 4-19　百科知識中文網（2021）。**戴明循環**。2021 年 12 月 13 日取自：https://www.easyatm.com.tw/wiki/PDCA 循環。

▟ **事先預防**：為了掌控學校附近交通安全狀況，針對危險路段
（口）擬訂預防對策，在規劃階段，訂定「交通安全教育實施
計畫」及「危機（緊急事故）處理辦法」、請求交安主管單位
會勘、申請工程改善經費；在試做階段，改善學校附近有交通
安全疑慮的路況或增加警示設施；在查核階段，透過交通安全
教育委員會議檢討、評估、決議；在行動階段，於校園外牆面
設置貼心警語、在側門口裝置「安全柵欄」並加設警告標誌及
劃設提醒標線、於校門口加裝折射鏡。

▟ **永續改進**：老師為了學生的交通安全，上放學時間都會執行導
護任務，在規劃階段，訂定「導護工作實施要點」，規範導護
老師執勤要項，並排定輪值表，照表操課；在試做階段，每週
實施導護移交，討論當週遭遇到的問題，同時作紀錄列入次週
追蹤解決；在查核階段，利用教師晨會進行導護工作報告，且
於行政會報及校務會議檢討興革事項；在行動階段，除了持續
落實此項要點，還推行導護老師「每週一叮嚀」、頒發獎狀鼓
勵表現績優老師、函請轄區分駐所於上學時間巡邏本校交通
崗、函請縣府改善交通號誌秒數不足及燈號故障等問題。

▟ **顧客至上**：學校依需求執行「教育部補助高級中等以下學校防
災校園建置及實驗專案」，在規劃階段，擬訂「校園災害防救
計畫」、申請工程改善經費；在試做階段，取得社區居民的土
地無償使用同意書，完成人車分道工程以防範人為交通災害；
在查核階段，透過校園防災小組會議檢討、評估、決議；在行
動階段，確認在地化災害潛勢、製作防災地圖、進行校園疏散
避難演練、規劃暨實施在地化防災課程與教學、宣導防災教
育，另外，也取得社區居民的土地無償使用同意書，完成校園

外坡地水土保持工程，以防範颱洪及坡地災害。

▰ 品質第一：為建置、充實與更新交通安全教育教材及教具，在規劃階段，訂定「交通安全教育資源中心管理辦法」，找尋專屬教室空間；在試做階段，將初期收集到的交通安全教育書籍、手冊、研究報告、媒體教材、教具…等資料或物件陳列並造冊；在查核階段，編製「交通安全教育資源中心物品使用登記簿」，指定人員管理及維護，並不定期在會議中提出檢討、改進意見；在行動階段，設置「交通安全教育資源中心」，將自編、自製、自籌經費採購及外求於相關交安單位的書籍、教材、教具、設備、模型、海報、作品、宣導品…等物件，分類陳設於中心的交通安全教育專櫃、置物架、展示桌、牆柱與工具箱等處。

▰ 全面參與：交通安全教育的對象是全面的，可以藉由學校的推動措施，讓所有人都能參與得到。在規劃階段，訂定「交通安全教育實施計畫」與相關子計畫；在試做階段，實施課程、教學與宣導活動於小學部及幼兒園學生；在查核階段，透過交通安全教育委員會議檢討、評估、決議，也運用學習單、回饋表、闖關卡、有獎徵答、測驗…等多元方式了解執行情形；在行動階段，所有課程、教學、宣導、體驗、研習、表揚…等活動，都擴大適用於教師、家長、交通志工與社區（會）人士。

▰ 教育訓練：強化老師交通安全教學的多元化能力，是學校長期有效推動交通安全教育的關鍵因素。在規劃階段，訂定「教師研究發展與進修計畫」、全校教職員工簽署並宣讀「交通安全教育宣言」；在試做階段，辦理教師交通安全教育教材教法研

習活動；在查核階段，透過交通安全教育委員會議與教師會議檢討、評估、決議；在行動階段，除了續辦教材教法研習活動，還延伸辦理教師交通安全教育教學觀摩、教學研討等活動，並且指派教師參加校外交通安全教育相關研習及參觀活動。

表 4-4　品質管理矩陣在評鑑中的應用實例

	規劃（plan）	試做（do）	查核（check）	行動（act）
事先預防	訂定「交通安全教育實施計畫」及「危機（緊急事故）處理辦法」、請求交安主管單位會勘、申請工程改善經費。	改善學校附近有交通安全疑慮的路況或增加警示設施，例如：在校門口劃設黃色網狀線。	透過交通安全教育委員會議檢討、評估、決議。	於校園外牆面設置貼心警語、在側門口裝置「安全柵欄」並加設警告標誌及劃設提醒標線、於校門口加裝折射鏡。
永續改進	訂定「導護工作實施要點」，規範導護老師執勤要項，並排定輪值表，照表操課。	每週實施導護移交，討論當週遭遇到的問題，同時作紀錄列入次週追蹤解決。	利用教師晨會進行導護工作報告，且於行政會報及校務會議檢討興革事項。	除了持續落實此項要點，還推行導護老師「每週一叮嚀」、頒發獎狀鼓勵表現績優老師、函請轄區分駐所於上學時間巡邏本校交通崗、函請縣府改善交通號誌秒數不足及燈號故障等問題。
顧客至上	擬訂「校園災害防救計畫」、申請工程改善經費。	取得社區居民的土地無償使用同意書，完成人車分道工程以防範人為交通災害。	透過校園防災小組會議檢討、評估、決議。	確認在地化災害潛勢、製作防災地圖、進行校園疏散避難演練、規劃暨實施在地化防災課程與教學、宣導防災教育，另外，也取得社區居民的土地無償使用同意書，完成校園外坡地水土保持工程，以防範颱洪及坡地災害。

	規劃 （plan）	試做 （do）	查核 （check）	行動 （act）
品質第一	訂定「交通安全教育資源中心管理辦法」，找尋專屬教室空間。	將初期收集到的交通安全教育書籍、手冊、研究報告、媒體教材、教具…等資料或物件陳列並造冊。	編製「交通安全教育資源中心物品使用登記簿」，指定人員管理及維護，並不定期在會議中提出檢討、改進意見。	設置「交通安全教育資源中心」，將自編、自製、自籌經費採購及外求於相關交安單位的書籍、教材、教具、設備、模型、海報、作品、宣導品…等物件，分類陳設於中心的交通安全教育專櫃、置物架、展示桌、牆柱與工具箱等處。
全面參與	訂定「交通安全教育實施計畫」與相關子計畫。	實施課程、教學與宣導活動於小學部及幼兒園學生。	透過交通安全教育委員會議檢討、評估、決議，也運用學習單、回饋表、闖關卡、有獎徵答、測驗…等多元方式了解執行情形。	所有課程、教學、宣導、體驗、研習、表揚…等活動，都擴大適用於教師、家長、交通志工與社區（會）人士。
教育訓練	訂定「教師研究發展與進修計畫」，全校教職員工簽署並宣讀「交通安全教育宣言」。	辦理教師交通安全教育教材教法研習活動。	透過交通安全教育委員會議與教師會議檢討、評估、決議。	除了續辦教材教法研習活動，還延伸辦理教師交通安全教育教學觀摩、教學研討等活動，並且指派教師參加校外交通安全教育相關研習及參觀活動。

從品質管理矩陣、創造價值到評鑑的真、善、美

　　企業或組織從全面品質管理的內涵著手，每一個重要理念都依照規劃、試做、查核、行動四個步驟來操作戴明循環，完成一個活動後，緊接著下一個活動，進行持續循環的歷程，這就是品質管理矩陣的角色功能。藉由這樣的運作模式，能夠協助企業或組織在評鑑中實踐、附加並創新價值，呈現產品或服務的良好品質，同時達到真、善、美的圓滿境界。它們的脈絡關係如下圖 4-16 所示：

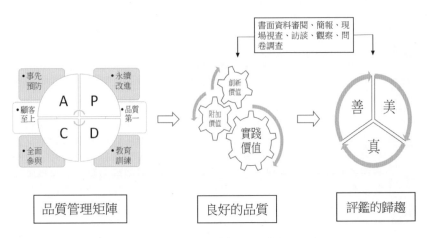

圖 4-16　產出良好評鑑品質的要素關係

chapter 05

發揮領導效能以互補於管理

　　很久很久以前，小型學校（12 班以下）的人事、主計、出納業務，通常是由主任、教師或護理師兼任，這種狀況維持了許多年，並沒有因為人力資源匱乏而廢弛相關事務，差別只在於，是「誰」要做這些工作。到了 2008 年，教育部一紙公函發出，規定全國中小學不論規模大小，人事、主計業務均不得由教師兼任（當然也包括主任），在專任人事、主計人員嚴重欠缺的情況下，小校的人事、主計工作竟落到護理師或護士身上，這可造成她們嚴重的恐慌、焦躁與不滿。風風雨雨一段時間之後，絕大多數的護理人員都能共體時艱，接下這個燙手山芋。原本以為，此後校務應該恢復寧靜正常運作，不料平地一聲雷，災禍起於蕭牆，我校的護理師竟悍然違逆新政，堅決不接辦主計業務！教師不能再兼任，護理師又抗拒從事，身為校長的我該怎麼辦？如果你是我，又要如何面對這個迫在眉睫且令人棘手的難題？

　　兵來將擋、水來土掩，行政或管理者有一個很重要的特質需求，就是解決問題的能力，將危機化為轉機，透過領導催化出效能。這一次的困境，我採取的解決方案是「代工模式」，簡單地說，如果把主計業務當作一件商品，掛名蓋章的人是這件商品的「品牌」，而實際生產這件商品的，卻是另外一個人，這個人就是「代工者」，進一步說，我請原本兼辦主計的老師繼續協助這項業務（代工），但最後是由護理師依權責蓋章（品牌）。你也許會問，她們怎麼都願意接受我這樣的安排？這就牽涉到交易領導（transactional leadership）的原理了，她們從理性的角度衡量，認為我提出的利益、報償等代價符合雙方的期望；而從我的立場來看，學校的主計業務能夠順利進展，關係人彼此也都滿意新的工作模式，無疑是三贏的結局。

這次的事件，可以懲處護理師，但是不能解決問題，搞不好還會製造新的問題！在企業或組織裡面，如果只會用強制權、法職權、獎酬權讓部屬「禁聲」、「聽話」，這個上級充其量只能說是「上司」或「長官」而已，既談不上管理者，更稱不上領導者，因為沒有能力或不懂使用專家權及參照權，也不了解與部屬的相處除了權力操作以外，還有教導、引領、示範、關懷、倡導、激勵、服務、說服、交易…等許多影響的作用與過程。在這樣的前提下，企業或組織的目標不易達成、績效無法彰顯，甚至於瀰漫負面的組織氣氛，顯然不是一件好事。若你是「上司」或「長官」，肩上揹負著沉重的責任，應該要有怎樣的體認與作為，才能將企業或組織導向良性的方向發展？

用領導帶出六類效能

在上位者可以抓權、掌權，也可以分權、釋權，更可以賦能增權（empowerment），如何抉擇與運用全在一念之間，而這一念之間，能夠左右企業或組織的運作成效，足見上位者的角色認知及其專業素養的重要。要勝任一個管理者並不容易，必須明白它有三類功能需求，分別是人際關係功能、資訊功能與決策功能等需求：在人際關係功能方面，管理者所扮演的角色是領導者、頭臉人物及聯絡者；在資訊功能方面，扮演的是監視者、傳播者及發言人；而在決策功能方面，則是扮演企業家、矯枉者、資源分派者及談判者[註5-1]。這十種角色需求都要由同一個管理者來實踐，你說是不是一項

註5-1　Mintzberg, H.（1973）. *The nature of managerial work*. New York:Harper & Row.

挑戰？

如上所述，可知管理者也是領導者，如何發揮其角色功能，十足是一門學問。身為領導者，若能讓部屬發自內心願意接受領導，便能產生正向的影響力量，去做好的、對的、正確的、有益的事情，讓企業或組織朝向良性的方向發展，這就是有效能的領導。但是，還有兩個概念需要先提出來釐清，一個是領導者與部屬的相對意義，另一個是對於領導效能的強調與詮釋，以下逐一說明。

誰是領導者

誰是領導者？是執行長、總經理、理事長、校長…嗎？正確！是處長、經理、常務理事、主任…嗎？也正確！或是襄理、課長、理事、組長…嗎？都正確！只要是管理、行政、幹部職務，無論是高階、中階或低階，都是領導者身分。他們的職位層級示意如圖5-1 所示。職位越高，部屬的層級與人數越多，命令傳達的涵蓋層面也相對較廣、較深；職位越低，部屬的層級與人數越少，命令傳

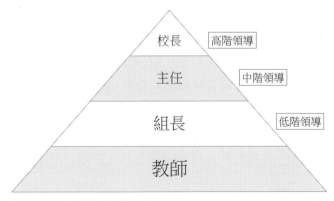

圖 5-1　領導層級示意圖－以高級中等以下學校為例

達的涵蓋層面也相對較窄、較淺，只要你是管理者，無論位居哪一個管理層級，你就肩負領導的責任，在擁有法定職務的基礎上，行使適配的權力，發揮無形勝有形的影響力，每一個職位的重要性都是同等重要。

要特別提的是，在我與一些校長同儕的工作經歷中，曾經當冤大頭被部屬「假傳聖旨」去要求、強制、規範同事，也曾經被部屬「拿雞毛當令箭」去指揮同僚，更時常被扭曲談話內容而我們卻不在現場，無法立即予以糾彈導正，這些踰矩、誇張的行徑令人無法苟同，原因在於行為背後可能藏有該中低階主管個人或其職務利益的動機，雖說並未造成學校的嚴重傷害，對領導作為來說，卻是非常不恰當的，除了「無中生有」之外，也可能造成命令沒有統一、貫徹，以至於干擾、破壞了組織的目標或績效成果。假如領導要有效能，一定要從上至下各層級主管都有深切的理解，從自己出發，做一個稱職的領導者，讓部屬樂意追隨於麾下，共同激盪出正向的動能，以協助組織完成任務；不僅如此，若你是中低階主管，也要反向做一個稱職的被領導者，這樣才能圓融各自的身分與需求，展現整體的領導效能。

領導要有效能

領導如果沒有效能，對領導者來說是難堪的，因為沒有發揮應有的角色功能，自然得不到好（高）的評價；或許是由於能力不足，或許是未盡全力，也或許是沒有預料到的變數所造成，無論如何，都不是好的結果。理想的情形是風行草偃、兵隨將轉、眾志成城，不管運用什麼領導方式或技巧，只要是合法、合理、合情、合

規、合度，能策勵組織向前奔跑、向上滾動，那就是領導者的本事。

但是，依我個人的認知，在企業界跟在學校、公部門或非營利組織談所謂的領導及領導效能，是有理念上與邏輯上的差異，而且還頗為懸殊，為了最有效率地在商戰中勝出，企業界甚至不會考慮什麼合理、合情、合規、合度的小枝小節。舉例而言，台灣的世界級企業家郭台銘先生說過，企業要講效率，就不該談民主，民主是最沒有效率的做事方式；民主是一種氣氛、感覺，讓大家可以溝通，可是，在快速成長或在環境迅速變化中求生存的企業，領袖應該要多一些霸氣。此外，他認為一旦賦予部屬「責任」去做事情，他們只要肯負責、肯承擔，就不用管制或干涉太多[註5-2]。

領導及領導效能的原理在企業界或學校、公部門、非營利組織之間應該是可以相通的，但是，卻無法移植做法或互相類比，例如「民主」、「參與」、「多元尊重」的理念在學校、公部門或非營利組織是非常重要的核心價值，拋開這些，將很容易滋生民怨、製造混沌，徒增困擾並阻礙工作運行。相反地，若將這些領導的主流思想置入企業操作，你想結果將會如何？從標竿企業如台積電、鴻海、聯發科、長榮、台塑、裕隆（嚴凱泰時期）…的經驗來看，領導者的眼光、雄心、企圖、堅持決定公司的成敗，亦即「強勢」才能突顯方向與策略，用「速度」成就領導效能，進而獲致滿意的結果。公部門的「民主」、「參與」、「多元尊重」等理念，相較於

註 5-2 　吳琬瑜、盧智芳（2005）。在我的領域，沒有競爭對手，載於**郭台銘的鴻海帝國**。台北市：天下雜誌。

企業界，雖說是無奈與被動的選項，卻也是必要採行的選項，因為在組織成員論述、斡旋的過程中，即便會有許多衝突、碰撞，也會耗損非常多的時間與精力，但最後只要取得共識並做成一致決議，還是能凝聚成員的向心力，朝向設定的目標邁步奮進。總而言之，領導的歷程、重點、技能與方法在企業界或學校、公部門、非營利組織之間或許有所不同，追求績效的目標卻無二致，這個關鍵元素即在於領導作為，簡單地說，組織就是要靠領導者發揮領導效能，才能精進茁壯、永續發展！

領導的六類效能

2004 年 2 月，我拿到苗栗縣政府聘書到豐田國小服務，身分由主任轉變成校長。履新第一天，教導主任就向我報告即將來臨的學校大事，除了次年的五十週年校慶之外，就是近在眼前的「全國豐田國小教育聯盟」策略合作事宜，竹北（新竹縣）、卓蘭（苗栗縣）、豐原（台中市）、內埔（屏東縣）的豐田國小輪流主辦交流活動（台東縣豐田国小因距離太遙遠放棄參加），以資源共享的精神，延伸學生的學習場域，豐富他們的學習經驗。

初次的交流活動，我們是作客於豐原豐田，所以並未大張旗鼓，並且輕鬆以對。第二次就不一樣了，是我們當東道主，為了克盡地主之誼，不僅大舉動員本校的教師、家長、學生，商借卓蘭實驗中學禮堂、綜合球場、運動場、餐廳、學生宿舍等場地，安排社區中的卓蘭發電廠作為教育參觀的場所，還得事先透過人脈、管道找尋後援的經費，可謂耗費心神、備感壓力。原本，我們從學生的五育學習面向規劃環保先鋒、支援前線、棋藝大賽、校園尋寶、比

手畫腳、回到原點、大隊接力、拔河大賽、參觀電廠，以及晚會節目表演觀摩等十項活動，預計三天的暑假開箱行程，不料老天來攪局，敏督利颱風以迅雷不及掩耳的速度，在各校已經出發赴約的情況下突然轉向急竄過來，可能襲擊的區域剛好包括我們的活動範圍，這該如何是好？照辦有風險、停辦又可惜！當時的我跟學校所有同仁都一個頭兩個大，陷入無比尷尬、為難的處境。此時我要再問，如果你是我，會做怎樣的決斷？

為了充分尊重各校，我緊急致電詢問每一位校長的意見，最遠的屏東豐田校長認為應照計畫辦理，其餘校長則尊重我的決定。由於時間非常緊迫，容不得蹉跎遲疑，我綜合考慮了颱風的路徑方向、可能影響的時間、學生對活動的高度期待、各校行事變動衍生的困擾，以及依計畫辦理的可行性，在所有人都不敢擅專的前提下，我下了最終決策，就是「活動照規劃內容辦理，但時程縮減為一半」，亦即原本三天的活動，一天半就全部完成。當大夥兒在依依不捨的離情中道別，驟風斜雨也悄悄地湊上來送客，那一幕珍貴難得的畫面，正式宣告任務順利成功執行。回到學校後，某位同事突然神采飛揚地豎起大拇指對我說：「校長英明！」我則以微笑回報她的知心。

無論是企業或組織，在任何時候都會面臨各種例行性或突發性的狀況，這些狀況多半需要知識、智慧或經驗來排除解決，說得更深入一點，就是要靠領導帶出效能，以上所回述的故事，便是實際的例子。領導可以帶出六類效能，包括日常運作效能、專案效能、危機處理效能、競賽效能、評鑑（比）效能，以及特殊情況效能，以下為你逐一說明並整理於下圖 5-2：

◢ **日常運作效能**：企業或組織有常態性的價值活動，例如：生產、行銷、人事、研發、財務、規劃、組織、控制、溝通…，其他學校、公部門、非營利組織所做的事情，即便屬性不同、名稱有異，也都有類似的業務內容，像學校的課程研發、教學設計，就與製造業的產品研發是一樣的意涵；或是像縣市政府每年會編製歲入歲出財政預算，企業也會規劃年度營運所需的財務收入與支出。這些日常運作的價值活動，是企業或組織所有其他能力（包括執行專案、處理危機、參與競賽、接受評比…）的基礎，重要性不言可喻，是否能夠發揮其應有功能，甚至產出令人滿意的組織效能，端看領導作為如何施展。

◢ **專案效能**：企業或組織除了常態性的價值活動，還有許多機會要辦理專案，例如：投標專案、採購專案、工程專案、企劃專案、研發專案、行銷專案…，而在學校或公部門，雖然並不常用「專案」這個名稱，但實質上，都有在執行這樣的任務，例如：辦理畢業典禮、音樂發表會、藝術成果展、校舍興建工程、防水隔熱工程…，或者像我曾經承辦過的苗栗縣新住民運動會、教師交通安全教育研習會和交通志工座談會…等。專案無論規模大小、層級高低，都是任務取向性質，在特定時間點必須執行完成。若能達成預訂目標且創造出績效，就是實現了專案效能。

◢ **危機處理效能**：每一個人的生活，彷彿樂章一樣，旋律行走之間，有時高潮湧起、有時低谷幽廻，當運勢由盛而衰反轉直下，就容易碰到倒楣事。在工作上也是如此，你以為克盡職守就能安穩度日、平步青雲，殊不知可能正好應驗了「苦幹實

幹，移送法辦」這句俏皮又寫實的順口溜。個人在職場會遇到狀況，企業或組織由眾多個人組成，何時因為某個員工的失誤，或是大環境的影響（包括政權更替、政策改易、經濟變動、社會變遷、科技進化、天然災害…），而遭遇或大或小的危機，也是司空見慣的事情。重點在於，遇到（潛在）危機時應該怎麼應對？危機處理可以概分界定危機、評估危機、解決危機、控制危機四個涵蓋事前、事中、事後完整流程的步驟，任何一個步驟都屬於危機處理的範疇。舉例來說，2013 年我調任某一所中型規模的學校，第一次學生段考時，我就被走廊上到處慌亂疾走甚至奔跑的學生嚇到，原來他們在跑班找教室及座位應考。這種規定若繼續存在，學生互相碰撞受傷的情況將會出現，屆時要善後處理會很棘手。我待過都市、鄉村大中小型學校，從來沒遇過這種考試規定，雖然是要讓學生公平與試，提早了解未來升學應考情境，但制度設計的背後，可能是形式主義及防弊主義在作祟。學校應「以學生為中心」思考整體教育措施，從這個理念出發，我改變了原先的做法，只要老師換班監考即可。事後聽某位愛心志工告訴我，她的孫女對她說：「校長很照顧我們！」我感到欣慰，危機處理效能解消了潛藏的危機。

▰ **競賽效能**：人類的生活如果沒有了競賽，應該會少了很多樂趣，因為競賽可以激活個人或組織的意志，在邁向奪標的歷程中，創造出許多有意義、有價值的故事與回憶。當我還是基層老師時，上課的時候喜歡在教學單元收尾階段用「棒球遊戲」評量學生的學習成效。我把學生分為兩隊，將棒球比賽的規則適度轉化應用在課堂內，答對題目的學生可以抽籤，就像打擊

一樣，結果可能是全壘打、三壘安打、二壘安打、一壘安打、保送，也可能運氣不好抽到雙殺、接殺、封殺、犧牲打；奇妙好玩的是，無法回答題目的學生卻未必馬上出局，我還設計了起死回生的「藥籤」，也就是讓同隊的學生可以上場代打，若能答對題目也一樣可以抽籤；但若學生直接回答錯誤，那就只好直接出局了！用這種競賽方式代替教學驗收，學生很有興趣，課堂氣氛活潑又刺激，此即競賽效能在教學上的實證。同樣的原理也適用在企業或組織的競賽需求上，往往成績拔尖且連年獲獎的團體，都可以窺探出他們有一個「勝利方程式」，簡單地說，就是人才、師資、方法、知識、技術、經費、資源…等綜合能力的展現。舉例而言，我在栗林國小服務三年任內，每年帶領學生參加口說藝術類全國客家藝文競賽，獲得兩次第一名、一次第二名的成績，一些關鍵的因素包括：聘請專業作家寫稿、挑選客語口說條件優異學生受訓、敦請卓越師資訓練、邀約特殊技能專家協訓、模擬競賽情境、支援經費、運用家長及志工人力資源等，有的可能是某些學校從來沒有採用過的方法，但這一套機制經過實戰淬鍊，已然組合結構成我們的勝利方程式；另外，在銅鑼國小任內，對於口說藝術、歌唱表演及戲劇等類別的指導，也是相似的操作思維與模式，同樣斬獲許多好成績，這些都給了競賽效能一個適度的詮釋。

▰ **評鑑（比）效能**：除了競賽，個人也好、企業或組織也罷，都有很多機會碰上評鑑，想閃都閃不掉，如果只是為了避免遭受處罰或成績差需要複評而勉為其難面對，還不如調整心態，從磨練團隊、爭取資源、改善環境、充實內涵、晉階升級…等方面著眼更為積極有意義，也更有效用。我們把眼光放在國際視

野，可以看到電腦、建築、汽車、酒品、美食…各領域有久遠的評鑑（比）歷史；在國內，也有公司治理、醫療照護、教育、非營利組織…不同領域的評鑑（比），只要你是賽局中者，就得服膺其「遊戲規則」，從中領略出關鍵成功因素（KSF），進而獲取最佳績效。領導者就是關鍵成功因素中很重要的一環，依據本身的知識、經驗及智慧，帶領成員分析組織的優勢、弱勢、機會與威脅等條件，發展出達成目標的策略，再整合運用內外部資源，解決任何時刻蹦現的問題，自然就能催生出評鑑（比）效能。我在豐田國小時期領導同仁所獲得的全縣閱讀訪視特優、全縣學校網頁製作評比特優、全國交通安全教育評鑑第二名，以及在栗林國小時期所獲得的全國防災校園建置評比銀質獎，都是應用此思維模式操作出來的。

◢ **特殊情況效能**：企業或組織的業務「特殊情況」有別於專案，也與危機處理不同，它可能是任務單純到不須以專案看待，也可能沒有潛伏任何的危機需要處理，而純粹只是日常運作以外的例外情況。我舉一個關於學校環境清潔的案子來說明特殊情況效能。我們常說學校教育要同時注重言教、身教、境教與制教（典章、制度及規範等教育措施），這樣能夠凝聚整體的教育功能，有效幫助學生吸收知識、成長心智。話雖如此說，大家除了最擅長「諄諄教誨」以外，身教、境教與制教真的有貫徹落實嗎？因為我發現校舍中有一些空間如教具室、樓梯間、閒置空間、屋頂陽台等處堆積許多陳年雜物，基本上，已經都沒有教學功能，不僅有礙環境觀瞻、影響教學運作，也有可能釀成師生傷害，卻不動如山杵在那裡，所以有此疑問。顯而易見，這是學校帶給學生的負面身教與境教，對於教育情境而

言，不是相當諷刺的事嗎？一定要改善既存的狀態。由於數量太過龐大，若要學校老師處理這些雜物，時間實在無法推算，成效也可能不如預期，所以我最後的決策是，利用暑假期間以「外包」的方式處理，三天就搞定，真是讓我如釋重負！總算還給全校師生一個清爽又安全的教學環境與空間。

圖 5-2　領導的六類效能

陰陽權變的領導與管理

在《三國演義》中有一段「空城計」的情節扣人心弦。故事的梗概是，馬謖毛遂自薦領軍鎮守防禦要塞街亭，諸葛亮雖不完全放心，仍給馬謖一個機會，並派遣細心且有作戰經驗的王平為副將，以便襄助運籌，不料馬謖剛愎自用、一意孤行，聽不進王平的建

言，堅持在山頂安營紮寨，導致蜀軍被魏軍圍困而遭斷水斷糧，軍士飢渴難耐無力奮戰最終慘敗。之後，諸葛亮引五千兵力退往西城搬運糧草，司馬懿卻領十五萬大軍隨後追來，當時諸葛亮身邊已無大將，只有少數文官，五千兵力中，先分撥一半運糧去了，剩下的微弱軍力在城中也是難有作為，隨行官員無不驚惶失色。諸葛亮登上城樓察看，魏軍果然萬馬奔騰、塵土沖天，在千鈞一髮之際，諸葛亮靈機一動，下令將原本懸掛的旌旗都收藏隱匿，人員不得隨意出入，並且大開城門，每一城門用二十軍士扮作百姓灑掃街道，而諸葛亮本人則頭戴綸巾、身披鶴氅，領二名小童攜古琴上城樓，於敵軍陣前憑欄而坐、焚香操琴。此時，將諸葛亮當作勁敵也視為知音的司馬懿反倒有所顧忌，因為他深知諸葛亮平生從不涉險，且計謀百出、變化難測，而懷疑城內暗藏伏兵，幾經思量，終究罷兵回師，以致苟延殘喘的蜀軍能夠安然逃過這一波劫難。

雖然羅貫中把「空城計」敘寫得緊張懸疑、活靈活現，正史卻無記載。不過，三國戰爭史上確實有一次類似的劇碼，但主角不是諸葛亮而是趙雲。根據《趙雲別傳》記載，當時劉備正和曹操爭奪漢中，老將黃忠遇見曹軍運糧經過定軍山北麓，便下去搶糧，卻遲未返回，趙雲因而帶數十名騎兵前去尋找，恰巧遭遇曹軍部隊，趙雲且戰且退，回到營寨時，副將張翼想把營門關上，趙雲卻下令大開營門、偃旗息鼓，曹軍此時反而不敢輕率進入，趙雲便把握良機指揮進擊，曹軍倉皇逃竄，自相踐踏，死傷不少[註5-3]。

無論是《三國演義》中的「空城計」，還是《趙雲別傳》裡的「空營計」，都在突顯一個領導與管理上的要訣，那就是「權變」。「權變」也可以說是通權達變，意思是指不墨守成規，能根據實際情況做適當的應變。在領導方面可以權變，在管理方面也可

以權變，只要符合事實需要，依當時情境做出決策而使狀況或問題迎刃而解，就不必拘泥一定要遵循前例或世俗常規，當然，前提是要符合法律規範。每一個企業或組織，都有各自的使命、願景與目標，不是紙上談兵、舌燦蓮花就能夠輕易完成任務，而是要靠真槍實彈的領導與管理作為。領導與管理在行政學或管理學上是兩個不同的概念，如果沒有心領神會它們的意涵，或是混淆不清它們的角色，可能就難以帶領團隊創造出組織效能。

領導與管理的差異

我有一個師專[註 5-4]同學非常優秀，她天資聰穎、學思敏捷，寫作、書法、音樂演奏、中西繪畫樣樣精通，我總愛誇讚她是個才女。在國小任教期間，她利用時間在台灣師大進修，沒幾年，竟然辭去教師工作，到美國留學去了！中斷六年之後，取得加州州立大學洛杉磯分校藝術創作與西洋藝術史雙碩士學位回來，重新考入台北市公立高中執教鞭，此後，一邊教書一邊創作，不僅在「福華沙龍」舉辦非常多次油畫個展，同時寫了許多本繪畫兼旅遊的書籍，現在更有散文集問世。有一年同學會，她突然對著我拋出一句話：「聽說台北市某位國小校長在早晨環境整理時間，會拿著掃把跟學

註 5-3　一流人（2018）。**諸葛亮的空城計是假的！但三國還真有人用過。**2022 年 1 月 11 日取自《遠見》：https://www.gvm.com.tw/article/54868。

註 5-4　臺北市立師專，1987 年升格改制為台北市立師範學院，2005 年再改名為台北市立教育大學，2013 年與臺北市立體育學院合併為台北市立大學。

生一起掃地。」那神情看似戲謔又看似認真，好像要我也給個說法，到底我這個同屆最早當上校長又在偏鄉小校服務的同學，對於這樣的「動作」心裡是怎麼想的？

老實說，在學校裡面，校長有沒有「參與」早晨的清潔工作，沒有多少人會關心，一方面是因為這個時候校長往往已經在「接客」，或是處理緊急公務，無暇分心於此；另一方面是學校老師各有督導掃區（行政、科任）或指導學生打掃（導師）的任務，也不會特別注意校長是否出現。普遍的情況是，大型學校師生眾多，每個清掃的責任區對於各別班級來說，要在時間內完成工作並不困難，相對而言，小型學校的師生人數甚少，處理起來就會有比較大的壓力。所以，我給才女同學的回答是：「大型學校的校長如果拿起掃把跟學生一起掃地，可能會讓人覺得多此一舉，卻不能否定它的正面意義與效果，尤其在小型學校，校長本身就是一個人力資源，能夠跳下來一起清掃大片落葉或是髒亂的區域，可以更明快有效率地完成打掃工作。」

我在每個學校當校長都有一起打掃，甚至還到處隨手撿拾垃圾、拔草，沒有管是什麼規模的學校，也沒有顧慮任何人的眼光。這樣做有許多好處，第一、我是在實踐「僕人式（服務）領導」，當某個掃區需要幫助時，我直接成為環境整理的執行者或是指揮者，先為學生服務，同時為教師服務；第二、我也在落實「走動管理」，打掃時間全校各處巡視，比導護老師還清楚哪裡狀況好，哪裡需要支援，而且還知道哪位老師認真指導學生，哪位老師沒到現場；第三、在不斷走動與勞動間，身體健康也同時兼顧得到。這樣的理念與行動，在我初任校長時就接收到學校老師給的正面回饋，說我是「思慮成熟、身段柔軟」的校長，我欣然笑納，因為他「了

解」我的「明白」！

　　你有注意到嗎？一個單純的巡視打掃動作，其實蘊藏不同的行動意涵。為何這麼說呢？如果我只有督促、叮嚀、指導老師跟學生把握時間清掃，動動嘴巴之後，馬上趕到另一個掃區，做同樣的事、說類似的話，那就是「管理」；如果除了督促、叮嚀、指導以外，還親自捲起袖子、拿起掃具，帶領老師跟學生一起進行掃除工作，那就是「領導」。所以，雖然看起來沒有多大區別，我已經同時擔任了管理者與領導者，也先後產出了管理與領導的效能，由此可以證明，管理與領導是兩個不同的概念。它們的差別在哪裡呢？以下提出的諸多比較觀點並非表示兩者的互斥差異，只是表明兩者所看重的點不同而已[5-5]，比方說「效率」與「效果」，兩者都同樣關注，但是管理較注重「效率」，而領導較注重「效果」。茲綜合敘述如下並整理對照於表 5-1：

一、管理注重現在，領導注重未來：擔任某個職務的人，如果主要關注點是放在現在，那他的職務風格比較接近管理；若是放在未來，則比較接近領導。

二、管理注重過程，領導注重目標：近年來，在職場上颳起一股「細節」風、「流程」風，基本上是偏重管理的職務風格；而偏重領導風格的，主要關注點在目標，通過目標讓員工自我控制、自我管理。

三、管理注重效率，領導注重效果：效率是管理活動中最基本的、

註 5-5　12Reads（2015）。**領導與管理的十三個區別**。2022 年 1 月 20 日取自：https://www.12reads.cn/30116.html。

永恆的目的。科學管理之父泰勒（FrederickW.Taylor）的「時間─動作」管理理論，在單位時間裡應該有多少動作，一個動作只能有多少時間，就是最經典的論述；而領導則更注重效果，主要關注的是價值活動的結果，而且要好的結果。

四、**管理注重秩序，領導注重創新**：透過管理活動，可以讓教學、社會、交通、生產秩序⋯等變得條理井然；至於領導，則在秩序穩定的基礎上，更關注創新，創新是企業或組織進步的靈魂。

五、**管理注重內部，領導注重全局**：管理活動基本上都是內部的，主管只能管理自己職掌範圍內的事務，不能管到其他主管或單位，更不能管到其他機構；至於領導，既要在組織內部發揮相關功能，還要代表組織對外幹旋，爭取資源或解決問題，必須要關照全局。

六、**管理注重共性，領導注重個性**：所謂共性，就是需要共同遵守的制度、規定、律則，在共性前面人人平等，例如：上班、開會遲到 3 分鐘以上者，扣工資 500 元，這是管理；但若詳細了解遲到的理由，是因為在上班的途中，見路人受傷而見義勇為送他到醫院，在依照規定扣 500 元工資之後，還另外獎勵1000 元，以情理面特別、個別處理，這是領導。

七、**管理注重約束，領導注重激勵**：約束的意思，就是對人、物、機構、活動的管制，以使其在期望的範圍內運作，它是一個重要的手段，凡是提到管理，就一定會連結到這個概念。但是，它只能約束人的身軀，不能約束人的心靈，所以，領導更注重用激勵的方法，導引出正向積極的力量。

八、**管理注重事物，領導注重人心**：在管理者眼中，往往看到的是廠房、機器、產品、產量、產值、利潤、租稅，對待員工容易陷入以物質作為獎勵的迷思；領導者卻不同，注重的是處理事物的人，了解員工的心理、需求、特性，給予發揮才能的空間。

九、**管理注重方法，領導注重藝術**：許多時候，處理事務或解決問題需要講究方法，這是在管理層面所注重的；相對來說，用更多種的方法或更高明的手段，在過程中遭遇較少的阻礙與挫折，然後順利達成目標，則更接近於藝術範疇，這是領導層面所注重的。

十、**管理注重規範，領導注重靈活**：管理強調的是規範，以標準化、模式化、制度化來建構組織的體系、制約員工的行為；從另一角度來看，規範如果過頭，容易導致遲鈍僵化，甚至可能影響創新能力，所以領導更注重靈活性。

十一、**管理注重實證，領導注重經驗**：管理強調用實際結果與正反案例來論證好壞對錯，如同西醫的診治，必先以儀器、設備檢驗出數據，才能斷病醫療；相對而言，領導較重視經驗、知識與技能，好像中醫一般，望、聞、問、切、聽五診合參，可以針對個人的寒熱、虛實、陰陽、表裡等病症做綜合研判，彌補機器檢驗不出問題的缺失。

十二、**管理注重定量，領導注重定性**：管理是需要量化指標的，用客觀數據呈現經營情況，並作為決策的依據，這樣才能管得有道理，讓名實相符；領導則不同，比較重視質性資料、資訊與意見，從語言、文字的敘述或對話中，傳遞或擷取更深

入的意（涵）義。

十三、管理注重控制，領導注重影響：管理的本質就是控制，無論
是對人員、對事務都要盡量約束在可掌控的範圍內，一方面
遵循計畫完成任務，另一方面避免出現狀況；領導所重視的
卻是迥異的取向，在意能否藉由影響力讓員工心甘情願地為
組織工作，不只敬業專注，而且樂在工作。

表 5-1　管理與領導的十三個區別

序號	管　　理	領　　導
1	注重現在	注重未來
2	注重過程	注重目標
3	注重效率	注重效果
4	注重秩序	注重創新
5	注重內部	注重全局
6	注重共性	注重個性
7	注重約束	注重激勵
8	注重事物	注重人心
9	注重方法	注重藝術
10	注重規範	注重靈活
11	注重實證	注重經驗
12	注重定量	注重定性
13	注重控制	注重影響

互為陰陽權變的領導與管理

1997 年，IBM 深藍電腦（Deep Blue）打敗當時的西洋棋世界冠軍卡斯帕羅夫（Garry Kasparov），引起全球棋壇與國際媒體很大的討論，焦點之一在於，電腦的運算能力與決策方法如何在對弈中勝過人腦；焦點之二則是，電腦有沒有可能在組合變化更多元、更複雜的另類棋賽再度擊敗棋王。2017 年，Google 旗下的 DeepMind 公司推出運算能力 3 萬倍於 IBM 深藍的超級電腦 AlphaGo，在中國烏鎮和世界第一圍棋高手柯潔連戰三局，結果是三戰全勝，再一次引發全球熱議，同時也給了前述兩個富有懸念的論題明確的解答。

AlphaGo 如彗星般橫空出世，在「人機世紀大對決」中超越人類智慧，它運用策略網路（policy network）來選擇落子、估值網路（value network）來預測獲勝機率，以及蒙地卡羅樹搜尋（Monte Carlo tree search, MCTS），這些技術加上三千萬筆的棋譜資料庫與自我對戰深度學習，成為人機對戰獲勝的關鍵因素。你也許會好奇，為什麼棋藝種類這麼多樣，偏偏要挑選圍棋來進行賽局？沒錯！因為圍棋被公認是對弈可能性近乎無窮的「人類所創造最深奧的戰略遊戲」，它的狀態複雜度是 10 的 172 次方，博弈複雜度是 10 的 360 次方，高居所有棋藝複雜度的第一名，而西洋棋只能排到第四名[註 5-6]。可是，如此這般變幻無極的戰略遊戲，竟然只有設計黑、白兩色極端簡樸的棋子，在縱橫各 19 路的棋盤交會點上落

註 5-6　城市圍棋聯賽（2016）。AlphaGo **距圍棋之神還有多遠？** 2022 年 1 月 22 日取自：https://kknews.cc/zh-tw/sports/4p369x.html。

子廝殺，而且，還吸引眾多清平雅士源源不絕趨之若鶩，究竟是什麼道理？

　　老子《道德經》裡有一句話：「萬物之始，大道至簡，衍化至繁」，可以為圍棋的發想原理與神奇奧妙做一個很好的註解。萬物之始，正是《易經》最本源又核心的概念—太極，如圖 5-3 所示。周敦頤在《太極圖說》中予以詮釋：「太極動而生陽，動極而靜，靜而生陰，靜極復動。一動一靜，互為其根；分陰分陽，兩儀立焉」。圍棋的黑白子正是取義於太極的陰陽兩儀，在棋盤上攪動乾坤、快意剛柔。如果把攻擊視為陽、防守當作陰，則雙方逐步展開的戰鬥，開疆拓土就是陽，固地防守是陰；強化陣勢是陽，回軍逃竄是陰；棄子誘敵是陽，營救殘兵是陰；至於搶占要塞、短兵相接，則是陰陽共存。盤面上，每增加一個落子，局勢都會隨之改變，說是牽一髮而動全身，一點也不誇張，所以，每一手棋都必須慎重思考，靈活轉換攻防策略，不僅要創造優勢，也要避免不利，這就是「陰陽權變」。

　　領導與管理的關係，類比於圍棋的黑白立場、攻守行動，以及

圖 5-3　太極

趨吉避凶的盤算，是非常相似的。若把領導視為陽，則管理便是陰；反之，領導是陰、管理是陽，但實際上，在企業或組織中，有時是先領導後管理，有時是先管理後領導，也有時是領導與管理在同一個任務中交融出現，這種互為陰陽、隨時權變的狀況可謂司空見慣。舉例來說，由於學校圖書室書籍、設備及軟體多已陳舊失宜，我特別透過人脈關係，取得功能實惠的圖書管理系統，並發函新竹教育大學[註5-7]請求協助，承蒙該校圖書資訊系教師帶領多位學生犧牲假期鼎力相助，得以在短時間內重整書目並建檔完成，讓「知識銀行」悄然變身升級、重現價值。因為重視教師專業素養與學生閱讀教育，所以劍及履及落實到行動上，相關的改善措施，是領導（陽）在先，而例行的師生圖書借還與閱讀推動工作等制度運行，則是管理（陰）在後；另外，再舉一個人事管理的例子來說明，一般公部門或學校為了感謝及慰勞員工辛勞，通常會在年度內辦理所謂的「自強活動」，其實跟企業界與非營利組織的員工旅遊是一樣的內容，說白了就是吃喝玩樂，暫時拋開煩人的職務瑣事，讓壓力釋放、心情調節，以便重回崗位之後能夠鬥志昂揚、揮灑自如，這就是領導與管理同時進行（陰陽共存）的實證。

在評鑑任務中以領導互補於管理

生日賀辭一：

是心坎深處

註 5-7　國立新竹教育大學，2016 年 11 月併入國立清華大學。

那個幽微的穿透的
能量
在激昂地牽引
拾級的腳步
沒有閒情左顧右盼
終將擁有
登臨山巔的驚喜
白雲滄浪
縹緲目下
高　也是遠

生日賀辭二：

梅
年華是花
白裡透紅的雪
當你以眼眸凝望
她便綻放芬芳飄來暗香
在流動間輕輕地吟釀
甜蜜　與　深邃
悄悄地醺醉
等待的容顏
那一刻　終於明瞭
有梅
真好

生日賀辭三：

是一種

別緻的心思
投入在工作中
俏皮在談天裡
時而法相莊嚴
時而剔透玲瓏
彷彿隨著念頭
導演一齣遊戲
瞧出端倪了嗎
儂本多情

　　以上這些慶生賀辭，分別寫給三位壽星夥伴，完全是個人化、客製化，量身製作的生日祝賀內容，無法用在別人身上，但很公平，每一位學校同事都會收到我這真誠且別樣的祝福。沒有意外地，老師們都心存感謝，更妙的是，他們還會懷抱著期待與好奇的心理，等待最後揭曉的時刻，我究竟是如何描繪「他／她」的形象？除了感性的文字敘寫於生日賀卡，利用大家都在的場合公開送上祝福之外，少不了配上一個小蛋糕，有時經費允許的話，也會搭配禮券，讓他們前往商場自行挑選喜歡的禮品兌領回家。

　　或許對於學校同事而言，慶生會並不是什麼舉足輕重的大事，甚至感覺只是行禮如儀的活動而已，不會特別放在心上，可對於我來說，卻不這麼認為。老師們是因為班級經營、教學、行政等工作纏身，沒有閒工夫去注意生日這種私領域的小事，但每一個人都有一方小天地，渴望別人的尊重與在乎，正因為如此，我才要在緊湊、忙碌、高強度、高壓力的情境氛圍中，挹注一些柔軟、溫馨又感性的甘露源泉，讓學校夥伴領受到被人關注圍繞的歸屬感，那麼，愉悅的笑容將隨之綻放盛開，傳送給學生與周遭的人。因此，

儘管辦不辦慶生活動不是絕對必要，而簡便隨意辦理的也所在多有，但人事管理的業務，如果能夠重視這個環節，以細膩又貼心的方式來處理它，對於潤滑人際關係、型塑學校文化，應該是有幫助的。有愈來愈多的企業領導人也採取這種「柔性領導」的做法，不僅有效提升了團隊士氣，也創造了更高的組織績效，想當然耳，相較於管理的需求，它肯定在某種程度上產生了互補的作用。

為何要強調以領導互補於管理

1979 年，麥可·波特以《競爭作用力如何型塑策略（How Competitive Forces Shape Strategy）》一文投稿於哈佛商業評論，首度提出「五力分析模型（five forces analysis）」，由於見解精闢獨特，迅速引起全球產業界及學術界的高度關注，從企業 CEO 到商學院學生，都在運用這個架構來進行策略分析與研究，至今未見衰退。五個競爭作用力是指來自供應商的議價能力、買方的議價能力、潛在進入者的威脅、替代品的威脅，以及產業內公司之間的競爭，這些力量的強弱消長狀況及不同組合變化，決定產業的競爭激烈程度與利潤差異幅度。儘管此分析模型被批評欠缺理論的嚴密性與實證的解釋度，但是，它對於理解產業競爭、預測盈利變化及引導策略制定仍然非常有用。

波特的五力分析模型將替代品及其服務視為一種競爭力的來源，它會減少同產業內企業的可獲得利潤，換句話說，替代品可能降低某個產品的價值。不過，有一個競爭作用力被波特的分析模型所忽視，那就是「互補品」，互補品的角色與替代品恰巧相反，它可能提高某個產品的價值，如圖 5-4。那麼，不同互補品的廠商要

如何分享產品的價值呢？舉例來說，在二十世紀 90 年代早期，任天堂（Nintendo）遊戲機大部分的軟體是由獨立的開發商所提供，並且大部分的收益及消費價值也來自於軟體，但是任天堂藉由確立對於軟體開發商的主導地位，也同時獲得整個系統的巨額利潤[5-8]。這個實例告訴我們，任天堂的遊戲機與合作廠商開發的軟體構成了「互補品」的關係，魚幫水、水幫魚，各蒙其利。

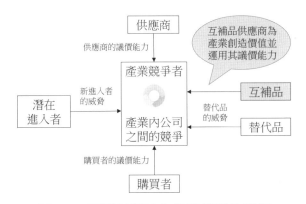

圖 5-4 互補品與五力分析模型的關係

領導與管理的關係不只在於互為陰陽，可以協和權變，它們也好像五力分析所忽略談論的「互補品相對於產業內公司所產銷的商品」一樣，是一種「互補的」關係，以彼（己）之長補己（彼）之短，或是兩者各自發揮本有的功能而相得益彰，雙方互受其惠、互蒙其利。你也許會有疑惑，為什麼我要強調領導互補於管理，而不是管理互補於領導？著眼點有三：其一、管理較重視低層次的工作計畫、執行與監督考核，領導則較重視高層次的工作決策與指導

註 5-8　Grant, R. M.（2016）. *Contemporary Strategy Analysis : Text and Cases（9th ed.）*. New York : John Wiley & Sons.

（前教育部長吳清基）；其二、管理是一門科學，但領導是一門藝術，既然是藝術就要講究平衡，它最重要的技能在於能夠靈活跨越太極圖裡陰陽之間的這條線（阿里巴巴集團前主席暨執行長馬雲）；其三、組織、制度建立的宗旨不是管理人，而是領導人，不在於設教，而在於為道（管理思想大師彼得‧杜拉克），因此推衍出一個論點，亦即管理是形而下的，注重技術、方法與規範，強調把事情做好，領導卻是形而上的，關注理念、願景與價值，強調把事情做對，這麼說來，先掌握方向（用領導做「對」的事情）再要求手段（用管理把事情做「好」），會是一個理想的組織運作模式。綜合這三點，領導的概念與內涵相對於管理而言，比較需要宏觀、前瞻、循理、從善、頓悟、靈機、智變、穿透、擴散、收斂、創造、美感…等素質及特性，強調它來互補於管理，既合乎邏輯（以高補低、以藝術補科學、以形而上補形而下，如圖 5-5 所示），也順乎實務。

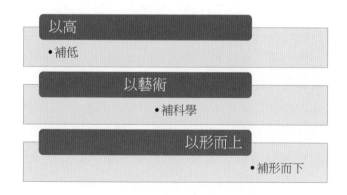

圖 5-5　以領導互補於管理的著眼點

以領導互補於管理在評鑑中的實踐

在我的校長生涯裡，很榮幸的，有兩次接受教育部評鑑（比）的經驗，巧合的是，都要做簡報，其中，建置防災校園評比指定校長報告，交通安全教育評鑑則沒有，那麼，我要不要親自上陣呢？除非學校的主任或老師比我更清楚評鑑準備的內容，同時口條比我更好，否則，我上台簡報應是最好的選擇，理由有幾個：第一、顯示對評鑑委員的尊重及對該項評鑑的重視；第二、能做最完整又明確的業務報告；第三、能因應有限時間調整報告重點；第四、能精準回答評鑑委員的問題。雖然，據我所知有些學校是由主任上場，甚至其他的評鑑或訪視也是同樣的方式，但基於為學校爭取最佳成績的考量，我義不容辭披上戰袍「御駕親征」。

「御駕親征」的寓意是只許打勝仗、不容吃敗仗，可我知道這事兒並不是輕易簡單如探囊取物，過場似的口頭上照本宣科就可以了事，而是要能呈現出切合指標、紮實有料的業務內容；除此之外，我常提醒學校夥伴，做一件事情要設法同時產生兩件、三件或是更多件事情的效果，才會有效率，所以，為了在評鑑中的每一個環節都能有符合預期的表現，我特別找一個時間請全校老師聽我簡報。什麼？沒說錯吧？有需要這麼大費周章嗎？是的，我的確如此做！首先，這麼做讓我有機會練習梳理內容及掌握時間；其次，能讓老師們看到作為「主帥」的我如何身先士卒，為學校盡心竭力；第三，也是最重要的一點，就是利用簡報幫老師們做總複習，以便重溫他們為評鑑所做過的努力，能在後續的抽樣訪談、資料審閱、現場視查等評鑑方式中，忠實且精確地表達出既有的業務內涵。

「御駕親征」也不只是出馬簡報而已，在整個評鑑過程裡，我

是全程參與，一方面讓評鑑委員看到校長的專注與投入，再一方面可以隨時協助接招對答，更重要的效用是，能夠產生一股堅定的力量作為老師們的後盾，給予他們十足的信任感及安全感。有句話說：「江湖一點訣，說破不值錢」，但要能說得破，還不是人人都辦得到，何況需要用行動來實踐它。對我而言，簡報及全程參與的行動都是再自然不過的事，但對有些人來說，或許沒有認知及覺悟到它的巧妙性，也或許認為同時間的其他事情比評鑑還重要，因而神思他往、「琵琶別抱」，但其間的差別，有可能成為影響結果的因素，每一個小的影響因素匯聚累積，然後決定了「應該」得到的成績。如此看來，儘管說破就不值錢，內隱難察的祕訣還是值得外顯分享出來，讓更多人體現運用，說不定它會是一個向上轉化提升的力量。

當然，祕訣不是只有上一段所談的那些。我能帶領團隊在各項評鑑中獲得好成績，說穿了就是對「木桶理論」的了解及運用。「木桶理論」是指用一個木桶來裝水，如果組成木桶的板條參差不齊，那麼它能盛裝的水容量不是由這個木桶中最長的板條來決定，而是由最短的決定，所以，「短板」的長度決定了整體發展的程度，也就是說，一個企業或組織整體素質的高低，不是取決於其中最優秀的成員，而是取決於最弱的成員。用這樣的論點，可以類推於所生產的商品，以及所處理的事務，而這部分，正是我著力的地方。通常我會有兩點思考：第一、從學校整體的立場分析情境、權衡條件，關注夥伴對於評鑑事務所呈現出來的態度、能力及狀況，評估並找出「短板」之所在，予以加長補強；第二、所謂「取法乎上，僅得其中；取法乎中，僅得其下」，為了預防這種落差現象，我會以「補短板」的努力作前導，在心中設定一個滾動式的標準，

追求「只有更高，沒有最高」的水平，這樣才能敦促自己及夥伴精益求精、更上層樓。至於行動上，我的做法落實在不同的需求、層次及面向，如圖 5-6，以下分別詳述：

◢ **開發任務**：如果不追求或不在乎評鑑的成績，那麼自甘於平庸也照樣能過日子，但若想要有所作為，必然會趨向積極、主動，甚至設定績效目標。回想當年，在接到交通安全教育全國評鑑的任務時，我曾因分層負責與增能授權的理念，給予主任相當大的空間籌辦各項準備事宜，不過，時隔數月之後，進度仍然非常有限，而且內容平淡無奇，為此，我連續幾個晚上不得安眠，苦思如何跳脫現有困境突飛猛進，又能帶領和協助主任及老師，在日常行政及教學事務以外，還能兼顧好評鑑準備工作。所幸，皇天不負苦心人，一些務實又創新的點子陸續浮現出來，譬如：「豐田安全行」學校本位課程、學校層級的活動式系列課程、擬真情境教學區、學校本位化交通安全教育參考教材、交通安全日、交通小蜜蜂、每週一叮嚀、「掃雷」教學活動…等，既能豐富學校的交通安全教育內容，又有清新的面貌展露出來，逐步實現「別人沒有的我們有，別人有的我們比他們更好」的心念與理想。

◢ **安排工作**：「花若盛開，蝴蝶自來；人若精彩，天自安排」，當老師們看到也感受到我的誠懇與用心，他們不但沒有埋怨，還高度配合我的意志，認養各項新開發出來的評鑑任務。是的，我沒寫錯，你也沒看錯！是他們真誠的「認養」，不是我給他們的「分配」或「指派」，我發自內心表示感謝，讚揚他們是一群敬業樂業的好夥伴！

▌ **尋找資源**：資源的需求是多面向的，如果沒有體認到它的重要性，將會在不知不覺中喪失執行力和競爭力。有這麼嚴重嗎？先請問你，我學校的老榕樹枝已經延伸到圍牆外，活像個張牙舞爪的大魔怪，要向走路或行車經過的師生、家長和社會人士索命一般，你能視而不見任由祂一天一天下壓進逼，然後砸人頭顱、傷人身軀嗎？不，絕對不行！但要處理的話，可是需要經費的唷！經費，就是很重要的資源。學校本身的預算有限，要解決這個問題有困難，我就發文向縣政府申請，最後錢順利補助下來，修剪了橫木垂枝，消除了潛在的危險。而除了經費之外，學校內外部的人力、物力和機構，有許多可以協助學校推動評鑑業務的用處，都是我統合運用的有利資源，在本書第七章有更深入詳細的論述。

▌ **解決問題**：問題無所不在，你不理它，它也不會理你，那可能會慢慢惡化成陳年宿疾、積重難返，拖累整個企業或組織。反過來說，當發覺問題已經出現，卻採取正向、積極的態度去面對、克服和解決它，就能鍛鍊出健康強壯、生龍活虎的體質。話說有一年，教育處心血來潮，突然舉辦一個全縣學校的網頁製作評比，讓大家在預定的期限前充實或調整網頁內容。雖然這個措施兼顧多種正面效益，但對當時只有提供資訊功能的本校網頁來說，還是有所不足的，它應該可以創造更高的價值，譬如知識的生產、分享、貯存與創新，讓師生及家長從中獲益更多，學校的效能更加提升。很顯然的，網頁功能的缺陷就是一個問題點，於是我先設定改造的目標圖像，再研究其他平台、規劃訓練時間、邀請講師教學、豐富平台內容…，一步一步落實我的構想。經過這樣的操作歷程，本校網頁的教育專業

性強化了！靈活度提升了！特色顯著了！原有的問題隨之解決，獲得全縣評比特優也只是附加價值而已。

▰ **參與活動**：在不同的評鑑任務中，會分別執行相關的價值活動，例如交通安全教育評鑑，要時常進行交通安全知識、技能與態度的宣導；建置防災校園評比要定期做防災演練，同時邀請學者專家指導；網頁製作評比要顯示學校的教育專業作為與教學成果，各項工作可以說是包羅萬象、紛至沓來。在這樣的狀況下，我怎麼能夠「獨上高樓，望盡天涯路」呢？當然是要扮演「落入凡間的精靈」，為所有夥伴注入能量、提供支持。所以，我利用社區守望相助隊的年終聚會場合，親自帶隊去宣導交通安全常識，同時搞個有獎徵答跟他們同樂；防災演練前後，全程陪同學者專家的觀察、督導、諮詢及檢討；在網頁改版的過程中，帶領老師們一起參加平台系統的研訓課程，學習新的操作介面、方法與技巧。這些行動都在對學校夥伴透露一個訊息，就是「我來引路，與你同行」。

▰ **規劃骨架**：這裡所說的「骨架」，是指交通安全教育評鑑簡報的大小綱要和新版網頁的架構。為什麼我要花時間做這些事，交給主任或老師來做不就得了嗎？的確，學校夥伴是可以做這些事，但通常沒有辦法一次到位，在來來回回溝通、修正之中，行政的能量就會不知不覺磨損消耗，與其如此，為何不讓夥伴有更多時間和精神處理他們的業務、準備他們的教學？更何況，校長本身就是一個人力資源，你自己想要的廣度、深度、層次、系統、組織、脈絡，自己來不是比較精準有效能、經濟有效率嗎？把規劃好的綱要或架構，交由夥伴置入文件、

圖片、照片、影像、聲音等成果資料，再做些樣版、模組、美工等細節的挑選和修潤，這樣一來，從校長以至於教師，既分工又協作，共同完成評鑑的任務，豈不快哉、美哉、妙哉？

▌**豐實網頁**：這一步是延續「規劃骨架」而來的動作，指的是充實、豐富學校的新版網頁內容。俗話說得好：「萬事起頭難」，意思是說，事情的開頭是最難做的，但只要有好的開始，就等於成功了一半！既然網站的平台已經選定，也邀請專家來授課指導過老師們怎樣操作系統，後續只要依照我規劃好的新版網頁架構來置入資料，假以時日，內容便會像滾雪球一般，越來越大，越來越實在。不過，「理想很豐滿，現實很骨感」，假如你認為前方的路已經鋪排好了，老師們就會順著指令跟隨，或是全心全意投入，那就大錯特錯了！為什麼呢？原因有二：第一、老師們不見得能完全理解哪些架構要放什麼內容；第二、教學及行政事務繁雜，足以轉移老師們的注意力。因為我十分清楚現實的困境，所以沒有期望老師們有驚豔的演出，只是鼓勵他們盡量上傳分享，剩下的活兒～朝理想奮進的工作，就由我來擔綱、串場，即便是假日時光，我無暇顧及妻兒，獨自坐在電腦前開疆闢土，卻也樂此不疲。好在，方向對了，就不怕路遠！我們終究順利完成了任務。獲得全縣特優之後，某一天教師晨會，主任有感而發地向大家報告：「很明顯，是校長做得最多！」我感謝他這麼細膩，觀察到我的用心，但我在乎的，是學校和老師有沒有更為強大！

▌**製作簡報**：請不要用「事必躬親」來形容我，因為我只是在評鑑的需求上「補短板」而已，不表示學校夥伴的能力不足或投

入不夠，應該說是我想把學校最好的程度淋漓盡致揮灑出來。也許你會問，校長做的一定比較好嗎？這個質疑很好，我不能斬釘截鐵告訴你「當然、肯定、絕對」比較好，但我可以在第八章分享故事給你聽，由你自己來做評斷。這裡提到的「製作」簡報，實際上是第二階段的製作，第一階段的內容是主任做的。我之所以要攬下這個建置防災校園簡報製作的活兒，有三個原因：第一、教育部規定校長要親自簡報，那麼我只能「當仁不讓」，腳一旦踩出去，除了事關學校的能耐與榮譽，也連帶窺知我對本專案內涵的熟稔度及掌握度，所以要嚴謹慎重以對；第二、主任在第一階段做的簡報是四平八穩、忠於業務事實的，但面對全國性的「評比遊戲」，還是過於陽春簡樸了一些，需要運用包裝行銷的思維，重新組建簡報內容的教育專業性、理想性、結構性及獨特性，才有機會從七十幾所競爭者中脫穎而出；第三、從主任告訴我的時間點，到指定的簡報日期，顯得有些短促急迫，在前兩點的衡量考慮之下，如果用主任原本的簡報，可能難有亮眼的表現；如果請主任增修內容，她則需要花許多時間和心力接收我的指令並著手調整，結果可能還不符預期，與其耗損行政能量，不如讓主任專注於她的工作，而我所期望的簡報圖像，就靠自己來製作完成。雖然在過程中，我因為多次請主任提供相關資料及照片引起她的不悅，但得到銀質獎之後，她卻是非常開心！而我，對於學校和老師，也算盡到了責任，發揮了功能。

◢ **調整報告：**這裡所說的「報告」，是指評鑑的報告表（可能有不同的名稱，例如：自評表、評分表、評鑑表⋯）。通常是先

讓受評機構自行填表，陳述該項評鑑的辦理情況與執行內容，同時給自己進行評斷、審鑑以及打分數；分數只是提供參考之用，評鑑委員最後還會再行斟酌增減。我對評鑑報告表很重視，除了因為它有可能是評鑑委員最先認識我們的一個媒介之外，更重要的是，我們所處理的受評業務，無論多寡、好壞，全部都要反映在這份文件上，能不能獲得評鑑委員的青睞，在這一關就要把守好。當我檢視報告表時，特別在意哪些重點呢？第一、資料是否真實正確？第二、資料是否漏列？第三、資料是否放置在適當的指標或項目欄位？第四、文句、語意是否表述得清楚明白？第五、自評的分數會不會太過於誇張？假如我覺得有所不妥，就會標記下來請相關業務夥伴進行調整，來回修正的次數不一定，直到滿意為止。說到這，讓我想到《泊船瓜洲》裡「春風又綠江南岸」的詩句，為了這個「綠」字，王安石改換了十幾個字才定稿。今古對照，你是否覺得有異曲同工之妙？

◢ **改正錯誤**：在送給我批閱的計畫或文件裡，經常會看到寫錯或用錯字詞的現象，反映出對事情不夠誠懇、負責的態度，如此一來，就不容易產出思考周詳、規劃嚴謹、論述明晰、策略有效、方法創新、結局圓滿的行政或教學成果。這樣的思維模式及行為慣性，在小處會出現錯誤和疏漏，在大處也會出現同樣的狀況，那麼，就會浪費許多時間和資源，將精神與心力花在這些「應避免、可避免卻不避免」的事情上，豈不是一種執行力的耗損？哈佛大學有一句箴言：「那些能夠做大事的人，從來不會拒絕從小事做起。」所以，面對評鑑的需求，不僅要從大處著眼，也要從小處著手，所有呈現的方式和內容如自評報

告表、簡報、文件資料、網站…，都要力求正確、妥善，沒有錯誤或重複、多餘無用的字詞，也沒有顛鸞倒鳳、次第失序的亂象，才不至於造成評鑑委員對我們的負面觀感。話說回來，如果是教育機構，不是更要避免出現這些問題嗎？因為這樣的認知，我不得不扮演黑臉，當起「老師們的老師」，改正他們不小心跑出來的錯誤。

圖 5-6 以領導互補於管理在評鑑中的實踐

「以領導互補於管理」的理念，我用上述的十個行動在不同的評鑑（比）中予以落實。其中，除了「豐實網頁」與「製作簡報」兩項，可以有較高的比重讓主任或老師來處理之外，其他的項目如果有校長加以看顧協助，應該能夠得到輔成的效果，這就是我在前面強調的，「以高層次補低層次」所發揮的作用；其次，這麼多個領導的作為，並不固定在某一做法、需求、面向或層次，且同時具有多元性、靈活性、應變性、感知性及創造性的特質，則是我在前面強調的，「以藝術補科學」所發揮的作用；最後，評鑑的用意在於評審及鑑定事務的計畫和施行結果，這雖是屬於後端的程序，我

們卻沒有忽略前端引導性的理念、願景（如圖 5-7、5-8）等核心思想，我做的這些事情，意在幫襯、提攜、催化相關的行政或管理措施，朝向心目中的理想邁進，以有限的行動，傳遞無限的意義，也創造更高、更好的服務價值，即是我在前面強調的，「以形而上補形而下」所發揮的作用。

圖 5-7 教育部交通安全教育評鑑：
豐田國小「交通安全教育」願景。

圖 5-8 教育部建置防災校園評比：
栗林國小「全方位打造安全校園」願景。

chapter 06

善用知識管理系統

　　有一個在路邊擺地攤的小伙子，看起來油腔滑調，表情動作戲劇張力十足，說起話來更是像連珠炮、機關槍一樣又快又急，沒有仔細聽的話，很容易會錯意。但說也奇怪，客人總是不由自主、莫名其妙地掏錢買他的衣服，就連拿貨來退的人，不僅沒有退成功，甚至加碼多買，你說奇妙不奇妙？他是給客人施了法還是下了蠱嗎？我先提供一小段他的實際銷售對話，再來細說門道：

小伙子：妳都試了八套了！妳好意思試，我都不好意思看了！

女客人：哎，你這賣衣服還不讓人試穿是不是？

小伙子：哎，有什麼好試的？妳告訴我有什麼好試的？妳看妳肩這麼窄，這不明顯的鎖骨嗎？還有這小蠻腰，這大長腿，妳不說我還以為是哪個明星來了哩！這麼完美的身材，妳還試什麼？妳能不能給別人留條活路？

女客人：不試就不試嘛！就這件吧！

　　覺得意猶未盡是嗎？再來一小段：

女客一：（指著小伙子對著女客二說）就是他啦！

女客二：（女客一的媽媽）就是你讓我女兒買這一堆衣服是嗎？

小伙子：這位美女，說話要負責的！妳懂不懂什麼叫「好馬配好鞍，好看的衣服美女穿吶！」

女客二：（一時語塞）我…

小伙子：妳什麼妳？妳也知道，像妳這麼好看的身材，就要穿這麼好看的衣服（女客二已經受不了，別過頭去偷笑），只有好看的衣服，才能突顯出妳這緊緻的肌膚、光滑的臉蛋，以及曼妙的身姿嘛！像妳這樣的，我的天哪！妳來一件不就知道我說的對不對了？這簡直就是天然的衣架，穿啥都

搭嘛！

女客二：（又詞窮，還把手舉起來指向小伙子）你⋯

小伙子：哎唷喂～我的媽呀這小手，夠纖細的啊（女客二再度別過頭去偷笑）！一看就是大家閨秀，妳（女客一）不說這是妳媽呀，我還以為是妳閨蜜呢！

女客二：那我買一件試試吧！

　　這些買賣的場景頗為有趣，原本態度堅決想要試穿、退貨的女客人，一碰到這個小伙子老闆，理智線卻完全斷了，三言兩語就被收服，毫無招架抵擋的能力。這是什麼道理呢？不要說這只是「灌迷湯」的伎倆而已！仔細分析下去，也是有學問的。首先，小伙子了解大部分人的心理，是喜歡聽到讚美、誇獎的；其次，他懂得觀察客人，是男還是女？老還是少？高還是矮？胖還是瘦？美還是醜？壯還是弱？黑還是白？態度怎樣？臉部表情跟肢體動作又如何？依照客人的性別、年齡、身材、長相、氣質、反應⋯等不同狀態，選擇和調整對話內容；其三，他知道要用什麼形容詞來取悅客人，並將她們的負面情緒拋到九霄雲外；其四，他善於用誇張的表情和動作，增強他對客人阿諛奉承的說服力；還有，他很清楚，讓客人心花怒放，把她們捧上天，只是為了促成交易，順利賣出更多衣服。

　　我坦白承認，沒有辦法像這個小伙子一樣唱作俱佳，為什麼呢？他在面對任何一位客人的時候，並沒有拿著書面教材來照本宣科，也沒有其他高人或師父在旁給他指點迷津，所有該知道的，都在他的腦袋裡，別人想奪都奪不走，當然也包括我。小伙子腦袋裡裝的，就是他賣衣服的「知識」，知道為何客人喜歡聽好聽的（know-why）、知道觀察客人是什麼類型和特質（know-what）、

知道如何卸下客人心防使其就範（know-how），所以他有辦法搞定各式各樣挑剔的客人，讓周遭的群眾忍不住敬佩讚嘆，戲稱他為「地攤男神」！原來，「衣服無所不能賣」的奇妙之處不在於人，而在於人腦中的「知識」，它能帶給你意想不到的人生變奏曲。

知識的強悍本質

「知識」無所不在，怎麼覺察它的存在？從廣泛的角度來看，它用「資料」、「資訊」、「知識」與「智慧」的形式與內涵來呈現，如圖 6-1 所示。「資料」是指原始資料，例如 GDP 或物價指數等統計數字；「資訊」是把所得資料視為題材，有目的地加以整理，據以傳達某種訊息；「知識」是一種藉由分析資訊來掌握先機的能力；「智慧」則是以知識為根基，運用個人的應用能力、實踐能力來創造價值的泉源[6-1]。「資料」與「資訊」雖然可能是另二者的需求或構成基礎，但相對來說，它們只是提供參考、佐證、研究的功能性質，而不是推理、思考、決策的主體，從另一方面講，「知識」與「智慧」才是具有比較高的價值層次內涵。

「知識」雖被看作一個廣泛的用語，但也有人側重它的專門性或專業性，以應用於實務層面。它是個人在累積事實性的資料、方法或技術等工作經驗之後，內化成為對事物分析判斷與統合直覺的能力，可協助企業或組織建構願景、提煉智慧，有效解決問題與提

註 6-1　劉京偉譯（2000）。**Arthur Andersen Business Consulting** 原著。**知識管理的第一本書**。台北市：商周出版。

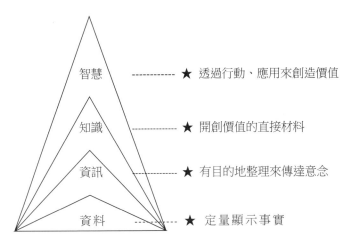

圖 6-1　資料、資訊、知識、智慧的關係

升整體價值。如此看來，知識既存在於個人，也存在於企業或組織之中，能產生效益擴散的作用而形成知識資產。知識資產（knowledge assets）與工業時代的土地及勞動資產並不相同，而且有很大的差異，因為知識既不是有限的，也不是稀少的，更不會因使用而耗盡；除此之外，知識不但可以被創造，還可以被儲存、分享，它不只具有資產的特性，是個人或組織根基之所在、競爭之所本，也是創新的能量來源，它的策略性、重要性及特殊性不言可喻。

知識創造價值

　　我在豐田國小的時候，建了一個多肉植物園，主要的用意在於作為教學資源。那一段時間，負責照顧教材園的，是一個對多肉植物情有獨鍾的年輕主任，即使額外花費許多時間與心力，他也甘之

如飴，數年如一日。在閒暇之餘，他醉心於相關資訊的蒐集，鑽研培育、種植的知識與技術，同時廣交學術界、產業界及四面八方的同好，一步一步厚實他的專業知能。當他的眼界不斷提高，想法也跟著升級，在青山綠水的田野之間，他覓得一塊面積可觀的園地，開始經營他的「多肉王國」，多年以後，這個副業已經帶給他逼近於正職的年收入；除此之外，他還跟台大農場專家、蘭花草園藝網站站長合作，出版了《多肉植物圖鑑 II：景天科》專書，分享他們的研究經驗與成果。

對於多肉植物的專業知識，讓我的這位主任在規劃「豐田花果香」本位課程及教學活動時，得以增添更為豐富的素材，並且能夠協助他推動教師研習進修，提升他們的相關知能，為學校創造「教育價值」；另外，經營副業順利成功，也讓他可以提早退休，自由自在地享受這個又愛又癡的事業，同時收割豐沛的「經濟價值」；再者，因濃厚的興趣和高度的熱情，與領域專家及達人取得共識，將內隱的知識外顯於文字、圖鑑，提供更多有心人學習、探討，則是延伸出「文化價值」。這些價值即便是獨立存在，仍有它個別的意義，更何況是多重顯現！無論如何，都足以說明它們與「知識」的因果關係。

「知識」是因，「價值」是果，但不是擁有知識就一定能產出價值，換句話說，要對知識的應用保持敏感性，持續管理、週轉知識，它才會給予相應的回報。「知識」是一種對於模糊而複雜的資訊進行重組整合的能力，也是一種藉由理解與判斷資訊以取得有利局面或地位的能力，如果能夠了解這種強悍的本質，並在生活、工作、晉階與學習上加以靈巧運用，勢必會讓你與眾不同、出類拔萃。

知識等同資源

我第一次參加校長甄選的時候，很幸運有機會進入口試，那日，我帶著祕密武器上戰場，它幫助我順利金榜題名。所有進入口試的考生，沒有一位像我一樣這麼做。它是我的學術著作彙編，裡面共有九篇文章，包括《知識經濟時代之學校教育》、《校長的政治模式領導策略》與《九年一貫課程「藝術與人文領域」音樂教學的因應之道》三篇公開發表過的期刊論文，以及六篇研究所在學時的小論文。我的著作集為什麼能發生效用呢？第一、它本身就是「知識」的本體，而這知識是由我所產出的；第二、這是一個包裝行銷的作為，能為自己提高競爭的籌碼，所謂「欲謀萬事，先謀一時；欲謀全局，先謀一域」，既然良機稍縱即逝，唯有確實掌握住才不至於枉費，此即洞悉局勢、出奇制勝的「知識」；第三、姑且不論我的教育內涵是否具備校長知能，單純看到「我有而別人沒有」的著作集，口試官就已經對我「刮目相看」，專業形象的「表面效度（face validity）」便隨之顯現出來，後續的詰問力道自然鬆軟許多，此為「上兵伐謀，攻心為上」的「知識」。每一個人都擁有「知識」，但要懂得取而為用，它才能為你創造價值。

管理先知彼得·杜拉克在他的《後資本主義社會（Post-Capitalist Society）》書中，特別強調「知識」並不是和人力、資本或土地並列為製造資源，而是唯一有意義的資源；他認為新社會獨特的地方，在於知識本身就是資源，而非僅僅是資源的一種。我的學術著作巧妙地扮演了「策略資源者」的角色，它不僅在校長甄選時營造了「差異化」的效果，突顯了我的個人能力與特色，還在其他方面帶來許多實質的回饋，包括論文刊登所獲得的稿酬、專業領

域的學術名聲、博士班甄試的助攻效果、其他學術著作人的參考文
獻。這些衍生出來的價值，並不是多數人能夠創造得出來，原因在
哪裡呢？在於欠缺對特定知識的學習和了解。相反地，如果在某個
領域比別人懂得更豐富、更深入，你將能夠真切體會到知識的強悍
本質。

知識產生力量

　　多年前，我的部落格《知識橋》裡有《鴻海學：一個典範企業
的探索》、《小細節大關鍵》（見表 6-1）兩篇文章被剽竊轉載，
前一篇因為我有找到該格主的 e-mail，通訊聯絡之後，他對我致歉
並承諾做改善；後一篇情況就不一樣，是我最近才發現這個侵權行
為，偏偏又搜尋不到格主的聯絡資訊，這讓我陷入為難的處境，意
思是說，想請他刪文或補救已不可能，但我又不願他繼續這個錯誤
行為，於是，可能迫使我採取強制手段，依據《著作權法》對他提
出法律告訴。假若我選擇後者，那這位部落格主就有可能吃上官
司，除了有期徒刑、拘役之外，還可併科損害賠償的高額罰金。這
種剽竊侵權的舉動，已經牽涉到法律層面的問題，一旦走上這條途
徑，應當承受的責任是無法閃避的。在法庭上，法官只認定行為與
證據，不會同情對法律一無所知或無心犯錯的人，也就是說，假定
真的要面對訴訟，部落格主即使辯稱是無心或無知，法官依據法
律，也將難以縱放他。

表 6-1 《知識橋》部落格文章

《鴻海學：一個典範企業的探索》 （https://make-fortune.blogspot.com/2009/12/blog-post_11.html）	
《小細節大關鍵》 （https://make-fortune.blogspot.com/2010/01/blog-post_17.html）	

　　你有領悟了吧！即便只是一篇名不見經傳的文章，也不可小覷它，印證了英國哲學家培根（Francis Bacon）說的那句鏗鏘名言：「知識就是力量（Knowledge is power）」。對於個人也好，企業或組織也罷，最能為這句話做註解的，當屬智慧財產權（IP），就是將無形的知識經由法律的程序，給予類同於實體財產的地位，以保障知識創造者或擁有者的相關權利，它的內容包括商標權（表彰商品、服務或特定事物的圖示）、專利權（法律賦予發明人針對他的發明，享有一定期間的專屬排他性權利）、著作權（保護語文著作、圖形著作、攝影著作、電腦程式、積體電路佈局等著作權人權利）與營業祕密（具有實際或潛在而獨立的經濟價值，不是他人依正常方法所能知道的資訊）[註 6-2]。很顯然地，擁有知識的個人、企業或組織已經身處最幸運的知識經濟時代，只要繼續堅持研發、創造知識的理念及活動，即使在表面與短期上似乎可能影響生計、剝奪獲利或貶抑經營成效，但長期而言，技術研發和知識創新成果達

註 6-2　袁建中、張建清、邱泰平（2004）。**科技管理：觀念與案例**。台北市：聯經。

到可觀數量之後，將能產生化學反應般的爆發力，讓個人、企業或組織的價值浮現，貢獻出有形與無形的巨大利益。

說明了「知識的強悍本質」之後，我再做一個小整理，用圖6-2呈現出來，方便你複習和記憶：

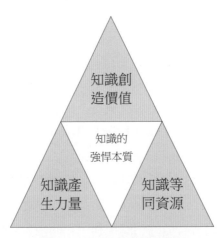

圖 6-2　知識的強悍本質

知識管理是 提升評鑑力的武功祕笈

我認識一位建築師，跟他合作過幾次學校的工程標案。記得有一天，他在我校長室談事情，我無意間提及當年聯考之後，本有機緣可以跟他一樣念建築，但考慮家庭需要而選擇教師工作，他因知道我是那年中區職校聯招榜首，所以開玩笑地回了我一句：「還好你沒有去念，不然我的飯碗會被你搶走！」話匣子既已打開，就順藤摸瓜談他的建築事業。我把重點放在他的商品與控管上面，提到

他公司的接案累積數量越來越可觀,為顧客規劃設計的作品也越來越多,需要有效率、靈活、精確地維護和運用他的建築設計圖庫資料,於是,帶出兩個重要的概念,其一、是「模組化」他的圖庫資料;其二、要懂得對他的圖庫資料及經營資訊進行「知識管理」,兩個概念是有高度相關的,或者可以說,「模組化」是落實「知識管理」的關鍵手段之一。

我有可能是野人獻曝啦!但當時的想法,在 2019 年之後,由世界最高的新加坡「Clement Canopy 大樓」與加勒比海「羅丹島繁榮計畫(RoatánPróspera)」的模組化住宅建築得到呼應與驗證。「模組化」的概念不只可以應用在「體積像素(volume- pixels/voxels)」的 3D 空間單位,像組合樂高模型一般建構住宅的外觀和場域,也能夠讓屋主充分參與每個配置步驟,設計住宅內的格局,以及各個功能空間如臥室、起居室、更衣室、休閒室、客廳、餐廳、廚房…等的大小和形式,另外,由於採用了標準化的零組件,家具與擺飾也可以完全客製化,打造出屋主所喜歡的樣式和風格。你能想像得到支撐「模組化」概念的「數位建築平台」內建資料庫,有多少不同的組合嗎?答案是 15,000 種!正是因為了解、善用「知識管理」的概念與內涵,才能充分地組織、應用、共享、移轉及創新模組內容,變換出這麼多種的可能組態。

以上的說明帶給我們兩個啟示,第一、人的生命是有限的,但知識卻浩瀚無邊,所謂「吾生也有涯,而知也無涯」,無論是個人、企業或組織,在有限的時間裡,對於知識的追求與運籌,都應該有所聚焦,特別是企業或組織,要收斂於特定領域的實務知識或應用知識,才能極大化它的意義與效益;第二、即便是鎖定了某個專業領域的知識價值活動,仍然需要用到「知識管理」這項科學方

法，讓繁多紛雜的個人與組織知識，得到清晰有條理的萃取、蓄積、歸類、整合、轉化、擴散、研發和傳承。如果可以理解並掌握到這些關鍵要素，就會像修練成就了莫測高深的武功祕笈一樣，擁有闖蕩「江湖」的本領，也就是說，能夠在評鑑中展露出強盛的實力。

揭開知識管理的面紗

「知識管理」是一種管理個人及組織知識、經驗、能力與智慧的策略、方法和技術，透過資訊、通訊等硬體科技與軟體系統良好的搭配，糾合組織內外部的有形、無形資源，掌握精簡明確的運作流程，使個人、企業或組織能夠順暢處理資料與資訊，開發知識與智慧，提升整體的能力與績效。藉由「知識管理」，得以呈現更大的彈性、更多的創意，以及更強的爆發力與戰鬥力，形成個人、企業或組織明顯的特徵，這種發展脈絡重要且獨一無二，不容易被模仿或複製取得，是一項競爭優勢的來源。

勤業管理顧問公司（Arthur Anderson Business Consulting）在深究「知識管理」這個議題時，曾舉一家餐廳的案例作說明，焦點不是它的各道菜餚、湯品，而是一種古老的烹飪祕方，此一祕方是這家餐廳的組織知識，廚師們都十分認同它的價值，並且盡其所能地遵行這種做法。有一天，某位廚師突發奇想，試著多添加香料到菜裡面，沒想到竟然讓顧客讚不絕口，而給予高度的評價。假如，這位廚師將新發現的配方記錄下來，提供給其他的廚師使用，那麼，新的祕方將會成為餐廳新的組織知識，這個「研發─記錄─分享─更新」的歷程，就是寶貴的「知識管理」實務。施行「知識管理」

對個人存在價值的創造和組織理想的實踐，都有正面的意義，這種正面的意義可以加乘放大所有價值活動的效果，因此，無論對個人、企業或組織而言，「知識管理」都是非常緊要的策略工具。它可以用一個簡單的公式來表明，如圖 6-3 所示，包括四個重要元素：其一、是個人及組織成員（people），也就是知識運載者；其二、是資訊科技（technology），由它來協助知識管理的建構；其三、是知識（knowledge），泛指資料、資訊、知識及智慧；其四、是組織成員之間知識的分享（share）。「知識管理」能不能順利執行，要看個人、企業或組織是否有堅強的意志？制定策略時是否有通盤的考量？唯有貢獻知識和活用知識並行，「知識管理」才能充分發揮它的功效[註6-3]。

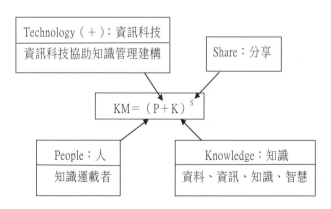

圖 6-3　知識管理的重要元素

<hr />

註 6-3　劉京偉譯（2000）。Arthur Andersen Business Consulting 原著。**知識管理的第一本書**。台北市：商周出版。

在知識型組織中的知識管理

　　「知識型組織」是以組織成員為主體、知識運作為核心，所架構而成的組織型態，這種組織型態比較不強調層級結構，而是重視工作和任務取向，並且重視團隊的靈活性及變通性，最終的目的在於發揮知識的力量，追求組織績效與價值的確認及提升。企業也好，學校、公部門、非營利組織也罷，只要是專業人員長期從事於知識性的活動，而且有積極性的知識管理措施，它就可能是這種類型和風格。所以，是不是「知識型組織」？以及由誰來認定是不是「知識型組織」？這兩個問題，就不是重點了！

　　「知識型組織」這個概念包含幾個重要元素，分別是「專業知識」、「知識行動者」和「學習研究」。「專業知識」可以解析出個人知識與組織知識；「知識行動者」是指專業知識工作者，包括知識長與組織成員；而「學習研究」則可概稱為專業知識工作者的專業成長歷程，包括學習進修與研究發展，這些元素構成了「具有知識內涵」與「致力建構知識環境」的「知識型組織」概念，它們的彼此關係如下圖 6-4 所示[註6-4]：

　　假若企業或組織的領導者，理解了「知識型組織」的概念，那應該是值得恭喜的事情，因為在上層真知灼見、高瞻遠矚的帶領下，這個組織至少是在進化升級的狀態中，古人說：「夫天地之化，日新則不敝。故戶樞不蠹，流水不腐，誠不欲其常安也。」就

註 6-4　修改自傅志鵬（2003）。**國民小學知識型學校的建構要素與發展策略之研究**。國立新竹師範學院國民教育研究所碩士論文，未出版，新竹市。

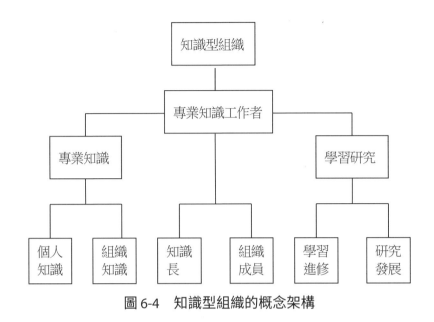

圖 6-4　知識型組織的概念架構

是這個道理。不過，腦海中有這個概念，那只是「領頭羊」而已，真正要讓組織華麗轉身，甚至脫胎換骨，一定要有跟進的想法和動作。想法就是更深入地了解，邁向「知識型組織」還需要哪些要素；而動作則是執行知識管理。

　　邁向「知識型組織」需要哪些要素？包括「共同願景與目標」、「專業知識與成長」、「組織學習與訓練」、「組織任務結構」、「資訊通訊科技」、「知識支援環境」、「顧客關係與資源」、「組織文化」、「商品與服務品質」與「知識管理績效」，它們彼此之間有前後連帶、互相影響、後勤支持、循環回饋的關係，如圖 6-5 所示。這個關係圖所傳達的意義是：以成為「知識型組織」的願景、目標為引導，視專業知識與成長、組織學習與訓練為組織經營的核心，並且設計、建置、營造、利用適當的組織任務結構、資訊通訊科技、知識環境、顧客關係，以及組織內外資源等

支援措施為基礎工程，透過組織成員所型塑的知識學習、分享、創新的組織文化在各環節加以運作，最後產出商品與服務品質以及知識管理績效，同時回饋到組織願景與目標的修正或再設，形成一種循環改造的歷程[註 6-5]。我提出這些要素組合，除了整理自己的理念，作為辦學的指引方針之外，也在校務經營和評鑑任務中應用實踐，相關的細節，本章第三單元有關於「知識管理系統」部分，會有詳細說明。

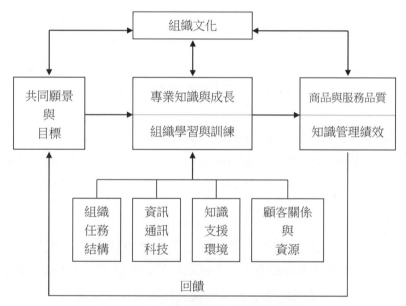

圖 6-5　知識型組織的建構要素關係

註 6-5　　修改自傅志鵬（2003）。**國民小學知識型學校的建構要素與發展策略之研究**。國立新竹師範學院國民教育研究所碩士論文，未出版，新竹市。

　　企業或組織需要宏觀、均衡地兼顧這些要素，不只因為這樣有助於落實「知識型組織」的理想，更明顯有益於「知識管理」的實踐，此二者脣齒相依、互為因果，恰似「你泥中有我，我泥中有你」那樣的「你儂我儂」狀態。話說回來，「相信」這些才會發生作用，孫文在《三民主義》裡有一句話說：「思想貫通了以後，便起信仰；有了信仰，就生出力量。」而力量透過哪個代言人「顯靈」出來給我們看到呢？就是「知識管理」！它就是具體的行動，將知識注入於工作之中（包括商品、服務、制度、流程、工具…），甚至注入於知識本身，因而破解了組織穩定的根源，走向創新的途徑，也符應了經濟學家熊彼得（Joseph Schumpeter）所描述的「創造性破壞（creative destruction）」現象。

　　行動都會是好事嗎？都會有好結果嗎？不一定！在「知識型組織」中推動「知識管理」，有不同層面的問題需要思考和克服：第一、企業或組織的領導者、決策者可能對「知識管理」的理解不夠透徹，忽略了經費的持續挹注與人力的運轉維護，才是有效知識管理的重點；第二、假如「知識管理」牽扯到組織成員的職位、權力、績效、成就和金錢等競爭利益，就必須和有影響力的個人或次級團體、壓力團體領袖，進行談判與協商交易；第三、組織成員或許了解「知識管理」對個人和組織有什麼好處，但他們未必會乖乖釋出知識，一方面擔心「拿熱臉去貼冷屁股」，得不到其他人的知識回饋，另一方面還顧慮自己的知識資產不被長官賞識或認可，白白花了時間和精力。這些疑慮，得靠神思敏銳的知識管理者或領導者予以洞悉化解，而關鍵在於建立「互信、共利」的基礎，烘培出知識分享的氣氛和文化；第四、組織成員的知識產權到底歸屬於誰？是個人專利，還是組織所擁有？如果沒有釐訂清楚，或者進一步擬就明確的權利及保障契約，終究會衍生智慧財產權的爭議，影

響組織成員貢獻知識的意願；第五、對個人來說，知識是有價值的資源，假設要導正他們分享知識的態度，消弭智財權利的可能爭議，進而促動「知識管理」的活絡效果，可以考慮設計「誘因機制」，給予主動、積極、樂意分享知識且成效卓著的個人獎勵或補償。

知識型組織也是學習型組織

「知識型組織」也是「學習型組織」！那麼，對於「知識管理」的所有思維，也同樣適用於「學習型組織」。為什麼「知識型組織」也是「學習型組織」？我們如果只從字面上來看待，很容易落入簡單、直白的解讀，而認定兩者是不同的概念和內涵，但實際上是如何呢？且聽我慢慢道來。

前面已經針對「知識型組織」的內涵做了部分說明，在這裡，我要進一步地介紹它，除了讓你了解得更為全面，也方便我做「學習型組織」和它的統整對照。

一個成功的企業或組織，往往能夠做好知識的汲取、保存和創新，以及讓它產生充分的槓桿效用，唯有如此，才能協助組織邁向優秀卓越，常保核心優勢。它有一個清晰的意象，就是其組織的定位、方案的構思與規劃、組織成員的觀念與能力、團隊運作的方法、評核修正的機制等，都是以專業知識為取向來解決問題的。這種「知識型組織」有以下幾項特徵[註6-6]：

一、組織中的知識容易被它的員工、管理者所得知。

二、能確定作業流程中精要知識（essential knowledge）的範圍和元素。

三、知道在什麼地點、什麼時候，以及怎麼應用他們的知識。

四、能評估組織中誰該擁有知識，還有誰需要知識。

五、能發展出一套技術來獲取、分享、傳播，以及管理他們的知識。

　　只要有專業知識，任何個人、企業或組織都可以輕易取得土地、勞力和資本等傳統資源，但是，光靠專業知識本身是無法有任何產出的，要能和特定任務整合起來，才能看得到它的生產力。這個前提隱含了一個訊息，亦即專業知識的本質之一就是變化迅速，個人、企業或組織若不「學習」，將會被時代的浪潮淹沒！尤其是「知識型組織」，更要能建立一個有效管理變革的機制，具體來說，必須有系統地執行三件事情：第一、持續改進組織的活動、商品和服務；第二、學習挖掘本身的知識領域，以便從現有的成功基礎中，開展出下一代的應用模式；第三、學習有系統地循環進行創新實務，除非發展到這個境界，否則任何知識型組織也會很快落伍 **註6-7**。

　　至於「學習型組織」呢？這個理論出自於彼得‧聖吉（Peter M. Senge）的《第五項修練（The Fifth Discipline—The Art and Practice of the Learning Organization）》。依照他的說法，「學習型組織」可以讓大家不斷突破自己能力的上限，創造真心嚮往的結

註 6-6　Yablonsky,D.（1996）.Reengineering your knowledge:Getting the most value for your most valuable asset.*Carnegie Group*,PA :Pittsburgh.

註 6-7　李田樹譯（1999）。Peter F. Drucker 原著。**杜拉克經理人的專業與挑戰**。台北市：天下遠見。

果，培養全新、前瞻而開闊的思考方式，全力實現共同的抱負，以及不斷一起學習如何共同學習。他認為要破解組織的學習智障，應該學會五項修練，包括自我超越（personal mastery）、改善心智模式（improving mental models）、建立共同願景（building shared vision）、團隊學習（team learning）與系統思考（systems thinking），而以「系統思考」為核心的技術[註6-8]。

「學習型組織」理論推出以後，相關的應用與研究陸續出現，「學習型學校」的概念及論述也因此產生。但聖吉與他的夥伴詮釋「學習型學校」，並不侷限於今日俗稱的學校或學院，甚至不限定於校園建築之內，它更像是一個因學習而聚集的地方，能讓參與其中的個人或團體，不斷提升、擴展意志與能力，進而實現理想。從這個觀點來看，「學習型學校」的核心主張完全適用於「學習型組織」，它們分別是[註6-9]：

一、「學習」的地方除了是傳統上人們所認知的場域以外，還包括地方和社區的場所及空間。

二、「學習」的成員除了傳統上人們所認知的組織內部成員以外，還包括任何外部人員。

三、建構「學習型學校」或「學習型組織」的技術，同樣都是系統思考、自我超越、改善心智模式、建立共同願景與團隊學習這五項修練。

四、「學習型學校」或「學習型組織」的思維主軸離不開「學習」。

另外，任何型態的組織都有它獨特的表徵，「學習型組織」也不例外，同樣來自於「學習型學校」的論點，它們的特徵如下[註6-10]：

一、**學習者能完全學習**：在「學習型學校」或「學習型組織」中，學習的重點在於學習如何學習、學習與人相處、學習如何發展組織的能力，達成完全學習的目標。

二、**組織成員形成團隊學習的風氣**：在「學習型學校」或「學習型組織」中，組織成員不再侷限自己，能與其他夥伴共同合作、相互學習，透過對話、深度匯談、相互探詢等方式，不斷與他人激盪心智模式，尋求團隊學習的綜效。

三、**領導者具備學習的熱忱**：領導者是組織成員的行為榜樣與標竿，勢必要具備學習的熱忱，率先學習，才容易帶動風氣。

四、**鼓勵學習的組織文化**：在蘊含學習風氣的組織文化之中，學習才有發展的空間。在「學習型學校」或「學習型組織」中，人人都是學習者，無時無地不可學習，而使學習成為組織成員的基本價值觀。

組織中的「知識」與「學習」兩個概念是有相關的，知識的領域並不是個個區分、各自獨立存在的，也不是和學習知識的人切割分離的。知識與學習—人類創造知識的過程—是活的系統（living systems），通常由無形的網路及互動關係組成。那些有關於知識與學習的意識型態、授課者和學習者，對組織本質的基本信念、價值

註 6-8　郭進隆譯（1994）。Peter M. Senge 原著。**第五項修練—學習型組織的藝術與實務**。台北市：天下文化。

註 6-9　修改自楊振富譯（2002）。Peter M. Senge et al.原著。**學習型學校**。台北市：天下遠見。

註 6-10　修改自吳曉青（2001）。**學習型學校建構策略之研究**。國立台灣師範大學教育學系碩士論文，未出版，台北市。

觀，以及學習環境中的社會互動等，都是這個活的系統內的環節，影響個人、團體和組織的學習能力。所有的學習者都從一個內在的架構上建構知識，這個架構是依據個人的信仰、目的、意志、態度、情感、價值觀、自覺意識、社會經驗…等因素組成。只要有更多的學習者和其他人發現這些關聯，學習的過程就會更加穩固[註6-11]。

當我們同時看待「知識型組織」和「學習型組織」，不管是它的內部成員也好，或是外部人員也罷，都會同時面對「知識」與「學習」二個概念的存在。當擁有知識架構的時候可以促動學習；而學會學習的時候能夠獲得知識，彼此形成一種螺旋循環的動態現象，故而可以說：「知識型組織」可以促動學習，「學習型組織」能夠獲得知識。若進一步加以剖析，這兩種取向的組織應該是殊途同歸的，因為兩者都兼具以「知識」為主客體、以「學習」為策略方法的條件，不同的地方，只是在於追尋的焦點有差別：「知識型組織」以「知識」為核心，強調如何取得、轉化與運用知識，從而增進成員的智慧，提升組織整體的績效與價值；而「學習型組織」則是以「學習」為主軸，不僅重視學習風氣與文化的培養，也能同時兼顧個人與組織的發展，朝共同的願景邁進。

總結前述的論點，要說「知識型組織」和「學習型組織」是「雌雄同體」也不為過。為了便於對照檢閱，我做了這兩個理論的綜合整理，如表 6-2：

註 6-11　楊振富譯（2002）。Peter M. Senge et al.原著。**學習型學校**。台北市：天下遠見。

表 6-2 「知識型組織」與「學習型組織」

	知識型組織	學習型組織
意義	一、是以組織成員為主體、知識運作為核心，所架構而成的組織型態。 二、此種組織類型較不強調層級結構，而較重視工作與任務取向，並且重視團隊的靈活與彈性。 三、透過管理、領導等方法的運用，催化、激勵成員學習成長，以發揮知識的力量，並且提升組織的績效與價值。	一、「學習」的地方除了是傳統上人們所認知的場域以外，還包括地方和社區的場所和空間。 二、「學習」的成員除了傳統上人們所認知的組織內部成員以外，還包括任何外部人員。 三、建構「學習型組織」的技術，是系統思考、自我超越、改善心智模式、建立共同願景與團隊學習這五項修練。 四、「學習型組織」的思維主軸離不開「學習」。
特徵	一、組織中的知識容易被它的員工、管理者所得知。 二、能確定作業流程中精要知識（essential knowledge）的範圍和元素。 三、知道在什麼地點、什麼時候，以及怎麼應用他們的知識。 四、能評估組織中誰該擁有知識，還有誰需要知識。 五、能發展出一套技術來獲取、分享、傳播，以及管理他們的知識。	一、學習者能完全學習：學習的重點在於學習如何學習、學習與人相處、學習如何發展組織的能力，達成完全學習的目標。 二、組織成員形成團隊學習的風氣：組織成員不再侷限自己，能與其他夥伴共同合作、相互學習，透過對話、深度匯談、相互探詢等方式，不斷與他人激盪心智模式，尋求團隊學習的綜效。 三、領導者具備學習的熱忱：領導者是組織成員的行為榜樣與標竿，勢必要具備學習的熱忱，率先學習，才容易帶動風氣。 四、鼓勵學習的組織文化：在蘊含學習風氣的組織文化之中，學習才有發展的空間。在「學習型組織」中，人人都是學習者，無時無地不可學習，而使學習成為組織成員的基本價值觀。

	知識型組織	學習型組織
關係	當擁有知識架構的時候可以促動學習；而學會學習的時候能夠獲得知識，彼此形成一種螺旋循環的動態現象，故而可以說：「知識型組織」可以促動學習，「學習型組織」能夠獲得知識。若進一步加以剖析，這兩種取向的組織應該是殊途同歸的，因為兩者都兼具以「知識」為主客體、以「學習」為策略方法的條件，不同的地方，只是在於追尋的焦點有差別：「知識型組織」以「知識」為核心，強調如何取得、轉化與運用知識，從而增進成員的智慧，提升組織整體的績效與價值；而「學習型組織」則是以「學習」為主軸，不僅重視學習風氣與文化的培養，也能同時兼顧個人與組織的發展，朝共同的願景邁進。	

善用知識管理系統
打通評鑑的任督二脈

　　你也許聽過這樣一句話：「光說不練是假把戲。」如果只是要耍嘴皮子，沒來個真槍實彈，又怎麼知道能不能衝鋒陷陣？挑明著說，前面談了這麼多「知識管理」，可有什麼實證得以端上檯面，作為茶餘飯後的消遣談資？肯定是有的！但是，先讓我賣個關子，走一段「劍指京畿、直搗黃龍」的楔子之後，再與你細說乾坤。

　　金庸武俠小說《倚天屠龍記》第十九回中這麼寫道：「原來便在這頃刻之間，張無忌所練的九陽神功已然大功告成，水火相濟，龍虎交會。要知大布袋內真氣充沛，等於數十位高手各出真力，同時按摩擠逼他周身數百處穴道，他內內外外的真氣激盪，身上數十處玄關一一衝破，只覺全身脈絡之中，有如一條條水銀在到處流轉，舒適無比。」無獨有偶地，在《天龍八部》第三十七回中也有

異曲同工的橋段：「虛竹只覺全身皮膚似乎都要爆裂開來，雖在堅冰之內，仍是炙熱不堪。也不知過了多少時候，突然間全身一震，兩股熱氣竟和體內原有的真氣合而為一，不經引導，自行在各處經脈穴道中迅速無比的奔繞起來。原來童姥和李秋水的真氣相持不下，又無處宣洩，終於和無崖子傳給他的內力歸併。三人的內力源出一門，性質無異，極易融合，合三為一之後，力道沛然不可復御，所到之處，被封的穴道立時衝開。」通常發生這種現象，就表示故事中的主角已經打通了「任督二脈」！「任督二脈」是武俠小說所虛構的嗎？不，確實有這兩條經脈！以人體正下方雙腿間的會陰穴為起點，從身體正面沿著正中央往上到唇下承漿穴，這條經脈就是任脈；由會陰穴向後沿著脊椎往上走，到達頭頂再往前穿過兩眼之間，連結口腔上顎的齦交穴則是督脈。任脈主血，督脈主氣，是人體經絡的主脈，二脈若通，則八脈通；八脈通，則百脈通，進而能促進循環、改善體質、強精凝神。

　　企業或組織也跟人一樣是個有機體，假若有絕世神功能夠打通任督二脈，成就武林至尊的話，也必然有治絲成縷、執簡馭繁、去蕪存菁、摧枯拉朽的祕笈良方可以激活企業或組織。當數位科技猛然在新世代中竄起，就是正式宣告無聲革命的到來，人們的生活離不開它，企業或組織更需要它，因為它是運載知識創造政治、經濟、社會、教育、文化、軍事、醫療、環保…等各類價值的關鍵力量。在這方面，微軟創辦人比爾‧蓋茲（Bill Gates）是個先覺，也很早就看出端倪。他提出「數位神經系統（digital nervous system）」的概念，那是一種數位的、無形的資訊基礎設施，讓井然有序的流動資訊，適時提供給企業或組織內部該當的單位，它包括數位流程，據以偵測環境並做出回應，能察覺競爭者的挑戰以及

顧客的需求，然後提出應對措施；它也需要軟硬體的組合，藉此供應精準、直接和豐富的資訊給知識工作者，協助他們提高洞悉的能力，同時促進彼此之間的合作。因為有這個系統，改變了商務運作型態，而後迫使企業或組織跟上潮流，重整知識管理和企業營運。如果說八〇年代的焦點是品質，九〇年代是企業與組織再造（reengineering），那麼，公元兩千年後的關鍵就是「速度」，一旦經營速度快到某個程度，企業或組織的重要本質就會跟著改變[註 6-12]。這正是「天下武功唯快不破」的道理！蓋茲進一步指出：「你收集、管理和使用資訊的方式，決定了輸贏」，換句話說，他不只強調速度，更重視資訊的有用與否，以及良好資訊流動的掌控及運用，而這點，恰是知識管理的核心，也是企業或組織賴以生存的命脈。

走筆至此，答案昭然若揭！企業或組織的「數位神經系統」，就好比是人體的任督二脈及經絡百脈，至於武俠世界裡的絕世神功，可以類比於科技生活中的什麼呢？就是「知識管理系統」！它所擔任的角色，對於企業或組織非常重要；所產生的功效，也至為宏大，而且影響深遠。它的屬性比較像是知識管理的工具，以結構性、邏輯性的思維架構，還有具體化的流程設計，管理企業或組織的知識，假若運作得宜，能夠顯現「四兩撥千斤」的槓桿效用，極大化知識的價值。

知識管理系統

話說：「工欲善其事，必先利其器」，又說：「巧婦難為無米之炊」，你有雄心壯志想要開創鴻圖偉業，如果沒有得心應手的兵

器是很難辦到的！「知識管理系統」可以擔當這樣的重任。企業或組織建立這個系統，會因各別的產業領域、經營策略與商品需求而有所不同，它包含兩個核心的構面，一個是「知識結構」，另一個是「知識服務」，也就是說，它既管理著某種結構特性的知識，也同時提供著特定內容的知識服務。

知識在管理系統中所呈現的方式，因具體化程度不同而有很大範圍的差異，在圖 6-6 中，由上往下逐漸增加了知識的正式化及精確性，而由下往上則容納了較多的非正式化及模糊性；最上方的知識不具備清楚的結構，它主要針對人類的創造性能力，而最下方的知識則是結構清楚，邏輯關係明確，容易進行分析。這些有關於「知識結構」的類型，將影響可被電腦有效自動化處理的數量和品

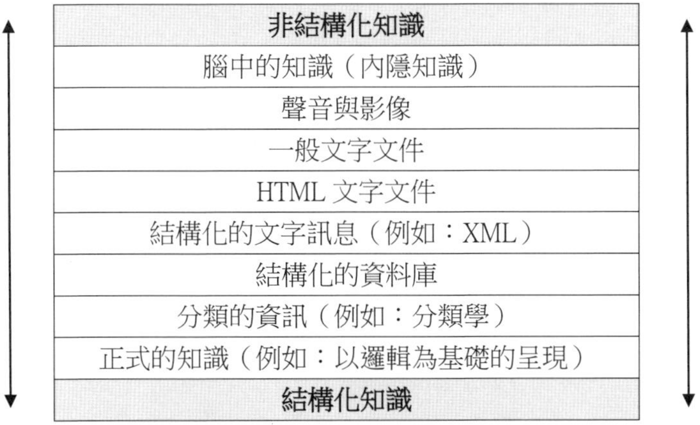

非結構化知識
腦中的知識（內隱知識）
聲音與影像
一般文字文件
HTML 文字文件
結構化的文字訊息（例如：XML）
結構化的資料庫
分類的資訊（例如：分類學）
正式的知識（例如：以邏輯為基礎的呈現）
結構化知識

圖 6-6　知識結構的象限

註 6-12　樂為良譯（1999）。B. Bates 原著。**數位神經系統**。台北市：商業周刊。

質，因為越具結構性的知識，越能被輕易判讀及應用[註6-13]。

　　至於「知識服務」，是指以自動化或部分自動化的模式來處理知識管理的工作，包括基礎服務、核心服務與套裝服務。基礎服務是執行任何知識管理解決方案必要的工具，例如：溝通服務（電子郵件、聊天室…）、協作服務（線上會議、討論群組…）、轉譯服務（語言、檔案格式轉換）…等；核心服務是知識管理的核心解決方案，它明顯且直接地存取知識庫藏，建立在生產、取得、組織及使用等核心流程上，每一個流程涉及不同角色的人員和系統，透過圖6-7可以明白它們之間的關係；而套裝服務則是一種整合核心流程服務，用來解決特定類型問題的知識管理套裝工具，例如：企業智慧服務、顧客關係管理服務、企業資訊入口網站…等[註6-14]。綜合這三種知識服務內容，透過學者比較研究國內五家廠商，了解到想要開發、提供知識管理系統的服務，它的功能必須要廣泛多元、穩定實用，大致歸類出十一個項目，包括：入口介面、文件管理、搜尋引擎、協同合作、社群論壇、知識獲取、核心專長、知識地圖、知識安全、企業智慧、行動化等[註6-15]。而終端的使用者，除了要清楚各款知識管理系統的特色，尤其要考慮，哪一個更能符（適）合企業或組織本身的需求。

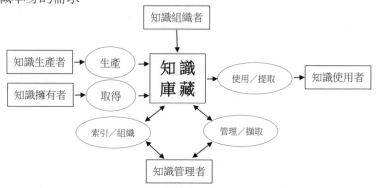

圖6-7　知識管理系統的核心服務

知識管理系統在評鑑中的應用

　　時常聽到一句勵志的話：「只要找到方法，就會成功！」背後的意思是，理想需要行動來支持，行動要靠智慧和思謀來引導，而不是讓「偶然」或「運氣」決定最後的結果。這句話拿來用在企業或組織，是不是也一樣適合呢？我在前文提到，自己的辦學是依據理念及學養而行，所以在校務經營和評鑑任務中，會特別著力於「知識」及「知識管理」的應用實踐。經過幾番洗禮淬鍊，證實知識所能產生的效應的確相當可觀，昔時「衣帶漸寬終不悔，為伊消得人憔悴」的浸潤心思，已然被「晴空一鶴排雲上，便引詩情到碧霄」的壯懷遠志轉化取代了！

　　接續前言，簡單地說，「知識管理系統」就是一個很不錯的解決方案，除了可以遂行企業或組織的經營意志，也能夠有效成就評鑑的目標。搖滾天王伍佰有一句響亮的啤酒廣告辭：「有青，才敢大聲（台語發音）！」正好可以用來形容「知識管理系統」關鍵而強勁的威力，在各項評鑑（比）中給予我相當大的支援和協助。那麼，我用的是哪一個系統呢？由於身處教育領域，因緣際會與「KMS 資訊平台」的幾位開發者熟識，他們都是苗栗縣的校長同儕，經由他們的解說和指導，我很有信心的帶領學校教師採用這個系統，成為「攻無不克、戰無不勝」的精銳神器！

註 6-13、6-14 李書政譯（2002）。Housel & Bell 原著。**知識管理：理論・評估・應用**。台北市：美商麥格羅・希爾。

註 6-15　阮明淑（2018）。台灣知識管理系統服務廠商之產品價值主張研究—以某個案公司為例。**圖書資訊學刊**，16（2），63-102。

　　「KMS 資訊平台」的主要開發者吳毓桂校長指出，他以 Web 操作介面搭配網路硬碟檔案總管的方式，建置網頁資料庫系統，協助老師管理、蒐集網路資源，促進學校成員之間的知識共享和經驗交流。「KMS」可以直譯為知識管理系統，其中的「S」還可以進一步詮釋為 Step（步驟）、Software（軟體）、Server（伺服程式）、Spirit（精靈）、Share（分享）、Solution（解題方案）、School（學園）。整個系統的功能架構詳如圖 6-8，功能模組設計詳見表 6-3[6-16]。

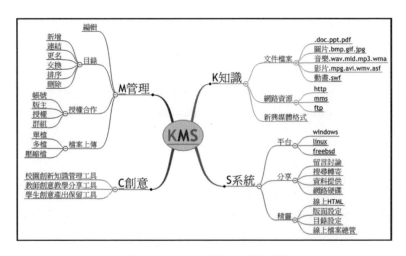

圖 6-8　KMS 系統功能架構

註 6-16　張傳源、楊德遠、吳毓桂（2005）。KMS 國中小校園創造力教育知識管理分享平台。**教育部第三屆創新與創造力研討會論文集**（2-6），國立政治大學。

表 6-3 KMS 系統功能模組設計

功能	系統設計
權限管理	使用者登入
	群組管理
	帳號管理
	系統檔案權限
	系統選單權限
選單結構和管理	選單的增刪修
	選單的移動
	多重入口點的建立與取消
	選單頁面樣式設定與修改
客製網站介面	頁面線上編輯
	網站版面配置功能
	版面色彩配置功能
檔案管理	檔案複製
	檔案移動
	檔案上傳
	檔案修改
	檔案刪除
URL 資源管理	URL 資源增刪修
	URL 資源置放位置的變更
同步及非同步訊息管理	留言板功能模組
	討論區功能模組
	會談室功能模組
	訊息功能模組
知識檢索	關鍵字搜尋與檢索
	熱門資訊排行榜
	新增資訊列表

分享回饋	資訊評論與回饋
	電子郵件轉寄內容分享
系統管理	系統參數設定
	資料庫備份與還原
	網站容量設定

　　俗話說：「燈不點不亮，話不說不明」，企業或組織如果有心讓知識的價值極大化，而想建置知識管理系統的話，可以用「自製（make）」、「外購（buy）」或「外包（outsourcing）」的方式取得它，不同的決策各有其優缺點，端看企業或組織的條件和需求而議定。至於我們，很幸運！當年在鼓勵運用自由軟體的政策扶持下，沒有花到一毛錢，就能「站在巨人的肩膀上」登高望遠，所以我要特別感謝楊德遠、吳毓桂和張傳源三位無私、優秀的校長，創造了這麼實惠好用的「KMS 資訊平台」，讓全國各級學校、機構能夠披荊斬棘、開創新猷。接下來，我將忠實地呈現操作成果，說明如何應用「KMS 資訊平台」，建構學校的知識管理環境，推動組織的知識管理工作，以及創造全縣學校網頁製作評比特優的績效。表 6-4 及 6-5（摘錄）是我擔任豐田國小校長時，為了實現教育理想同時順應評比需求，著手改版學校網頁的架構內容，並且說明、釐定、建議每一個主選單及次選單的意義與需求，讓老師們有所參考依循，而能妥適地置放各種格式或類型的文字、圖片、影音、動畫等資料。除此之外，也在知行合一的前提下踐履「知識管理」的理念，將此二表件放在學校網頁上，讓全校師生可以隨時隨地連線閱覽，一方面建立共識，另一方面促進學習，持續不斷進步和成長！

表 6-4 「豐田知識學園」網頁架構

（每位同仁電腦首頁請設定為「豐田知識學園」學校網頁）

請提供左列豐田 LOGO 圖案、影像及音樂封面擷取軟體

第一層首頁（入口）：上列為豐田知識學園 Logo 及功能列，左列為第二層選單，主畫面則為豐田知識學園運作系統（知識型學校建構要素關係圖＋動態流程＋字體粗細變化＋配色）。

第二層 （主選單）	第三層 （次選單）
組織源流	學校位置、學校歷史【五十週年校刊電子檔分項列述，如校徽、校歌…】、學校組織、社區環境、師資陣容、歷年刊物、媒體報導、校友資料【歷屆名冊、歷屆照片、紀念光碟】…。 **權限：網頁管理人、校長。**
行政服務	校務公告系統【分榮譽、消息、聯絡】、校長經營策略、教導主任資訊、總務主任資訊、教務組長資訊、訓導組長資訊、幼稚教育資訊、健康中心資訊、溝通服務系統。 **統一項目：計畫、執行（分工作職掌、業務項目，含各項實施前後表冊、文件、紀錄、相片…）、考核（檢討、紀錄、評鑑資料）。** **權限：除校務公告系統、溝通服務系統為網頁管理人、校長及各業務同仁外，其餘為各業務同仁。**
班級經營	六年甲班、五年甲班、四年甲班、三年甲班、二年甲班、一年甲班、幼稚園。 **統一項目：班級經營理念、課表、重要行事、班級本位課程（學習領域節數、教學進度表、豐田花果香主題課程、彈性課程、補救教學課程…）、教學（含教案）、活動（含照片）、親師園地、公告事項。** **權限：網頁管理人、各班級任及幼稚園主任。**
焦點行動	學校本位課程（總體課程計畫，教務組）、友善校園措施（訓導組）【參考僑成教訓輔架構】、客語生活學校（教導）、攜手補教計畫（教導）、閱讀策略聯盟（教導）、創意教育計畫（教導）、專業發展評鑑（教導）、永續校園經營（總務）…。 **統一項目：計畫、執行（分工作職掌、業務項目，含各項實施前後表冊、文件、紀錄、相片…）、考核（檢討、紀錄、評鑑資料）。** **權限：網頁管理人、各業務同仁。**

第二層 （主選單）	第三層 （次選單）
創新策略	豐田教育聯盟（學生交流活動、五育十項競賽、校園巡迴展覽）（教導）、五十週年校慶（可不以五十週年校慶為整合選單，而分以下目錄選單：明光盃排球賽、校慶踩街活動、音樂嘉年華會、校慶健行活動、藝文作品特展）（教導）、郵政巡迴特展（教導）、溫室植物栽培（教導）、天下希望閱讀（教導）、魔笛培育計畫（訓導組）…。 **權限：網頁管理人、各業務同仁。**
專業模式	研習活動、專業對話、學術論著、行動研究、教學研討、讀書團體、教育參訪、教學觀摩。 **權限：網頁管理人、教導、校長。**
知識藍海	教學檔案【歷年九年一貫各領域，含社團與團體活動】、教育文摘、他山之石、知識論壇、勵志小品、美麗視界、影音雅集、動畫匣子、投影簡報。 **權限：網頁管理人、全校同仁。**
親師合作	家長組織【含家長協會】、義工家長、親師研習、親師活動、資源網絡、意見聯繫。 **權限：網頁管理人、總務。**
展華舞台	課程教學、競賽作品、教師作品、學生作品、學生網頁（學生）。 **權限：網頁管理人、全校同仁、學生（僅限學生網頁）。**
網際資源	行政資源、課程教學、訓輔網絡（含班級經營網絡）、學術資源、資訊資源、搜尋網絡。 **權限：網頁管理人、全校同仁。**
生活百寶	即時新聞、檔案下載、線上投票、統一發票、氣象播報、交通動線、部落世界、網路書店、休閒旅遊、音樂線上、電影娛樂、美食天地、藝術殿堂、投資理財、體育運動、科技通訊、生活時尚、汽車情報、土地房屋、…。 **權限：網頁管理人、全校同仁。**
管理系統	資訊管理系統、圖書管理系統、成績管理系統、人力資源系統、電子公文系統、電子採購系統。 **無權限問題。**
訪客留言	

表6-5 「豐田知識學園」網頁經營說明（原稿篇幅太長，以摘錄方式處理）

第二層 （主選單）	第三層 （次選單）	說明	權限歸屬
組織源流	學校位置、學校歷史、學校組織、社區環境、師資陣容、豐田校徽、豐田校歌、歷任校長、歷任會長、畢業合影、畢業光碟、校友資料…。	※介紹學校現況、學校歷史、校友資訊。 ※由權限人（版主）維護管理。 ※**權限擁有人請視業務、資訊流動情形適時增刪或調整目錄選單及內容資訊。**	※網頁管理人 ※校長
行政服務	校務公告系統【分最新消息、榮譽榜示、聯絡事項】。	※分最新消息（屬學校最新訊息，如二月 26 日公告**明華園 2/28 應邀到卓蘭表演**資訊，並且不屬於榮譽、聯絡事項者）、榮譽榜示（師生參加校內外競賽獲有成績或榮譽者）、聯絡事項（校內同仁之間或面對家長之聯絡、告知事項，有時間彈性、不屬緊急性質者，如**健康中心公佈預訂於〇月〇日進行〇年級健康檢查**）。 ※**自即日起可上線公告資訊。**	全校同仁
	校長經營策略	已上線，請參考。	網頁管理人、校長

第二層 （主選單）	第三層 （次選單）	說明	權限歸屬
行政服務	教導主任資訊、總務主任資訊、教務組長資訊、訓導組長資訊、幼兒教育資訊、健康中心資訊。	※目錄應分類選單。 ※思考如何統整、周延呈現業務內容，以提供所有同仁資訊、知識之擷取運用。 ※所屬業務內容可能出現屬性或名稱重疊情形，如「焦點行動」選單中已有「學校本位課程」、「友善校園措施」、「客語生活學校」…選單，而同時在各業務同仁資訊（如教務組長資訊、訓導組長資訊、教導主任資訊）中亦可能建置同樣選單，各所屬業務同仁應思考如何將資料適當呈現於二處（**以業務資訊為主**）。 ※在建置與置放資料前及各時間點，皆可參考優秀學校網頁之處理方式，如：僑成國小。 ※**統一項目：計畫、執行（各項業務實施前後表冊、文件、紀錄、相片…）、考核（檢討、評鑑、成果發表等資料）。**	※網頁管理人 ※教導主任資訊：徐主任 ※總務主任資訊：劉主任 ※教務組長資訊：玉琴 ※訓導組長資訊：一銘 ※幼兒教育資訊：園長 ※健康中心資訊：志玲
	溝通服務系統	與校務公告系統、KMS 已具有的聯絡功能及 E-mail 信箱功能重疊，考慮取消。	

第二層 （主選單）	第三層 （次選單）	說明	權限歸屬
班級經營	六年甲班 五年甲班 四年甲班 三年甲班 二年甲班 一年甲班 幼兒甲班 （在網頁中可能以○年○屆呈現）	※以班級經營、課程教學、訓育輔導、親師關係等內涵為主，可擴及其他有益於教育、教學，與親師互動的任何內涵，如教師專長、教學特色、傑出成就、學術著作、對家長的期許…。 ※思考如何清晰、周延呈現導師本人的教育理念、班級經營理念、教育愛、課程教學重心、教學活動成果與紀錄、榮譽事蹟、班級網頁特色…。 ※**統一項目：教育理念、班級經營理念、課表、重要行事、班級本位課程（豐田花果香主題課程、彈性課程、補救教學課程…）、教學（含教案）、訓育輔導活動（含照片）、親師園地、公告事項。**	※網頁管理人 ※小學部及幼兒園各班導師

chapter 07

統合有利資源

　　由孫儷、陳曉、何潤東等人聯手演出的戲劇《那年花開月正圓》，曾創下東方衛視、江蘇衛視連續 39 天的收視冠軍，並在網路平台「騰訊視頻」累積 130 億播放量，成績驚人。其中有一個橋段讓人印象深刻：當日，女東家周瑩（孫儷飾演）於歲末宴請終年勞苦奔波各地的眾掌櫃，但已經入席坐定的掌櫃們，卻被管家一一請求遷移桌次席位，惹得這些嘔心瀝血、汗馬功勳的幹部十分不悅，認為沒有受到禮遇因而口出怨言。正當納悶不解的時候，門口傳來「貴客到」的震耳報訊聲，這些「貴客」被攙扶著緩緩走將進來，剛才怒氣未消的掌櫃們卻都個個收斂了態度，詫異驚喜地快步奔來跪地相迎，頓時「爹」、「娘」聲不絕於耳。眾人就位之後，周瑩高舉酒杯連敬三杯酒，第一杯敬祖先，感謝祂們賜予吃苦耐勞的精神、奮發向上的品性；第二杯敬在座的爹娘，感激老人家能夠體諒、寬忍兒子為東家盡心盡力卻不能承歡膝下，於是帶領大夥兒一起為爹娘磕頭，祝福身體康健、萬事平安；第三杯敬掌櫃、股東和兄弟，感懷地對掌櫃說：「用人不疑，疑人不用」，對股東說：「風雨同舟」，對兄弟說：「有難同當，有福同享」。這一番誠懇表態，感動了在場的所有人，紛紛回應「絕不辜負東家」、「從今往後，永遠都是東家的人」、「明年會更加兢兢業業，讓東家的生意更上一層樓」！鑑往知來，所謂「得民心者得天下」，確實是「激勵」的最上乘功夫，也難怪周瑩會成為清末陝西的女首富。

　　周瑩的事業會這麼成功，絕對有她的 know-how，而「收服人心」是其中極為重要的一環。但「人心」並不是想收服就一定可以做到的，你說對吧？周瑩卻輕而易舉達陣，為什麼呢？因為她知道「人」是一種資源，可以有技巧地運用。以這一段戲劇為例，誰是她掌握、利用的資源？首先，我要說，是周瑩本人！只有她站上台

吐露心聲、凝聚情感，才有擎天一柱、馬首是瞻的說服力與影響
力，正如唐宋八大家之一蘇洵所論：「一國以一人興，以一人
亡。」在企業或組織裡也是一樣，當家的人，就是關鍵的人力資
源；其次，是誰呢？就是被周瑩請來的「貴客」！這些掌櫃們的老
爹老娘，被奉為上賓熱情款待，難得和忙碌的兒子共敘天倫，怎能
不令眾位掌櫃感激涕零，結草銜環以報？俗話說：「天助自助
者」，正是指周瑩的匠心巧思、推己及人與推心置腹，以致博得更
多、更強、更深的認同及支持！而除了她自己和貴客們，還有沒有
別人從旁協助？另外，在其他事業經營的面向，是否也有人力資源
的需求？是否也需要不同類別與特性的資源？答案是肯定的！原因
何在呢？馬上告訴你。

資源是厚實評鑑力的
最佳策略工具

　　任何一個企業或組織，無論它規模多麼巨大、績效多麼卓越，
所擁有的資源都是有限的，換句話說，成功的企業經營和組織管
理，不是因為它擁有、享盡所有資源，而是因為它懂得吸納、利
用、整合、共享及互補資源。這是強調嫻熟運用企業或組織內部資
源，以創造其持續競爭優勢的「資源基礎觀點（resource-based view,
RBV）」、「資源基礎理論（resource-based theory, RBT）」受到關
注的原因。不過，由於它太重視企業或組織內部，相對忽略外部環
境與局勢的影響，對於策略商定及運作來說，將無法周全應對。所
以，在顧及內部條件的前提下，往外尋找資源、建立合作關係的策
略思考，也已經在企業界、公部門、非營利組織、學校盛行許多

年。

　　從企業或組織的經營、公部門或學校的評鑑等需求來看，資源是一項策略性的工具，有助於目標的達成。至於資源要怎麼利用以滿足策略的期待，那可真是「戲法人人會變，巧妙各有不同」。舉例來說，我曾經在某一年送件申請教育部的廁所美學專案計畫經費，當時的考量點有二：第一、該棟專科教室大樓的廁所已年久陳舊，需要改頭換面展現新風貌；第二、學校廁所也可以是校園境教、社區營造的另類功能空間，且能兼顧永續、美學、藝術、文化各層面的需求。目標很清楚明確，但能不能天從人願，還得靠策略性資源的作用。為什麼呢？因為許多學校都有廁所老舊待修的問題，積極遞件申請的競爭者也不在少數。最後結果出爐，苗栗縣僅有個位數學校過關拿到經費，我們學校也是其中之一，而且將近三百萬的補助是最多的。你會不會好奇我怎麼達成這個目標？簡單說，去找關鍵人物，他在審查會議中讓我們的提案「輕舟飛渡萬重山」。這個例子點出一個重點，就是人力資源也好，其他資源也罷，在選擇運作時應該要明白它本身的策略角色，以及所能發揮的作用。

策略的效用

　　策略是達成企業或組織使命、理想與任務最好的方法，它不只適用於現在的情境，更須用於未來的發展。從這個觀點來看，想辦法讓策略產生「效用」、「作用」，或是妥切開發它的「用處」，才不至於虛擲能量、浪費資源。那麼，策略的「效用」、「作用」或「用處」有那些呢？說明如下[註7-1]，並以圖 7-1 表示：

◢ **策略代表重點的選擇**：在決定如何「做好一件事（do the thing right）」之前，必須先決定哪一件事才是「真正值得投入的重點（do the right thing）」，而這個工作要做得好，得靠清晰的策略指導。企業或組織的資源有限，應該謹慎地看待它，集中於當前的重點來運用，以求事半功倍的效果。有些企業所提的策略計畫，廣泛囊括「品質改善」、「成本降低」、「形象提升」、「加強員工關係」、「強化銷售網路」等眾多行動方向，表示並未針對當前外界環境與企業內部條件進行綜合評估和篩選，嚴格說來，稱不上是策略。

◢ **策略界定在環境中的生存空間**：企業或組織的經營範疇大致上可以分為「對內管理」和「對外管理」。「對內」是指在經營架構下如何改善流程、提升效率、加強控管；「對外」則是指如何在所處環境中選擇與創造生存的空間，以及與外部機構、資源提供者維持平衡且互利的關係。許多企業或組織的成功不全然是內部管理的功勞，有些是依賴系統化地長期規劃和努力，設計對外經營的模式所得到的成果，這部分才是策略發生作用的地方。

◢ **策略指導功能性政策的走向**：所謂「功能性」，是分別指生產、行銷、人資、研發、財務、資訊⋯等企業功能，還有規劃、組織、用人、領導、控制等管理功能。在這些領域中都各有許多政策性的決策，譬如價格政策、通路政策、自製或外包

註 7-1　司徒達賢（2001）。**策略管理新論：觀念架構與分析方法**。台北市：智勝文化。

政策、研究發展重點、人事升遷原則…。這些政策性決策的特性在於「就其本身而言，無法判定它的正確性」，必須考慮和其他政策性決策相配合，彼此之間互相呼應、步調一致，朝向一個明確的策略「看齊」，服膺它的統籌和引導，這樣可以使得策略構想落實到每一部門、每一階層的所有決策上。

圖 7-1　策略的效用

策略性資源厚實評鑑力

　　企業或組織的資源雖然並非取之不盡、用之不竭，但的確非常多元廣泛，正因為如此，才需要盤點內部條件與外部網絡，了解哪些是具有策略價值的資源，再視業務運營、專案管理或訪視評鑑等不同時機及需求，予以妥善、適切地運用。先從內部的觀點來看，可以將資源分為「資產」與「能力」兩個部分，前者是指企業或組織所擁有或可控制的要素存量，又可再分為「有形資產」和「無形資產」；後者則是指企業或組織建構與配置資源的能力，又可分成「個人能力」和「組織能力」。簡單說明如下，並整理陳列於表 7-1[7-2]：

▲ **有形資產**：包括土地、廠房、建物、機器、設備等實體財物，以及可快速、自由流通的現金、有價證券等金融財產。

▲ **無形資產**：包括各種類型的智慧財產，譬如專利、商標、著作權、已登記註冊的設計，以及品牌（商譽）、契約（正式網絡）、執照、資料庫、商業機密等所有權歸屬於企業或組織的資產。

▲ **個人能力**：可以分三大類，包括：與特定產業、商品或服務有關的創新與專業技術能力；統領企業或組織的技術、知識、經驗、智慧等能力；促進企業或組織內部溝通協調、外部往來關係的能力。

▲ **組織能力**：這項能力從屬於組織，不會因人事變化而有太大的差別。它可以表現於四個不同層面，包括：能將企業或組織的商品與服務，以最精確的品質及快速的時間，滿足顧客需求的業務運作能力；因應技術進步、消費者偏好多元化的環境趨勢，不斷推陳出新創意商品與服務的能力；鼓勵創新與合作的組織文化，能夠圓通企業或組織中個人和團體的行為、態度、信念與價值；具有良好的記憶及學習的能力，讓企業或組織能夠累積過去的經驗，成為善於思考、持續進化的有機體。

註 7-2　吳思華（2001）。**策略九說：策略思考的本質（三版）**。台北市：臉譜。

表 7-1　企業或組織內部的策略性資源

資產	有形資產	實體資產	土地、廠房、建物、機器、設備
		金融資產	現金、有價證券
	無形資產	智慧財產（專利、商標、設計、著作權）、品牌（商譽）、契約（正式網絡）、執照、資料庫、商業機密	
能力	個人能力	專業技術能力 管理能力 圓融人際網絡的能力	
	組織能力	業務運作能力 技術創新與商品優化能力 圓通組織文化的能力 組織記憶及學習的能力	

　　再從外部的觀點來看，企業或組織提供商品與服務，目的在滿足顧客的需求，而為了達成這項使命，便需要各種各類的資源。誰能做好資源統合的工作，誰就能強化它的競爭優勢，而如果又同時面對評鑑任務，那麼，更有助於厚實它的評鑑力。除卻上述的內部資源，外部的策略性資源也同樣重要，無論是資金（經費）、人力、設備、通路、知識、技術、零組件、網絡關係…都要兼顧利用。至於怎麼取得這些「大隱於市」的浩繁資源，可以採用價購（公開市場外購或外包）、交換（各取彼此所需資源卻不一定涉及金錢）、合作（非公開市場的策略聯盟、合作協定、中衛體系…）、籌募／爭取（個人捐助、政府部門補助、公私機構開放或贊助）等方式，來落實「滿足當前業務重點」、「開拓生存或競爭空間」，以及「支援政策性決策」的資源效用。

在評鑑需求中運轉策略性資源

對於企業或組織有利的資源，是有如「韓信點兵，多多益善」的，如果能以無償或用最低的成本取得，那本身就是資源的精練操作，可以將精省下來的資源移轉運用到其他部分，或是拿來爭取更多更好的資源。經營良好的企業或組織，不僅能夠妥當地統籌、整合內部資源，還能夠應用這種能力延攬外部資源，讓它們發揮適情、適性、適機、適地的綜效，而這種綜合性的功效，也是面對評鑑所需要的。為了達成策略的意圖、開拓生存的空間、提高競爭的能力，以滿足當前的業務重點—評鑑任務，即便「上窮碧落下黃泉」，也要侵掠如火般網羅可用資源，使其「內外兼修」、體質強健，應變迴旋能切中要項、遊刃有餘。我們在教育部評鑑中所運轉的內外部策略性資源，可以用不同於前述的構面大分三類，包括人力資源、機構資源和物質資源，請詳見以下的說明。

人力資源

「人」永遠是企業或組織裡最重要的資產和資源，因為各項軟硬體設施與設備都是死的，要靠「人」來設計、創造、驅動、操作、轉變、修改，才能順利發揮它們的功能，此其一；所有經營管理和領導激勵作為，以及不同組織之間或組織與特定人之間的網絡來往關係，都是以「人」為重心來號召與博弈，每一個思維決策及行動結果，都可以說是「成也蕭何，敗也蕭何」，是「人」的因素在左右影響，此其二；即使是領袖長才，善於「運籌帷幄之中，決勝千里之外」，一旦沒有糧草肉糜，再神勇的兵將也會無力禦敵，更別說是攻城掠地了！這些後勤補給、弓弩刀劍，必須有銀兩（資

金、經費）支援才能取得及供應，而金援需要「人」來規劃、籌措、分配與運用，此其三。

我們在評鑑中運用到的人力資源，大致分為幾個類別，包括部門合作、演講分享、客座授課、主題宣導、爭取經費、辦理活動、輔導諮詢等。以下逐一說明，並整理於圖 7-2：

◢ **部門合作**：這是一個很容易被忽視的環節，處理得好，那就是「神醫聖手」，處理得不好，會變成「隱形殺手」！為何這麼說呢？因為幾乎所有評鑑的事務和有關資料，都不可能由單一部門獨挑大樑提出成果，而須經由橫向溝通協調以取得其他部門的支援，才有辦法呈現較為完整、深入的報告內容。所以，面對評鑑，我總是會凝聚團隊的共識和向心力，引導並促成部門之間的合作，這種正向循環能在各方面的業務及評鑑運作上反映出來。

◢ **演講分享**：邀請交通部長官、縣政府長官、交通大學教授，針對交通安全概念與議題指導相關知識及行為。

◢ **客座授課**：聘請閱讀推廣協會老師，實施交通安全教育融入繪本的教學活動；另外，也聘請資訊專長大師，教授 KMS 網頁製作平台的操作知能。

◢ **主題宣導**：商請苗栗縣警察局警官、苗栗縣交通隊隊長、苗栗縣衛生局課員、創世基金會講師、卓蘭分駐所警官、卓蘭衛生所主任、苗栗監理站站長、台中重機協會會友、卓蘭救護隊隊員、豐原客運司機進行交通安全案例、故事、知識、情意、技能等宣導。

▰ **爭取經費**：透過關鍵人士穿針引線，獲得苗栗縣政府多項經費
補助，改建危險沙坑為「平安亭」及「柱狀碑林」、重建破損
不平的跑道與操場、整建崎嶇凹凸的車道路面與遊戲區地坪、
設置安全護欄與綠籬、建置無障礙環境與設施等，消弭校園中
影響交通安全的潛在危險因子。

▰ **辦理活動**：邀請台中教育大學學生，利用暑假期間到學校辦理
交通安全夏令營活動。

▰ **輔導諮詢**：敦請北區防災教育服務團的學者專家，蒞校修正校
園災害防救計畫書及避難演練腳本，同時給予避難演練後的檢
討與指導。

上述評鑑經驗透露出一個很明顯的訊息，即各項資金（經
費）、方案、資訊、知識、軟硬體設施…等資源是死的，但「人」
是活的，透過靈活的系統來驅策這些「曖曖內含光」的資源，它們
才會像璞玉被雕琢過一般，釋放清明而堅定的氣韻，顯現獨特而實
在的價值。

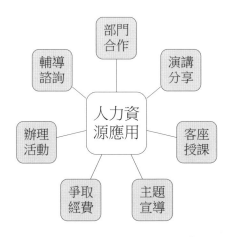

圖 7-2　策略性人力資源的應用

機構資源

「機構資源」也可以說是「組織資源」，但有些許的不同，前者的屬性較偏向外部，而後者較偏向內部。儘管策略性的人力資源和機構資源都有包含企業或組織內部的資源，但在評鑑任務中，並不特別強調它，或者換句話說，因為它很重要，所以早就「被徵召」上線運轉，發揮應有的功能了！但是，聰明的企業或組織勢必不會作繭自縛，更不會是省油的燈，必然在既有的內功基礎上，尋求外部資源的加持，讓本身的評鑑力能夠炸裂爆發！

就是在這樣的前提下，外部的各種機構資源才有機會受到我們的青睞，或是回應我們的請求。我們在評鑑中所選擇的機構資源，大致分為幾個用途，包括教育參訪、解決問題、策略合作、防災演練、研訓活動、推廣輔導、索取資料、安全維護等。說明如下並整理於圖 7-3：

- **教育參訪**：安排師生及家長參觀防災科學教育館、921 地震園區、社區水土保持教室，培養防災安全的意識與態度；也帶領他們走訪創世基金會、高鐵站、捷運站、公車站、渡輪站、航空站，親身體驗並實地了解交通安全的諸多注意事項。

- **解決問題**：透過校長會議反映車輛穿行校園的安全疑慮，獲得苗栗縣政府補助改善經費，完成人車分道工程；另外，也利用「苗栗縣道安會報」提出意見，主管機關連同卓蘭鎮公所會勘學校週邊交通環境，增設道路廣角鏡及劃設黃色網狀線。

- **策略合作**：與推動交通安全教育成效優良的學校互通有無，交流教材、教具、設備、器材。

■ 防災演練：邀請大湖消防隊指導師生、家長進行複合式災害防救演練。

■ 研訓活動：敦請逢甲大學地理資訊系統研究中心，蒞校辦理土石流防災及環境教育的研習與訓練活動；另外，也包攬苗栗縣政府專案，辦理苗栗縣交通安全教育家長研習、交通志工輔導研習、交通安全教育才藝表演秀等活動。

■ 推廣輔導：商請中華民國生命保護協會，蒞校協助防火防災生命教育的推展與指導。

■ 索取資料：發文向靖娟兒童安全文教基金會、交通部道安委員會、交通部運輸研究所、交通部公路總局、行政院新聞局地方新聞處、苗栗監理站、苗栗縣交通隊、中華民國汽車安全協會等機構，索取交通安全教育相關資料。

■ 安全維護：拜訪學校附近的商店，聘請他們成為愛心服務店，共同守護學生的安全。

圖 7-3　策略性機構資源的應用

物質資源

我幾乎每天都會下廚，不是開店做生意，而是為了「祭五臟廟」。主角食材和配角佐料是必須要準備的，但光這些還不足以成就每一道美味佳餚，為何？因為沒有菜刀就無法切割、沒有刨刀就無法刮削、沒有鍋碗瓢盆就無法盛裝…，這些都是「食神」—我粉墨登場料理時的隨身道具，有了它們，才能變出美食的把戲。這樣譬喻應該很清楚了吧！沒錯，菜刀、刨刀、鍋碗瓢盆…就是掌勺者料理所需的資源，它們是身懷絕技的幕後英雄，能夠創造各自的價值。同樣地，在評鑑中也要依靠許多物質資源，無論是用來衝鋒陷陣，或者當作後勤應援，就是少不了這些「螞蟻雄兵」的專屬貢獻。

我們在評鑑中所利用的物質資源，是相當多面龐雜的，有些甚至矮短、輕薄到讓人感覺微不足道，可是它們不會因為「善小而不為」，依舊謙卑、沉默地固守本分，如果說小兵可以立大功，那它們肯定是當之無愧！至於我們是怎麼運用這些物質資源的呢？品項包括資源中心、自編教材、知識教學、技能教學、情境教學、情境佈置、逃生演練、安全監控、安全防護、安全宣導、安全警語、器具借用、環境設計、防災演練等。敘述如下，並整理於圖7-4：

▰ **資源中心**：設置「交通安全教育資源中心」，提供書籍、手冊、研究報告、影音媒體、教材、教具、模型、海報、作品、宣導品…給教師教學及學生學習之用。

▰ **自編教材**：全校老師齊心協力，編寫「學校本位化交通安全教育參考教材」成冊，有助於長期推展交通安全教育。

▰ **知識教學**：運用資訊、通訊、網路等科技設備，指導學生在線上學習交通安全知能，以及如何在網路上取用相關資源。

▰ **技能教學**：情商卓蘭鎮衛生所專業護理人員蒞校，以道具「安妮」作示範說明，指導交通事故發生時的 CPR 緊急救護技能；另外，也請廠商以實物腳踏車現身說法，教導學生了解車輛零件功能和特性，以及故障時的檢修方法。

▰ **情境教學**：自籌經費採購小汽車、小腳踏車，並且自行設計、製作紅綠燈號誌，在模擬外部的交通環境中，指導學生練習騎乘，同時學習交通知識。

▰ **情境佈置**：在校園重要而顯目的地方，佈置交通安全相關的學區地圖、校園與學區危險地圖、愛心商店位置圖、家長接送位置與動線圖；另外，也配置災害潛勢地圖、地震疏散路線圖、水災疏散地圖、消防設備位置圖、安全死角地圖、室內疏散地圖、避難方向指標等防災指示內容。

▰ **逃生演練**：利用校外教學時機，以客運公司的大客車及其擊破器、滅火器…為標的，指導學生演練逃生方法和技術。

▰ **安全監控**：在辦公室裝設監控主機和監視器，透過設置於校園內重要位置的攝錄鏡頭，隨時掌握各處的安全狀態；另外，每一位老師都配給紅外線遙控器，以便即時掌握臨場現象，提高車輛進出校門時的安全控制程度。

▰ **安全防護**：黏裝防撞護條於各班教室、辦公室、樓梯、廁所等有稜角的牆面和柱體，也黏貼止滑條於樓梯間的每個階梯，同時在籃球柱上加裝防撞軟墊。

- **安全宣導**：透過「電子跑馬燈」，公告學校、轄區、苗栗縣、全省交通事故的統計數據；在校園內外懸掛多面的交通安全宣導紅布條；贈送家長夜間安全照明的 LED 小型手電筒，並打印交通安全宣導語句在外觀上；另外，製作「交通安全教育宣導摺頁」，置入交通安全知識、宣導內容及交通事故統計資料。

- **安全警語**：在校園重要位置設置交通安全標誌牌和其他警示牌、標語牌。

- **器具借用**：準備適量的安全帽和雨衣，以備有需求的學生借用。

- **環境設計**：在校園內設置停車場、劃設停車格、裝置腳踏車輪扣架，提供師生、家長與來賓停放車輛。

- **防災演練**：採購及自備防災演練的各項器具和用品，包括擔架、急救箱、氧氣筒、固定板、交通指揮背心、夜間交通指揮棒、手電筒、攜帶式揚聲器、行動電話、無線電對講機、滅火器、挖掘工具（圓鍬、鋤頭…）、簡易式口罩、工作手套等。

圖 7-4　策略性物質資源的應用

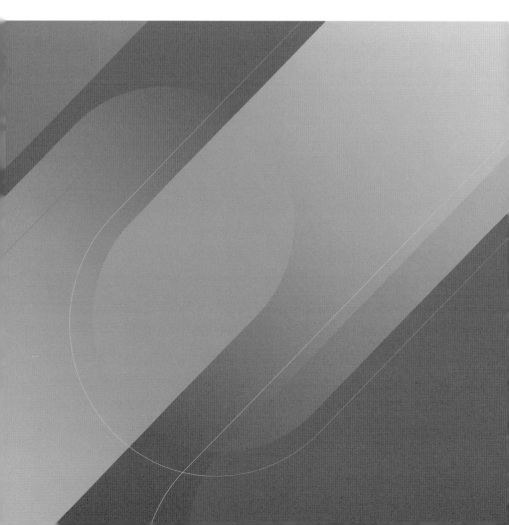

chapter

08

製作一擊致勝的簡報

　　在車水馬龍的街邊一角，有位老伯氣定神閒地擺攤賣著烤地瓜。你可能無法想像，他以兩種價格賣出同樣的商品，顧客還是源源不絕而來！這其中有何蹊蹺呢？他把烤好的地瓜分成兩堆，左邊的比右邊的貴 10 塊錢，問他為何如此？他說：「左邊的比右邊的品種好。」說也奇怪，大部分人都是買左邊的，也就是買比較貴的！有的人口才好、會講價，用右邊的價格買了左邊的，然後眉飛色舞地以為自己得了便宜。但是，等到左邊的賣完了以後，他又隨機把右邊的一些分到左邊，於是「豪華地瓜」又瞬間誕生了！

　　老伯在最後透露出口風，他說：「富人買珍貴，窮人買划算。如果只有『一堆』烤地瓜，富人看不出哪個珍貴，窮人也看不出哪個划算，他們就會遲疑甚至不買，如果有『兩堆』，就可以有比較、有選擇。」老伯接著說：「銷售賣的不是商品，而是人性；當你懂得把握顧客的心理，利用顧客的心理特徵，讓他們主動走入你設計的框架，商品就能快速成交。」

　　老伯的這種銷售方式，看似平凡無奇，卻是「綿裡藏針」，讓顧客在輕鬆自然的氛圍中，毫不設防地落入他匠心巧思的佈局，就像從針尖裡釋放出無色無味的「迷魂香」，頃刻之間，便牽引住顧客的心智，誘導了顧客的行為。這顯然是一個高明的招數！不必大張旗鼓、口沫橫飛地拉攏顧客，卻能輕易讓他們掏錢購買，這就是銷售的 know-how。無論你的專業是什麼，只要掌握到竅門，幾乎能夠順心如意、無往不利，在事業經營上是如此，在評鑑應對中亦是這般。挑明著講，評鑑如果有要求簡報，那你得清楚地了解到，簡報就是一個帶領評鑑委員登堂入室、掂量輕重、判斷水平的前鋒重磅角色，它或許不占評鑑的配比分數，但企業或組織可能因此御風而上，也可能因此遭受內傷，所以，如何用簡報突破評鑑委員精

密、厚重、堅實的心防，為評鑑舖設康莊大道或減少困難阻礙，是至為關鍵的認知要點，有了這個理解和領悟，才有機會感受如「雲破月來花弄影」的通明清朗與婆娑搖曳的風情。

簡報是評鑑的最強攻心術

在現實生活中，無論是企業投標、求職面試、內部報告、公眾演講、專案競賽…，都有可能用到簡報，而評鑑訪視通常也少不了它，可見簡報的角色有多麼吃重！如果想要「扶搖直上九萬里」，花費心力搞好簡報，絕對是投資報酬率高的買賣。話說 2013 年 2 月，我帶著總務主任到台北和平東路科技大樓，向多位教育部聘的建置防災校園評比委員做簡報，時間只有十分鐘，從我張口報告第一個字開始，便有如「滔滔江水，連綿不絕」，其中的任何一個時點，我都沒有停頓、中斷，可以說是一氣呵成、勢如破竹，在「行於所當行，止於所不可不止」之時，我的簡報順勢結束，當說完最後一個字，十分鐘的截止鈴聲同時響起，那一刻，我看到主任驚訝、欽佩的眼神！

有句話說：「火車不是推的，牛皮不是吹的」，為什麼我能夠在不用手錶、手機計時的狀況下，時間拿捏得這麼準確？是因為「凡事豫則立，不豫則廢」的心態。為了追求更穩妥、周詳、深入的報告呈現，我向主任要了當初她在初評時做的簡報，一番檢視之後，決定要調整架構，同時要增添內容，於是親自動手處理，就這樣花了將近一個月的時間；定稿之後，臨近簡報日期之前，為了避免旁鶩干擾，我每個晚上獨自在房間模擬實戰，一遍又一遍的開口

練習，直到每個環節都嫻熟接壤，以及時間操控恰好的程度，才有信心「執轡揚鞭，策馬入林」。

但是，僅憑精準控制時間就能「迷惑」評審委員嗎？當然不能，老話一句：「內容和實力才是王道！」這麼說，意味著「老王賣瓜、自賣自誇」囉？不！自己說的，做不得準，從別人嘴裡講出來的，才比較中肯、客觀。從 2010 年開始，我受聘於苗栗縣政府，擔任全國交通安全教育評鑑苗栗縣代表學校的輔導委員，已經歷時十餘年。2021 年 1 月，我再度有機緣奉獻這些「陳年經驗」，不過，兩所受評學校（國中小各一）的其中一位校長，在輔導結束之前，突然公開地對我以前做的教育部建置防災校園簡報發表評論，她認為當年我們栗林國小的防災執行成果並不出色，沒想到一趟台北行複審之後，竟然讓她「跌破眼鏡」，我們獲得了銀質獎！當年度全國唯二的名額，都被苗栗縣囊括，而另外一所就是她的學校。事後，她認真尋思我們的突破點何在？終於，她找到答案，原來就在我做的簡報，以及親自的報告。她會這麼說，是有感而發的，因為，她在接受評鑑輔導時用心聆聽我分享交通安全教育簡報，而簡報裡有我的致勝 know-how，因為這個交流歷程，她才恍然覺悟，知識和能力可以水平遷移，成功的經驗可以有效複製！

這些前塵往事仍舊餘香裊裊，因為它們還具有可觀的學習價值與教育價值，聰明如你，一定已經明瞭這其中的主角是誰了吧？沒錯，就是簡報！簡報是評鑑最強而有力的攻心之術！為何這麼說呢？如果懂得善用它，它能夠在短暫的時間裡，為評鑑挹注不少競爭的籌碼，提高相當程度的勝算，究其原因，即在於它可以發揮一些作用，潛移默化於無形，影響評鑑委員的思考及判斷，朝向你期望的方向和結果。詳細說明如下：

🖋 開路

就是開路先鋒的意思。在許多評鑑中,簡報是第一個操作的對象,既然是打頭陣,必定有它的使命,是什麼呢?第一、是鋪陳局面、顯示實力,製造「金風玉露一相逢,便勝卻人間無數」的好印象;第二、是引發好奇,讓評鑑委員感覺後面還有戲可看。也許,有的評鑑並不是將簡報列為第一個流程,又或者是被評鑑委員調整到後面,但這兩個隱藏的企圖與意志,務必要透過精心規劃與製作的簡報來達成,因為在任何階段,它們都有可能產生作用力。

無論簡報是安排在哪一個流程,「顯示實力」以及「引發好奇」都是要想辦法做到的,而如果是在第一階段,那它的重要性會更加突顯,猶如前述。在這裡我要特別強調,第四章所談論的「品質」及「真善美」兩組核心概念,同樣適用於簡報的呈現,換句話說,簡報的內容應該完全根源於實際操作的業務成果,絕不可有絲毫的杜撰造假,以此為基礎再添加美感的元素,才是真正所謂的「實力」,也因此才有機會塑造良好的第一印象,如果不是這樣,最後可能會自食惡果。為何?因為還有資料審閱、現場視查、訪談、觀察…等其他關卡,評鑑委員將會依據簡報逐一檢兌,若是開天窗就不好了!至於「實力」要怎麼紮穩和提升,可以參考本書其他章節的敘述。另外,我還要透露給你一個小祕密,就是評鑑委員通常會對簡報進行篩檢,挑選「好奇」、「有興趣」的事項追問、追打、追蹤,以了解業務的詳情、排除心中的疑問,甚至考核評鑑的水平,所以,好好設計簡報的架構及呈現方式,能兼具攻擊和防禦的雙重效果。

濃縮

簡報是呈現評鑑內涵的另一種形式，它和資料審閱不同的地方，在於評鑑資料不太需要「包裝」，而是把所有的執行與操作成果忠實地展示出來，不管是紙本現場檢視，還是數位線上查閱，頂多只是用統一的規格或模式，按照評鑑指標分類整理陳列。但簡報就不一樣，它是一個「活」的機制，你可以用創意設計、多樣技巧、互動方法…等各種路數，讓簡報變得鮮活流動、饒富生趣，鎖住評鑑委員的目光，成為資料審閱最棒的助攻手。

雖然簡報不需要呈現所有資料，但它卻要想辦法呈現所有資料。奇了，在繞口令嗎？不！這正是簡報的特性和功能不同於資料審閱的地方。能夠充分理解並掌握「時間效率」的需求，你才能建構出理想的框架，在每一個編配的元素中，置入代表性的文件、數據、照片、影片…等內容，而又不致遺漏任何努力過的成果，因為這樣，你所製作出的簡報，就會像「濃縮」的雞精帶來營養補給一樣，提高評鑑的戰鬥力。要特別提出來的是，簡報思維不是大家都相同，有些人強調「亮點」，所以不會面面俱到，這有可能「收之桑榆，卻失之東隅」，在無意間製造風險或缺憾而不自知，那就十分可惜了！

優化

現在很多人都懂得運用編輯神器、修圖軟體來美化所拍攝的照片，有些是純粹生活自娛，有些則是為了提升工作品質和效能，無論是哪一種情形，都有一個相同的目的，就是要讓照片更亮眼吸

睛，或是顯露出更精緻美妙的質感，而他們的這個做法，就是在做
「優化（optimization）」照片的動作。「優化」並不是虛偽作假、
訛詐欺騙，而是以真實的本質為基礎，進行低度的補強裝飾和美化
修潤，最後的結果，不會是誇張的「麻雀變鳳凰」，卻有可能由
「醜小鴨變天鵝」。

　　在評鑑方面的「優化」，與修圖的概念並不完全相同，而是一
種直接從評鑑資料「轉化」變成「優質」且能充分表述意志的簡
報。怎麼樣才能稱為「優質」？必須具備兩個條件：第一、接受評
鑑的業務內涵本身就具備良好的品質，所以你要紮根於例行的領導
與管理；第二、用良好的品質作前提，給予評鑑業務內涵這個「商
品」務實、精巧又有特色的「包裝」，藉以突顯企業或組織的績效
成果。如果第一個條件不夠理想，對第二個條件來說，很可能衍生
出「阿婆生子」的難產狀態，或是造成事倍功半、不如人意的結
果，應該要事先預防，避免出現這種劣勢，而且要預先籌謀，積極
佈局與運作，屆時自然能水到渠成、得償宿願。

說服

　　「說服」的意思，是指希望透過口語的方式，影響他人的信
念、意圖、態度、動機或行為。通常，客觀、理性的「說服」，會
傳達基於事實且符合邏輯的論點，也有可能包含新的資訊、構想、
方向或局勢，在交流溝通的歷程中，開啟對方的心扉，讓他們願意
思考進而接納論述者的觀念、想法、意見和行動。所以，「說服」
並不是逼迫他人屈服於你的意志，而是用智慧及方法循序漸進地去
遷移、改變既有的思維。

　　西方有一句諺語：「條條大路通羅馬」，用在「說服」這項任務上，也能夠適用。怎麼說呢？因為「說服」不是只能知性、理性，也可以感性、柔性，在各種內涵或情境需求中，用不同的方式達到同樣的效果，其實都是「惟精惟一，允執厥中」的具體表現，如果做得到這個地步，說它是藝術也不為過。話說有一年，我們照例接受苗栗縣政府的聘請，到代表學校去輔導他們參加全國交通安全教育評鑑，在提到簡報的注意事項時，由於有觸及「情感」、「溫度」的元素，因而勾動了受評校長的靈感。評鑑當天，她用「說故事」開啟簡報的序幕，藉由曾經發生過的交通事故，敘述老師們溫馨傳愛的教育精神，以此作為一個楔子，揭示交通安全教育的重要性，同時為剛硬的簡報揮灑一些柔軟的氛圍。雖然，這個作為並不是簡報的核心內容，卻可能是影響結果的變數，事實證明，這一招是用得恰當用得妙！他們獲得了相當好的成績。

差異

　　做一門生意，如果你的商品或服務沒有什麼能讓人留下美好的印記，那麼，想要有高的顧客回流（購）率，就會比較吃力。一般來說，追求低成本路線以衝出銷售量的策略，固然能掙得生存空間，但若單靠這種思維來拼鬥，商品或服務就可能趨向於同質化及標準化，你的和我的差不多，最終的景象將是「沒有敬亭山，只有相看兩厭煩！」所以你無時無刻都要絞盡腦汁，挖掘所有成本優勢的來源，以確保後續投入的成本更低，藉此延續企業的生命。但是要注意，這還沒有包含擴大商戰常用的「削價競爭」在內！套一句話說：「人在江湖，身不由己」，點明了「紅海」市場的殘酷殺戮就是這麼現實，既然「走進了廚房，就不要怕熱。」不過，如果有

別的選擇，難道一定要「苦守寒窯」嗎？

那就打開天窗說亮話吧！你可以有另外兩種選擇：其一、是追求品牌、設計、品質、創新…等異質性的獨特商品或服務；其二、是兼顧成本導向策略與差異化（differentiation）策略，提供既能有效控制成本又能有所區別於其他企業的商品或服務。這兩條路線有一個共同點，就是你的商品或服務要和產業中的競爭者有「差異」，這才是能否摺倒對手的關鍵手段。在企業博弈中是如此，所有組織的經營運作也是這般，當然，也包括評鑑工作在內。評鑑的每一種檢核方式，都是可以差異化的對象，而簡報又是最具有開放、彈性、自主的操作空間，只要在忠於業務成果的基礎上，歸納、提煉、展露出有專業內涵且深度思考的內容，那麼，收割勝利的果實就不是白日做夢了！至於怎麼做到這種程度？下一單元會有更深入的介紹與解說。

說明了「簡報是評鑑的最強攻心術」之後，我再做一個小整理，用圖 8-1 呈現出來，方便你複習和記憶：

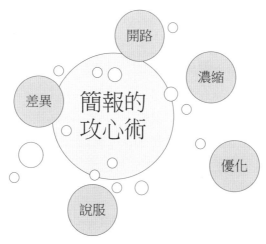

圖 8-1　簡報的攻心術

讓簡報有畫龍點睛的效果

　　分享兩個跟「畫龍點睛」有關的故事。其中之一是來自晉代王嘉所編的《拾遺記》，當中有一篇記載著秦始皇時期發生的一件怪事。傳說在秦始皇統一天下之後，有個小國敬獻一位手藝精湛的匠師，十分擅長於雕塑、繪畫。他雕刻出來的動物宛如活現，而繪畫的作品更是巧奪天工，不過是些許龍形鳳影，每隻都像是真的在飛，相當傳神。說也奇妙，這些龍鳳都沒有點上眼睛，因為據說一旦點睛，就會飛走！其中之二則是來自唐代張彥遠的《歷代名畫記》，這部中國歷史上最早又最有系統的繪畫通史，地位非常崇隆，有被看作畫壇《史記》的意味。書裡提到了南朝梁武帝的右軍將軍張僧繇，是當時有名的畫家。有一回，他受邀前去蘇州華嚴寺，在大殿上畫了一條彩龍，當他畫好的時候，突然狂風暴雨襲來，牆上的龍彷彿就要騰飛入雲一般，為此，他便在龍身上加畫一條鐵鏈將它拴住，那有如鬼斧神工的技藝，因而名揚四海。之後，他又被邀請到金陵安樂寺，這次，則是在牆壁上畫了四條活靈活現的龍，可是都沒有眼睛，正當眾人議論紛紛的時候，他開口說：「眼睛是龍的精神所在，所畫的其它部份只是形體而已，一旦加上眼睛就會具有生命，便會飛走了！」不過，儘管他信誓旦旦，還是被認為誇大其辭，故弄玄虛。他無奈地再度拾起畫筆，為其中兩條龍點上眼睛，「說時遲，那時快」，忽然雷電交相鳴閃，兩條龍竟然破牆而出凌空竄離，可真是讓眾人見證了奇蹟！於是「畫龍點睛」這個成語，就被用來比喻在關鍵之處，精練扼要地點明意旨，使整體內容更顯生動傳神。

　　在評鑑之中的簡報，角色功能本來就和資料審閱、現場視查、

訪談、觀察、問卷調查…等其他評鑑方式不同，就好像中國傳統戲曲裡的「生、旦、淨、末、丑」等行當，人物的類型都各不相同，既然已經清楚分野，表演風格也要對應到適當的角色。重點來了！在評鑑中，儘管所有「呈堂證物」都得接受評鑑委員「法眼」監看辨識，但並非每個受評者皆是千篇一律的表現模式及努力程度，更進一步說，你或許知道簡報可以文學化、音樂化、戲劇化、藝術化，但是你不一定能夠做到位，因而始終要朝著「沒有最好，只有更好」的方向跨步前進。

在實務上，要在忙碌又有時限的評鑑準備工作中，大小事情都處理周全，是相當勞心勞力的，不必奢求完美無缺，只要盡其在我、無愧於心就可以了！但話說回來，「打蛇打七寸」，不同評鑑方式各有它擔當的模樣和特性，拿捏得宜才能充分釋放它的能量和風采。而簡報，就是需要你在非常有限的時間舞台上，以經過優質化及差異化處理的績效成果，秀出濃縮編排後的業務內容，用慧心巧思的文藝渲染、情感導流與智識梳理，取得評鑑委員的認同及肯定，那種「一發入魂」的效果，就如同大師妙筆彩繪神龍，在最關鍵的位置隆重地點上眼睛一般，賦予了抒放靈動的生命與意義。

我的評鑑簡報是在一種追求「盡善」的心態下發展出來的，沒有參酌他人的版本，大多是自己的領悟及靈感。這一套模式，同時兼顧「面面俱到」與「獨特手法」，通篇結構緊實又有轉折和統整，也有不落俗套的柔性元素，可以突顯出簡報的質感與性格。對於整個評鑑來說，我透過具有個人及組織特色的簡報，掌握前述所提醒的構面，以及應該注意的「眉角」，已然極大化簡報的效能。那麼，我的「簡報葫蘆裡到底賣的是什麼藥」呢？「藥方」如下：

醒目標題

有些人會直接用評鑑的名稱作為標題，這當然沒有任何問題，只不過比較沒有震撼力，也欠缺新意，甚至可以說，浪費了一個表述專案理念與素養的好機會，這樣非常可惜！下一個適切的標題，就好像替想寫的文章定一個主題，以此為主軸貫串全篇思路和延伸所有內容，並且，還可以應用起、承、轉、合的技巧來豐富整個簡報的內涵。而要怎麼樣達到「醒目」的效果？有幾個要點：第一、清楚明瞭這個評鑑專案的意義、精神、主旨、目標與核心需求；第二、強調企業或組織對這個評鑑所特別關注的層面；第三、文字洗鍊、對仗，能做到押韻上口更好，下圖 8-2、8-3 是兩個參考實例。

圖 8-2　教育部交通安全教育評鑑：
簡報標題「豐田交安，邁向三安」。

圖 8-3　教育部建置防災校園評比：
簡報標題「防災全方位，安全護校園」。

統一格式

簡報的格式雖然不是受評業務主體，但它是一種表徵，顯示企

業或組織看待重要事情的態度，有沒有完整性、一致性的宏觀思考？有沒有細膩、精緻、美感程度的衡量？有或無、多或少的差別，會造成簡報呈現出來的不同效果和感受，或許不至於直接加減分，但有可能產生「月暈效應（halo effect）」或是「表面效度」，間接影響評鑑委員對於業務內容的看法。這裡所指的「統一格式」包含兩個部分：其一、是指簡報元素在畫面位置的統一；其二、是指用字數量的統一。以圖 8-4 為例，幾乎所有投影片的左上角都是學校的校徽，上方都是受評業務大綱，主體頁面則都是詳細做法；另外，圖 8-5 顯示，在充分表達涵義的前提下，每一項重點所運用的字數都相同，這樣能夠獲得更美觀的畫面。

圖 8-4　教育部交通安全教育評鑑：
統一格式（左上是校徽、上方是受評業務大綱、主體頁面是詳細做法）。

圖 8-5　教育部建置防災校園評比：
每一個策略所運用的字數都相同，可以提高畫面的美觀性。

謙遜思維

　　企業或組織的受評業務要做到十全十美，應該是「Mission：Impossible」，不可能的任務吧！無論如何，都不能自滿得意，而

是要警惕自己，維持謙遜的態度，把握這一個難得的「再學習」機
會。這樣說有兩層意義：其一、在受評的時候，專業的評鑑委員有
可能會善意地指陳出待改進之處，或是針對某些內容提出問題和質
疑，這些都透露著「理無專在，學無止境」、「明天可以更好」的
訊息；其二、評鑑的用意雖然在於「改善」現狀，但也會一併告知
你，成績、水平是位在哪一個程度或層次，未來需要努力的空間有
多大。我在簡報中，用一兩句話輕描淡寫地高抬評鑑委員的身分素
養，期待能從他們身上得到啟示和收穫，如圖 8-6、8-7 所示。

圖 8-6　教育部交通安全教育評
鑑：
表達對於「學有專精，術業專
攻」評鑑委員的歡迎之意。

圖 8-7　教育部交通安全教育評
鑑：
表達謙遜的態度和精進的意
志，接受評鑑委員的指引與輔
導。

專業脈絡

這裡所說的「專業」，純粹是指呈現簡報的邏輯思考，不是指
受評的業務內涵。不同領域都有它的專業理想、精神、規範、知識
及技術，一旦有需要的時候，就應該「請神下凡」，示現說法怎樣
才是「專業」的面貌，所以簡報當然也用得上。簡報的大綱脈絡最

好是能講究「理則」、「順位」，好比老子《道德經》所說「人法地，地法天，天法道，道法自然」的推衍論述，「道」既然應該效法「自然」的無私而化生萬物，則「自然」的位階就要放在最前面，然後才是「道」、「天」、「地」，最後才是「人」。依此類推，在做業務簡報時，也要能呈現類似的思考。

　　我在做教育部交通安全教育評鑑簡報的時候，因應評鑑特性的需求，有必要先介紹學校所在地的交通安全環境，以及分析學校的優勢（strength）、劣勢（weakness）、機會（opportunity）與威脅（threat）等交通狀態，讓評鑑委員了解、消化，以發揮「前導」的作用。之後，魚貫帶出受評業務的序列架構，首先提出的是凝聚組織成員意識及力量的交通安全教育「願景」，由願景導引出欲追尋的「目標」，再從目標發展出務實的「策略」和「方法」，而所有執行措施的成效良窳，則採取自我「檢核」的機制，進行查核及驗收，用這樣的邏輯思路完成簡報的大綱脈絡，請詳見圖 8-8～8-13。

圖 8-8　教育部交通安全教育評鑑：
簡報的專業脈絡一～學校週邊的交通安全環境。

圖 8-9　教育部交通安全教育評鑑：
簡報的專業脈絡二～學校交通安全環境的 SWOT 分析。

圖 8-10　教育部交通安全教育
評鑑：
簡報的專業脈絡三～交通安全
教育的願景。

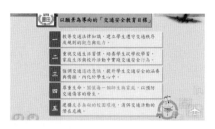

圖 8-11　教育部交通安全教育
評鑑：
簡報的專業脈絡四～交通安全
教育的目標。

圖 8-12　教育部交通安全教育
評鑑：
簡報的專業脈絡五～交通安全
教育的策略及做法。

圖 8-13　教育部交通安全教育
評鑑：
簡報的專業脈絡六～交通安全
教育的成效檢核。

強調核心

在三國鼎立前期，劉備身邊有關羽、張飛兩個驍勇善戰的結拜
兄弟，以一當百出入戰陣，少見與之匹敵的對手。按理說，猛將揮兵
所向披靡，一城拿下再奪一城，應該不是難事，可偏偏局勢叵測，
他三兄弟有時順遂、有時吃驚，境遇就像大海中漂泊的扁舟起伏不
定，直到遇上徐庶拜為軍師，才初嘗指揮若定、探囊取物的勝果。
只是好景不常，曹操用計逼迫徐庶入其陣營，劉備痛失大才抑鬱寡

歡。豈料「塞翁失馬，焉知非福」，徐庶離開前，向劉備舉薦「臥龍」諸葛亮，於是上演一齣「三顧茅廬」的戲碼。為什麼非要三顧茅廬呢？因為劉備把中興漢室的希望寄託於孔明身上，孔明成了「核心」人物，所以要赤誠禮賢，一次又一次不畏酷暑寒雪專程相邀。同樣的道理，在簡報中也可以這麼操作，用精練的語言強調「核心」的概念，表示對於此項評鑑事務深刻的理解與掌握，如圖8-14、8-15 所示。

圖 8-14　教育部交通安全教育評鑑：
強調「生命可貴，重視交通安全」的核心概念。

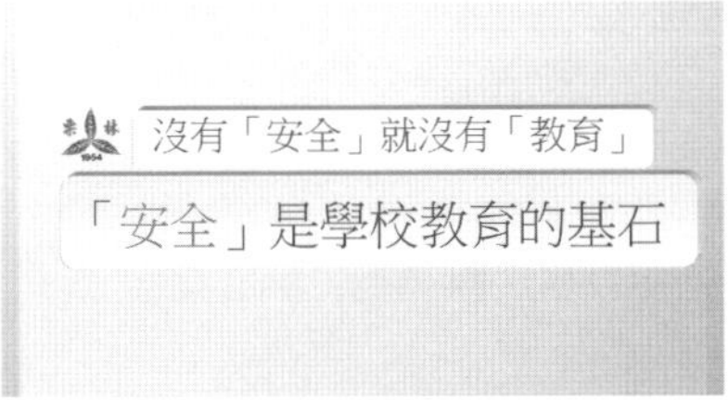

圖 8-15　教育部建置防災校園評比：
強調學校所有教育措施是奠基於「安全」的核心概念，包括防災環境建置。

質量並重

　　資料的蒐集和呈現通常有兩大類取向，一類是「質性」方法，另一類是「量化」方法。前者著重於目標對象的經驗、行為、心理和情緒，並不特別追尋普遍的法則，而是以微觀的角度探索內在的觀點、感受與意見，以及他們所賦予的人、事及環境互動的意義，因此，質性方法是產生「描述」資料的方法；後者則著重於對特定現象進行數值的測量和統計，任何個人、組織或社會的真相都可以

定義及操作，同時被客觀且有系統地邏輯化彼此的因果關係，所以，量化方法是運用「數據」資料的方法。統觀來看，無論是理論研究或是實務應用，「只取一瓢飲」的做法也足以成事，但若站在吹毛求疵的立場上來看待，似乎「質量並重」又更具有說服力，實例如下圖 8-16～8-19。

圖 8-16　教育部交通安全教育評鑑：

用回饋表、學習單…等方式蒐集學生、教師及家長的質性意見。

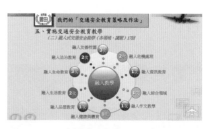

圖 8-17　教育部交通安全教育評鑑：

各項交通安全教育計畫、會議、宣導、課程、教學、活動…都有數據統計。

圖 8-18　教育部建置防災校園評比：

用回饋表、學習單…等方式蒐集學生及教師的質性意見。

圖 8-19　教育部建置防災校園評比：

用防災教育前後測的成績對比，統計、分析學生的學習效果。

軟硬兼施

　　懂電腦、手機、平板…等資通訊科技設備基本常識的人，都知道是軟體在驅動這些硬體，換句話說，如果沒有軟體和硬體組合，這些硬體都只是廢鐵，沒辦法改善人類的工作和生活。但話說回來，軟體雖然存在，它還是得寄存於硬體之中，才能發揮龐大的威力，讓硬體被識別、記憶和需要。所以這麼說吧…它們好比是夫妻的結合，硬體是男，主外；軟體是女，主內，同心協力為家庭打拼賣命。相同的概念，也可以遷移用在評鑑事務上。只可惜有許多人把「關愛的眼神」放在「人」與「事」的處理及其結果，卻忽略廠房、空間、工程、設備…等硬體及環境也有可能扮演重要的角色，如果成了簡報中的「漏網之魚」，那就相當「打爽（客家詞語，意指糟塌、可惜）」了！所以，我的簡報不僅會強調軟性事務的成果，也會突顯硬體方面的努力，請見圖例 8-20～8-23。

圖 8-20　教育部交通安全教育評鑑：
所推動的交通安全教育措施大部分是軟性事務。

圖 8-21　教育部交通安全教育評鑑：
校內交通安全教育環境及硬體的改善也是重要的環節。

圖 8-22　教育部建置防災校園評比：
所執行的建置防災校園教育措施有許多是軟性事務。

圖 8-23　教育部建置防災校園評比：
校園防災環境及硬體的改善也是重要的環節。

⚡ 特殊事蹟

　　有人說：「台灣最美麗的風景是人」，對這片土地充滿信心，不忘孤芳自賞也是一件好事。以此作為延伸，台灣在生活環境上最讓人感到放心的，就是「健保制度」，姑且不談論它的財務缺口問題，對於政府來說，這是一項可以睥睨於全世界的政績。同樣的道理，評鑑也需要展現「特殊事蹟」，以製造亮點顯出「差異化」的功效，如果沒有這方面的作為，業務內涵將會平凡無奇、乏善可陳，企業或組織也會流失評鑑的競爭力，所以是非常重要的項目。「特殊事蹟」可以包含四個部分：分別是重大措施、特殊成就、優良事蹟與創新作為，怎麼定義它們呢？當然是你說了算，但是不要過於「打腫臉充胖子」，硬是牽強附會有所溢美，造成反效果就不好。至於要如何創造這些「業績」，只能說是「八仙過海，各顯神通」囉！圖 8-24～8-27 是舉例說明。

圖 8-24 教育部交通安全教育評鑑：

向苗栗縣政府申請工程經費，改善校園交通安全環境（重大措施）。

圖 8-25 教育部交通安全教育評鑑：

辦理苗栗縣高中職、國中、國小交通安全宣導才藝表演活動（特殊成就）。

圖 8-26 教育部建置防災校園評比：

廣泛邀請家長及社區人士參與防災宣導、演練、踏查各項活動（優良事蹟）。

圖 8-27 教育部建置防災校園評比：

實施參訪、踏查、體驗、遊戲、戲劇…多元的防災教學方式（創新作為）。

成效檢核

當老師要完成一個教學活動，必須走過「教學設計—教學實施—教學評量」的流程；企業與組織對於管理或行政事務，也會有「計畫—執行—考核」的運作歷程，這兩種程序到最後如果要進發

它最大的力量，都還要有一個循環改善的動作，那就是「回饋（feedback）」，回饋是否有效果，得看「評量」或「考核」有沒有發揮它的用處，換句話說，能不能透過「評量」或「考核」發現教學、活動、業務、專案的優良之處，或是有缺失待改善的地方。評鑑也是一樣，用得上這種原理和方法，你只需要做一些設計，蒐集目標對象的意見及表現，事後再加以分類、整理、統計、分析，適當地表情達意添置於簡報中，評鑑委員自然能理解、感受到你的用心，實例請參考下圖 8-28、8-29。

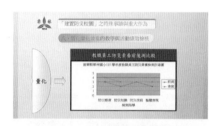

圖 8-28　教育部交通安全教育評鑑：
成效檢核的方式之一是對學生及家長實施交通安全教育的問卷調查。

圖 8-29　教育部建置防災校園評比：
透過防災態度、知識、技能的前後測比較，檢核教師的防災素養進步情形。

後設認知

　　宋代朱敦儒的詞風俊逸灑脫、不染俗塵，他的《鷓鴣天・西都作》是這樣寫的：「我是清都山水郎，天教懶慢帶疏狂。曾批給露支風敕，累奏留雲借月章。詩萬首，酒千觴。幾曾著眼向侯王？玉樓金闕慵歸去，且插梅花醉洛陽。」透露出清風明月、淡泊名利的

心境。在眾多「人設」的類型之中，朱敦儒很清楚的理解到自己的「選擇」，是要做一個「嬾慢疏狂」的曠達名士，而非溫文儒雅、肅穆嚴謹、內斂沉靜…的淡凡人物。這是一種「自知之明」，「認知」到自己想要成為怎樣的人，因而「選擇」做出相應的行動；在理論上，有比較專業的術語來形容，叫做「後設認知（meta-cognition）」，是指個人對自己的認知歷程能夠掌握、控制、支配、監督與評鑑的一種知識，所以也可說是「認知的認知」。我把它拿來用在簡報上，突顯我們對於整個評鑑的作為，有既定的「認知」，並且採取另一種形式的「認知」來強調它，如圖例 8-30、8-31 的說明。

圖 8-30　教育部交通安全教育評鑑：
用「後設認知」的思維，整理出所掌握到的交通安全教育關鍵要點。

圖 8-31　教育部交通安全教育評鑑：
在「後設認知」的關鍵要點中，舉出「交通安全教育方法—多元運用」為例。

績效對照

對於金融商品（如股票、基金…）的投資，稍微細膩用心的人會去查閱上市櫃公司的財務表現，例如：損益、資產負債、現金流

量、股東權益變動、盈餘分配…等狀況，也會去了解基金公司旗下所管理的基金資訊，包括：淨值、規模、報酬率、風險指標…等數據，作為進退場決策的參考，如果是更加穩健老成的投資人，除了會看季度、半年的短期績效，還會看五年、十年的長期績效，以取得更為齊全保險的資料。這些動作代表的意義就是「對照」的概念，某個公司的營運或基金的管理績效，是否能夠逐年成長？是否優於同產業的公司或同類型的基金？答案若是正面、肯定，就能得到投資人的青睞，提高持有的意願和信心。同樣的道理，也適用於評鑑簡報的表述，只不過我把它轉化為改善與進步情形來呈現，如圖 8-32、8-33 所示。

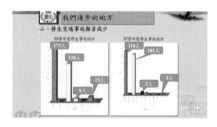

圖 8-32　教育部交通安全教育評鑑：
對照於往年的學生活動情形，所發生的交通事故顯著減少。

圖 8-33　教育部交通安全教育評鑑：
對照於往年的績效，學校內外的交通安全環境有顯著的改善。

感性氛圍

在一個音樂節目裡，邀請「永遠 25 歲的校長」譚詠麟擔任嘉賓，他用帶有滄桑意韻的磁性音質一字一句娓娓唱著：「夢難圓卻

難免，陷入感情的深淵，黑夜難天明，徒留癡情誰憐，冷風又掠過回憶，相思與痛苦繾綣，花落盡荒涼一片；心難守又奈何，愛與怨總無界線，終夜聽歎息，左右不了轉變，情緒又狂亂，緊握著一張感情的白卷，怎麼能無怨無悔？我何苦為了你，隱瞞所有哀愁任由飄零，忽東忽西猶如浮萍；我何苦為了你，流浪在溫柔枯萎的曠野，感情的結今生難解。」這樣的感性氛圍，觸動了旁聽女來賓的鬱結情思，無法自抑地潸然流下淚來，歷久難平，而在場的觀眾，同樣能強烈感受到「譚校長」歌聲的渲染魅力。除了音樂之外，舞蹈、繪畫、書法、戲劇、文學、插花、茶道…等藝術，以及背後所蘊藏的故事和文化，都可以勾引出人們深層的情愫與感懷，那種影響力雖然隱而難見，卻是非常巨大！懂了這個道理，若沒有應用到評鑑簡報當中，豈不是「暴殄天物」？請見圖例 8-34、8-35。

圖 8-34　教育部交通安全教育評鑑：
運用感性文字，營造柔性氛圍，卻仍透露著用心推動交通安全教育的意志。

圖 8-35　教育部交通安全教育評鑑：
運用感性文字，營造柔性氛圍，卻仍透露著用心推動交通安全教育的意志。

惕勵未來

　　早在東漢時代，崔瑗即寫下了在中國歷史上第一篇提醒為人處世和行為規範的文章《座右銘》。全篇用字簡潔，總計才二十句一百字，末尾的「行之苟有恆，久久自芬芳」總結了全文的意旨，也強調了實踐的重點。我從中得到啟示，不僅在做人方面可以砥礪品行，在做事方面也能夠百尺竿頭。就以學校業務來說，好比是在跑一個永遠沒有終點的馬拉松，中途可以放慢腳步，也可以調整跨度，但目光始終要注視遠方，才能保有前進的成果和動力，而評鑑，恰似跑程中一個一個的補給站、飲料站，提供所需的養分和能量。但是，不要忘記！關鍵仍然在於賽局中者，即便評鑑已過，還是要心存警惕且自我激勵，持之以恆地去實現理想與信念，這樣的未來才會充滿希望，圖示 8-36、8-37 實例請參考。

圖 8-36　教育部交通安全教育評鑑：
用明確的語氣、堅定的意志，展現持續精進交通安全教育的決心。

圖 8-37　教育部建置防災校園評比：
用明確的語氣、堅定的意志，展現持續精進防災教育的決心。

　　說明了「讓簡報有畫龍點睛的效果」之後，我再做一個小整理，用圖 8-38 呈現出來，方便你複習和記憶：

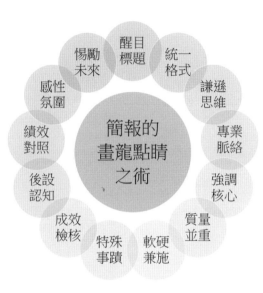

圖 8-38　簡報的畫龍點睛之術

chapter 09

透視評鑑指標

天后莫文蔚曾經唱過一首粵語歌《透視》，歌詞不容易理解，而且篇幅很長，總共有八個段落；雖然有些字句是重複使用，但仍有少許的差別，所以意思也稍微不同。不過，在本章的開場，我只有取其前面的三段，即使並非完整，但對於引申文義來說，它能夠發揮的功用已經綽綽有餘。這幾段歌詞如下：

世界沒有孔雀，你會看到知更鳥嗎？
世界厭棄鑽石，你會發覺沙的美好嗎？
若是現在問你，欣賞我嗎？
或是純粹，觀賞我嗎？

長裙極黑，願望極藍
不想身邊的你看漏眼
紅鞋極花，寂寞極難
十萬件衫，穿不上心間

叛逆暴烈或要高貴冷艷，公主的新衣原來願透視
如能望著望著便看穿所有我的心意
要是真的要知，以為不講也知會望見

第一段是連續的疑問句，根據作詞者周耀輝的說明，他一直認為面對許多事情，不一定只能循著一個途徑去思考，所以希望聽眾在聆賞歌曲的時候，可以解讀出各種不同的意義；第二段總共用了四個「極」字，這種手法是想表達詞中女主角內心的強烈渴盼，盼望對方看穿她所有的心思，盼望對方不會看漏眼，至於「十萬件衫，穿不上心間」，則較為直接地表達了，再多的衣衫也遮掩不住她深切想讓對方了解的心理；而第三段的「叛逆暴烈」或「高貴冷艷」，似乎是女主角想要給對方選擇，究竟喜歡怎樣的自己？由於

她並不知道對方怎麼想，所以願意透視自己讓對方明白，如果對方真想知道自己的心意，只要稍微望一望便會看見，絲毫都不難[9-1]。

這首曲子《透視》，彷彿在替「評鑑指標」、「評鑑基準」或「評鑑項目」作宣示，也好像是它們的代言人。怎麼說呢？首先，起始一連串的提問，是在暗示看待人或事應該要有不同的面向，才能發掘更深的內涵和更多的可能性；其次，一個有感情或有意義的人、事、物，肯定有值得為她（他／它）探索、追尋、奉獻的價值；最後，只要稍加留意、用心對待，就會得到應有的回報和收穫。這些想法及意念，拿來類比到「評鑑指標」的功能定位上，是不是特別地吻合？此時不「透視」，更待何時？

評鑑訪視何時了，指標知多少

南唐李後主（李煜）在歸降宋太祖趙匡胤之後，填了一闋詞《虞美人》，將思念故國、忍辱苟活的錐心之痛，毫不掩藏地釋放出來，他是這麼寫的：

春花秋月何時了，往事知多少？小樓昨夜又東風，故國不堪回首月明中。
雕闌玉砌應猶在，只是朱顏改。問君能有幾多愁？恰似一江春水向東流。

註 9-1　黃晨勇（2012）。**周耀輝《透視》的歌詞細讀**。2022 年 5 月 18 日取自：https://cantonpopblog.blogspot.com/2012/04/blog-post_5330.html。

　　我發現這闋詞可加以利用，於是顧不得自己有多少詩文細胞，也不怕別人鄙視嘲笑，就當作餘興節目來改作自娛，成品如下：

評鑑訪視何時了，指標知多少？小城昨夜又北風，青春不堪回首舊夢中。

熱情理想應猶在，只是心境改。問君能得幾時休？恰似鏡花剪影西窗留。

　　是不是看起來有模有樣？呵呵…在往自己臉上貼金的動作背後，其實我是在「有的放矢」，射出的箭是有方向、有目標的！簡單來說，就是敘述面對評鑑的心路歷程，在流金歲月中，年復一年以青春相伴，儘管磨耗了一些念想，但追求「上善」的鬥志不減；因為清楚地知道，評鑑的模式與慣性不會有停歇的一日，所以要有正確的心理建設和備戰意識，而其中很關鍵的一個認知，就是要像技藝精純的雕刻師傅抓得住人物神韻一樣，掌握住「指標」。「評鑑指標」不能等閒視之，也不能輕慢待之，否則是要吃虧的！如果能像《哈利遇上莎莉（When Harry Met Sally）》，從初見、排斥、認識、喜歡、了解到愛上，則「評鑑指標」勢必會是你的杯中兔、囊中物。那麼，要怎麼做比較好呢？

明瞭評鑑指標意涵

　　韓愈在《師說》這篇文章中，開頭就直言：「古之學者必有師。師者，所以傳道受業解惑也。人非生而知之者，孰能無惑？」真是說得一針見血、鞭辟入裡！一個人不是生下來就懂得知識和道理，也不是什麼都會，所以需要老師的引領及教導，才有可能進步和成長，在學校讀書是如此，入社會工作也是這般。老師無所不

在，除了人為典範之外，法義、事理、物象（如明鏡）、時序、自然…等都可為師，而在評鑑這件事情上，「指標」也有這種意涵。

說得直白一些，「評鑑指標」的用意，在於標明特定的努力「方向」，而且也設定期望達到的「目標」，這是評鑑之前就已經預先揭示的基準、項目和重點，在「引領」、「指導」你應該做這些事，才會對企業或組織更有助益，難道不是另外一種形式的老師？況且，無論是環境需求狀態、硬體設備規格、物件品項數量、法律要求事項、管理制度規範、專業領域參數、指標分類向度、審查條目內容…等，都有可能因應年代、思潮、政策、學理…等因素的變遷而作滾動式調整，表示「評鑑指標」也與時俱進、掌握先驅，持續扮演「沉默之師」的重要角色。

認清評鑑指標功能

你有印象嗎？在學校的健康中心都會設置身高體重計，用來測量學生的身高和體重，以記錄他們身體的成長變化，並且比較、判斷是否有生長遲緩或體位過重等異常現象；這種器材，有的還附加身體質量指數（body mass index, BMI）顯示，提供更多的數據作為分析健康狀況的參考。雖然功能有所增加，甚至演進到自動化操作，但還是屬於基礎簡單的設施，所以不只學校會有，一般家庭也可能會配備。除此之外，近年來個人及居家健康管理意識抬頭，較為複雜精密的智慧手錶、智能手環，如雨後春筍般進入市場，為了滿足大眾對於血氧、心率、脈搏、血壓、情緒、睡眠、計步…等健康及時監控需求，而各自使出看家本領來設計產品搶占商機，正好落實了 Nokia 的那句廣告 slogan：「科技始終來自於人性」。

　　不管是自動化身高體重計也好，智慧手錶（環）也罷，都提供了一些偵測、蒐查的功能，據以知悉受測者的個別狀態。類似這種利用科技來取得資料、資訊的做法，在電機、農業、生化、體育、軍事、工程、財經、教育…等職業及生活各領域都有。舉例來說，當你欣賞台灣職棒比賽的電視轉播時，螢幕左下角會顯現九宮格圖示，那是 KarmaZone 電子好球帶結合 3D 擊球動作的觀測系統，不僅可精準分析投打實況，更能讓選手清楚了解和修正動作。所以，這些科技儀器與設備是輔助、協力的角色，它最可貴的地方，就是藉由圖像、文字、數據…等資料及資訊，提供使用者解析、研判、決策之用，換句話說，因為有它，使用者便能夠順當地對不同受測者進行「區分」與「辨識」，比較出高低、優劣、強弱、多少、大小、虛實、巧拙、快慢、輕重…等程度。這種思維理路和相應功能，拿來類比到「評鑑指標」的設計用意上，一點都不違和，而且有異曲同工之妙。

正確解讀評鑑指標

　　許多年以前，我在台北市小學服務的時候，親身經歷一個有趣的故事。鄰近學校一位朋友，老婆懷孕之後心情飛揚，某日碰見了，他更是欣喜若狂地透露說：「超音波照出來是帶棒子的唷！」那時便知他想要的是兒子。時光一溜煙轉眼即過，幾個月後再度巧遇這位朋友，他說孩子已經出生了，我正準備大力向他道喜之際，他竟帶著自我解嘲的語氣，搶著回述生產那日的情景：「竟然是女兒！當確知這個事實，我整個癱軟在椅子上像個糍粑，一動也不能動。」我推想，他必定是非常落寞與沮喪，怎樣也不會料到醫生給他開了一個這麼大的玩笑！可不是嗎？沒有細膩檢視超音波顯像而

釋出錯誤訊息，帶給產婦夫妻假象的期盼，最後不免失望收場。

但是推敲一下，這事兒能怪罪醫生嗎？應該是不能也不必這樣，為什麼呢？因為醫生並不是進到孕婦肚子裡去實境查看的啊！既然隔著一層肚皮，且是透過儀器顯影觀看，就只能依據知識與經驗來判斷，因而出現若干比例的誤判是可以理解的。不過，任誰都不希望被誤判吧！即便是一丁點可能性都要降低，反而要極盡本領提高準確度才對。這個原則與態度，在就學、求職、工作、晉階、生活上無不需要。舉例來說，你有參加過考試的經驗吧？題型有是非、選擇、填充、連結、簡答、申論…等類別，如果沒有認清、看懂題目意思，就有可能答錯或答非所問，情節嚴重時還有機會吃「鴨蛋（0分）」；除了筆試之外，面對口試或其他形式的考試也要有這種覺悟，否則，即使神仙降世也難力挽頹勢。究竟，是什麼覺悟這麼重要？「審題！」就是「正確解讀題目」，搞清楚它真正要問的是什麼，之後才能「對症下藥」、「見招拆招」，回應出考官想要的答案。同樣地，對於「評鑑指標」也是如此，也要「正確解讀」它，讓資料妥善地「對號入座」，才不會像「喬太守亂點鴛鴦譜」一樣，錯置評鑑報告表的內容，降低了自己的水準。

說明了「如何掌握評鑑指標」之後，我再做一個小整理，用圖9-1呈現出來，方便你複習和記憶：

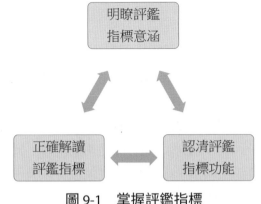

圖 9-1　掌握評鑑指標

透視評鑑指標，徹底發揮評鑑力

　　吳承恩在《西遊記》裡舖設了一條軸線讓眾妖精心癢難耐，那句話說道：「吃了唐僧肉可以長生不老。」以致招引了白骨精、金角大王、銀角大王、紅孩兒、獅駝嶺三妖魔、黑水河鼉（唸「陀」）龍、比丘國國丈、南山大王豹子精等魔怪躍躍欲試，而這些妖魔鬼怪為了能順利捉到唐僧，都會把自己偽裝成人身甚至是佛祖，以達到混淆欺瞞的效果。只不過，「代誌不是憨人想的那麼簡單（台語）！」妖精們打著如意算盤，卻沒認知到唐僧旁邊有一個大鬧天宮的徒弟潑猴孫悟空，是一個厲害的狠角色！不但會七十二變的法術，還有能辨別真假善惡、目光尖銳犀利的「火眼金睛」，可以輕易探照出裝模作樣、心懷不軌的魔怪本尊，阻擋牠們的奸邪企圖，在千辛萬苦中極力確保、維護唐僧的生命安全。

　　孫悟空的「火眼金睛」就是一種「透視眼」，能夠看出肉胎凡人所不能覺察、洞悉的魔障幻象。這樣的特殊能力，幫助唐僧排除

了許多西天取經路上的困難險阻，也提醒師徒眾人遇事要更加明察秋毫、幽微入心。也許你會好奇，這「透視」能力是怎麼來的？在小說裡，「老孫」是被丟進煉丹爐裡，躲在八卦的「巽位（屬風，有風則無火）」七七四十九天之後所成就的，但在現實中，這款能力還得靠自己摸出門道。不過還好，我是你的朋友，我會把評鑑的經驗和體悟分享給你，讓你可以「截彎取直」，不至於走太多迴繞曲折的冤枉路。那麼，重點在哪裡呢？我先列出幾個不同領域的「評鑑指標」實例給你參考，如表 9-1，再進一步說明關鍵的衡量點是什麼。

表 9-1 不同領域的「評鑑指標」實例舉隅

評鑑名稱	專業領域	執行年度	指標類別	分類向度	指標內容
公司治理評鑑	金管	2022	指標	一、維護股東權益及平等對待股東	1.1 公司是否於股東常會報告董事領取之酬金，包含酬金政策、個別酬金內容及數額？
托嬰中心評鑑	社福	2022～2024	項目與內容	一、立案行政與業務管理	3.嬰幼兒資料與接送管理～（4）建立出缺席紀錄並對缺席嬰幼兒進行追蹤聯繫。
一般護理之家評鑑	衛福	2021	基準	B、專業服務與生活照顧	B1、住民服務需求評估及確實依評估結果執行照護計畫。
私立就業服務機構評鑑	勞動	2020	指標	三、顧客服務	1.提供資訊。
醫院評鑑	醫療	2019	基準	一、經營管理	1.1 醫院經營策略～1.1.3 擬定並參與社區健康促進活動。

評鑑名稱	專業領域	執行年度	指標類別	分類向度	指標內容
優質農村體驗品質評鑑	農事	2021	指標	C、體驗經營及行銷管理	C7.提供依客層屬性分眾分時之農村體驗服務。
全國交通安全教育評鑑	教育	2022	面向	三、交通安全與輔導	4.針對學生違規、交通事故作統計，並實施輔導作為。
教育部對地方政府特殊教育行政績效評鑑	教育	2021	項目與參考效標	貳、鑑定、安置及輔導	一、鑑輔會運作～（一）鑑定安置計畫～1. 訂有主管教育階段特殊教育鑑定年度工作計畫（身心障礙與資賦優異二類分別敘述），定期召開會議，並針對篩選、鑑定、安置之實施，進行檢討與修正。

　　每一個評鑑的分項指標都為數不少，這裡只是各摘取一條細項舉例說明，儘管如此，所有「評鑑指標（或基準、項目、內容、面向、效標）」的設計旨趣和表述模式都是相同的。通常，為了避免受評者不清楚或誤解指標意義，有些評鑑會在表件後方或適當對應欄位，附加備註、說明或是法令依據，讓受評者有遵循努力的方向、篩選取捨的參考和配置資料的依憑。但是你有注意到嗎？「評鑑指標」高舉大纛為「陷入水深火熱的苦難兄弟姊妹」指引一條明路，卻又好像在說：「師傅領你進門，修行看你個人」，每一項指標活脫脫就是一道一道考題，它不會告訴你要怎麼答題（如何做）比較好？也不會提示你要回答（做）到什麼程度？直到最後，看誰理解它最為通透徹底，就有可能發揮到最理想和滿意的境界。所以，關鍵的衡量點即在於，你「參悟」的「評鑑指標」意涵層次到哪裡？若是流於字面上、直覺性、粗淺化的解讀，那很有機會只能

達到像大學入學考試的「底標（前面還有頂標、前標、均標、後標）」程度，極目遠望盡是看到人家的「車尾燈」，將絲毫沒有競爭力！相反地，若能認知到它具有可開發的無限性和自由度，以「會當凌絕頂，一覽眾山小」的氣魄來創造優勢、實現藍圖，那麼斬獲勝果將易如反掌。如此說來，要怎樣做才能對「評鑑指標」有好的「透視」效果呢？我用評鑑的實戰心得，從以下三個策略維度來為你作說明：

廣泛

在 2021 年第 120 屆法國巴黎國際發明展中，國立聯合大學學生發揮集體智慧，巧妙地將台灣傳統洗刷餐廚具的絲瓜絡（菜瓜布），設計、研發成包裝媒材，廣泛使用在玻璃瓶防撞、雞蛋定位儲存、咖啡可攜杯套和鞋子隔熱除臭，不僅創新了多種便利生活特性，還能重複利用、減少塑料，兼顧到環境保護，因而博得評審青睞，榮獲金牌獎肯定。這種藉由便宜又容易取得的環保日用材料，傳遞出解決問題、關懷世界、友善地球的人文核心價值，是最為可貴的地方。但這個發想之所以成功，還得歸功於另一個因素，那就是採取「廣泛」、「多元」的功能表現形式，以驗證點子的有效性及實用性，同時提高產品的信賴感和說服力。

當我們處理「評鑑指標」的時候，也要像上述的金牌發明一樣，在牢牢握住核心理念和價值之際，往四面八方開關無人競逐的新戰場。所謂的「新」，依據我多年擔任評鑑與輔導委員的經驗及心得，可以解讀為「別人沒有做過」、「做得比別人更多」或「做得比別人有創意」，譬如我們在接受教育部交通安全教育評鑑時，

把師生以外的學校外部人士也納為推動的對象；最核心的交通安全課程與教學，不僅完整規劃於各學習領域實施，還融入品德、法治、危機處理…等許多重要的教育議題；而除了陸上的行人、行車、乘車安全，也指導海空的乘船、搭機安全與知識。「新」只是相對的概念，意味著「更精心」、「更努力」的作為，絕對不是膚淺的「標新立異」，若要達到這樣的境地，勢必得採取「廣泛」的策略，才有機會站到起跑線與強者一較高下。在這一點上，當初我們的交通安全教育做法是全面關照實施對象、廣泛整合學習領域與教育議題、兼顧規劃陸海空構面、統合利用策略性資源，以及多元運用教育方法。由於在提報的評鑑表中，對應於指標項目的執行內容繁多，且同一處理方式（如全面關照實施對象）多散見於不同指標項目，所以，在不便逐條陳列的情形下，我只能分別舉出一個實際做法為例，請見表 9-2，以證明本段的論述要義。

表 9-2　「透視評鑑指標」的策略維度—廣泛（舉隅）

策略做法	項目	重點	執行內容
全面關照實施對象	一、組織、計畫與宣導	1. 依照規定成立「交通安全教育推動小組」，組織架構完整（含聘請當地交通單位主管與家長會長為顧問）；按期（學期初、學期末）召開委員會議，規劃、檢討與改進交通安全教育有關事宜，紀錄並經校長核定執行。	1、成立「交通安全教育委員會」，成員涵蓋校長、業務處室主管、承辦人、業務相關行政人員、各年級教師代表、幼稚園園長，另聘請家長會長、轄區分駐所所長、里長、本校交通義工隊長、社區守望相助隊隊長等地方賢達與熱心人士擔任顧問。

策略做法	項目	重點	執行內容
廣泛整合學習領域與教育議題	二、教學與活動	1. 規劃教學進度與設計教案，融入九年一貫課程活動中，並運用交通安全相關資源進行教學，以落實交通安全教育的學習。	4、將生命教育、生活教育、品德教育、法治教育、友善校園、危機處理等教育的精神與內涵融入各班級、各領域交通安全教學活動設計之中。
兼顧規劃陸海空構面	二、教學與活動	3. 落實情境教學，例如校園配合地形、地物設置相關交通安全標誌（或繪設標線）、或實地參觀校外交通環境，進行情境教學。	3、檢視學校地理與物理特性，以涵蓋陸海空交通安全教育的內容為經、設計多元交通安全教育的形式為緯，運用「系統性思維」建置各類型教育情境…。
統合利用策略性資源	二、教學與活動	4. 運用主管機關函送資料或自行收集（製作）相關教材、教具，各項教具及設備經常充實、更新，管理與維護良好。	7、自籌經費採購小汽車、小腳踏車；製作紅綠燈號誌作為學生練習騎乘與學習交通知識的用具。
多元運用教育方法	二、教學與活動	5. 舉辦全校性（師生全體）交通安全相關活動（例如：班際交通安全常識測驗、學藝活動或比賽、專題演講等），資料整理完整（包括活動相片與主題）。	2、結合校慶辦理以交通安全教育為主題的親子與社區運動會，安排學生自製道具化妝進場，宣導交通安全須知；設計闖關活動教導交通安全相關知識；舉辦海報繪製比賽，變化交通安全教學方法等。

深入

　　第二次世界大戰結束之後，日本的經濟強勁復甦，人民對西方音樂興趣濃厚，家裡如果能有一台鋼琴，就是成功的象徵。但當時日本的鋼琴多以進口為主，售價都非常昂貴，以風琴起家的山葉公司（YAMAHA）便決定擴大經營範疇開始研製鋼琴。當時的總裁川上源一（Genichi Kawakami）帶著他的技術團隊，到美國考察著名品牌鋼琴公司史坦威（Steinway&Sons），發現他們已經有大規模的手工製造能力，於是在回國後奮力提高創製水平。川上源一不斷提出問題，譬如：用什麼材質可以讓鋼琴的音質更好？你說的材料真的那麼好嗎？歐洲和南洋的木材哪一種更優？這些材料要乾燥幾天比較好？為了追求最佳品質，他們拆解史坦威的鋼琴，持續以琴弦、木材、乾燥時間…等各種要素與音板進行搭配試驗，再從數十萬個數據中篩選出最完美的組合，最後成就了製造鋼琴的獨特技藝。而除了產品的高性價比，山葉還成立非營利的教學機構，透過教育去培養潛在用戶，幾十年下來，已扶持無數的年輕學子[註 9-2]。

　　對於目標事業做出最精確的定義，並追求無人可及的深度，是企業或組織能否卓越的關鍵。換個角度講，在經營管理上，除了朝「規模經濟」方面著力，還有另一條路線可以耕耘，那就是「深度經濟」[註 9-3]！也就是說，身處於知識及數位經濟洪潮之中，資訊流

註 9-2　混沌大學商業研究團隊（2021）。**山葉：世界上最奇葩的公司**。2022 年 6 月 10 日取自：https://ppfocus.com/0/auba5bacb.html。

註 9-3　呂美女譯（2006）。大前研一原著。**專業：你的唯一生存之道**。台北市：天下遠見。（原著出版年：2005）

動與知識產出無比快速及超載，假若只依靠「廣泛」的產品線和銷售量，競爭優勢不見得能長期確保，因而必須動用「深入」的策略維度，來豐富產品的內涵、延伸顧客的價值，提供更為優質完善的服務，就像山葉公司賦予鋼琴生命力、創造品牌故事力那樣，終能源遠流長、燦爛輝煌。相同的道理，當我們處理「評鑑指標」的時候，也要抱持「不入虎穴，焉得虎子」的豪情魄力，探尋、挖掘出指標所希望受評者理解到的意涵，義無反顧地去落實它。所謂的「深入」，是指對於教學或活動、業務或專案的計畫（企劃）及執行，期許達到某種縱深的程度，例如在活動後端運用問卷、訪談、測驗、闖關…等方法，蒐集質性與量化的資料和意見，甚至加以統計分析製表，提供後續追蹤、輔導、改善及再規劃的參考。但是，依據我多年評鑑與輔導的經驗，實際操作這個策略維度的，卻是屈指可數，你若能「手握乾坤」優化評鑑表，必定能提分不少。我同樣摘取部分教育部交通安全教育評鑑表中的指標執行內容，如下表9-3，來為本段論述作見證。

細膩

你有看過蠟像吧！那是一種被稱為「立體攝影」的超級寫實主義雕塑藝術，比一般的雕塑更接近人物原形，由於作品栩栩如生，所以有高度的觀賞價值，更有還原歷史人物和時代故事的獨特功能。全球最知名的蠟像館首推「杜莎夫人（Madame Tussauds）」，發源於英國倫敦，目前在全世界有多達 22 間分館。每當要製作一尊蠟像，通常需耗費四到六個月的時間，操作流程包括精密測量與比對、取樣與雕刻、鑄模與開模、植髮與上色。無獨有偶，中國也有精於蠟像製作的超級藝師周雪榮，不同於「杜

表 9-3 「透視評鑑指標」的策略維度—深入（舉隅）

項目	重點	執行內容
一、組織、計畫與宣導	3. 定期召開全校交通安全教育座談會，向全校教職員、家長宣導交通安全教育重點及措施，有具體決議事項並列管追蹤執行情形。	7、運用「問卷調查」、「回饋表」、「闖關卡」、「有獎徵答」、「意見表」、「簡易測驗」…等多元、輕鬆、活潑的方式，追蹤了解各項交通安全教育座談與宣導的執行情形。
二、教學與活動	3. 落實情境教學，例如校園配合地形、地物設置相關交通安全標誌（或繪設標線）、或實地參觀校外交通環境，進行情境教學。	7、劃設「腳踏車教學及測驗場」，藉由腳踏車教學與測驗，建立幼稚園生、小學生、家長等相關知識與技能。
二、教學與活動	5. 舉辦全校性（師生全體）交通安全相關活動（例如：班際交通安全常識測驗、學藝活動或比賽、專題演講等），資料整理完整（包括活動相片與主題）。	7、實施「親子交通安全常識測驗」，檢核交通安全教育的學習成效並進行結果分析；家長常識測驗部分，則獎勵自願參加。
三、交通安全與輔導	2. 分析並建立學生通學路隊資料，路隊組織切合實際需要，並有實施考查紀錄。	10、實施「腳踏車路考測驗」，確認學生具備騎乘腳踏車的基本觀念與技術。
三、交通安全與輔導	4. 訂定校內糾察隊或交通服務隊選拔及表揚辦法，給予適當的訓練且按時執行工作，其裝備保管良好。	4、不定期實施服務員考核，對行為不專或不適任者提出警告或汰換。
三、交通安全與輔導	6. 訂定愛心商店或愛心家長的推廣與考核辦法，且切實執行工作。	16、辦理 CPR 闖關活動，提供交通志工、家長訓練機會，並要求導護老師取得認證。

莎夫人」的團隊合作，她是僅憑一己之力完成，除了能看到維妙維肖的程度，還能從蠟像的表情裡領受到真實的情感。據說，為了製作中國當代超寫實油畫家冷軍的蠟像，她拍攝他數百張照片，每天記錄他工作的各種狀態，且由於冷軍的髮質特殊，她還足足等了兩個月收集他的頭髮，然後一根一根植入模具。完工之後，當冷軍看到手拿畫筆專心創作的自己時，忍不住讚嘆：「天啊！天才之作！」人們評論周雪榮蠟像的最大特點，就是對於人物的神態、特性（如膚色、髮色、髮量、皺紋、毛孔、面斑⋯）完美的掌控，而唯有「細膩」才能達到這樣的成就。

「細膩」的活是無止盡的，你認為已經夠用心、夠挑剔了，可偏還有人比你更入神、更著魔，做到讓你想像不到的程度，那真是「人比人，氣死人！」可不是嗎？無關痛癢的時候，愛怎麼攀比是隨人自由；一旦牽涉利害、權益、競爭、排比、名聲、績效、分工、升遷⋯等相互關係時，較勁的意味、成分、力道就很難捉摸衡量了！或許表面上一片祥和，此時「天朗畫屏藏仙境」，彼時「雲清吹笛動漂萍」，然而笑談之間，牆櫓卻已灰飛煙滅！這就是現實世界，會嘲笑無知粗心的人。不過，有些人面對事情並不盡然在乎世俗的眼光，而是在乎「心中的那幅畫面」能否成真，為了這個「念」、「想」，宵衣旰食也在所不惜，只求做到自認的「最美」與「最好」，這就是「態度」，會決定成敗與命運！如果讓你選擇，你會走哪一條路？也許有人選「簡明快活」，但我寧願挑「細膩辛苦」。表 9-4 是當年教育部交通安全教育評鑑時的其中一項指標，我列舉出所有對應於它的實際執行內容，以說明「細膩」這個策略維度。如前所述，這只是我們盡力而為的結果，若換作別人，說不定有另一番精湛儷人的風貌。

表 9-4 　「透視評鑑指標」的策略維度─細膩（舉隅）

項目	重點	執行內容
四、創新與重大成效	1. 校園安全規劃與設計具有創新或特點值得表揚。	1、辦公室設置觀測台三線後門的數位主機與監視器，攝錄上課時間車輛進出狀態。 2、增加數支攝錄監視鏡頭整合入原有監控設備，以增強校園整體安全措施。 3、裝設防撞護條於各班教室、辦公室、樓梯、廁所柱角，防止學生可能產生的撞擊傷害。 4、貼設止滑條於樓梯的每個階梯，提高上下樓的安全性。 5、籃球柱加裝防撞軟墊，減少學生、青少年在行進或運動時可能帶來的強大撞擊衝力。 6、籃球架上黏貼多面「請勿攀爬」提醒字樣。 7、清理教具室（現為交通安全教育資源中心）、預備教室（現為校史、檔案資料室）、禮堂（現為客家文物室）、二樓儲藏室（現為消防設備室）、頂樓陽台、體育器材室等空間龐然雜物，消弭校園安全死角，增加可資運用的教學場域。 8、提供安全帽、雨衣等器具給需要的學生借用。 9、發函請求社區守望相助隊、轄區分駐所加強學校安全防護。 10、遊戲區地表均舖設範圍廣泛的安全地墊。 11、爭取經費將可能潛藏垃圾、雜物、玻璃碎片的沙坑改建為「交通安全教育柱狀碑林」與「平安亭」，消除危險因子，成為交通安全教育、遊戲、休憩等多功能的場所。 12、爭取經費重建破損不平的跑道與操場、整建崎嶇凹凸的車道路面與遊戲區地坪、設置安全護欄與綠籬、建置無障礙環境與設施等，消弭校園中影響交通安全的潛在危險因子。

項目	重點	執行內容
		13、爭取經費修剪突出於校園圍欄的粗大榕樹枝幹，避免樹枝掉落砸傷來往行人及車輛。 14、爭取經費改善跑道週邊因小葉南洋杉成長拉力引起的水泥凸起，改植軟性透水、平坦的綠草舖面。 15、整修與舖平校園坑洞、畸斜及落差明顯的危險點。

說明了「透視評鑑指標的策略維度」之後，我再做一個小整理，用圖 9-2 呈現出來，方便你複習和記憶：

圖 9-2　透視評鑑指標的策略維度

chapter 10

驅使細節裡的魔鬼為你服務

　　英語有一句名言：「The devil is in the details.」本來沒有多少人注意到，自從郭台銘用我們熟悉的中文，把這句話「魔鬼藏在細節裡」收進他的《郭語錄》之後，開始廣被流傳引用，甚至成為訓練教條。這樣的說法拿來用在管理和領導上，是指「大項目」人人看得到、做得到，但商場或競爭中的致勝關鍵，卻是能在各個運作環節的「細微處」，看到別人看不到的項目、做到別人做不到的境界。換句話說，若想成為「人中龍鳳」，就要能找出隱藏在幽僻暗黑角落的「魔鬼」，讓祂當你的「探照燈」與「顯微鏡」，幫助你把事情看得更周密、深入、清晰和透徹。

　　能不能找到被你驅使的「魔鬼」呢？只要你立意專注，皇天一定不會辜負有心人！即便已是「無端墜入紅塵夢，惹卻三千煩惱絲」，必然能夠透過睿智的思考與果敢的行動，明確地在解決問題及完成任務後予以「斷、捨、離」。之所以斬釘截鐵這麼說，是因為親身的經驗讓我領會到「事在人為」，沒有跨不過去的溝坎。話說當年在被賦予任務的前提下，歷經兩次全國評鑑（比）的洗禮，雖說主管機關和長官也有提供若干協助，但想要笑傲山巔、望盡峰巒，還是要「如人登山，各自努力」，所有的亂石荊棘、困難險阻，得靠自己的鬥志來化解克服。就是憑藉著這樣的意念，最終，我們可以在漁舟唱晚之際，享受「落霞與孤鶩齊飛，秋水共長天一色」的夕陽餘暉美景。而我呢？也因為這個真實深刻的難得體驗，淬鍊出一些易遭忽略、遺漏的邊際知識和心得，以至於在受聘擔任輔導委員之時，讓來督導的業務科長有感而發地蹦出這句話：「傅校長已經是應付評鑑成精了！」所以，能夠延伸評鑑力的地方，就在這些不起眼的小細節。那麼，我是怎麼想怎麼做的呢？且聽我娓娓道來。

魔鬼比天使有用

　　《荀子·勸學篇》裡有一段話是這麼說的：「積土成山，風雨興焉；積水成淵，蛟龍生焉…。故不積跬步，無以致千里；不積小流，無以成江海。」我是一夕之間就成精的嗎？當然不是！反而是像《勸學篇》的金玉良言所述，經年累月一次又一次的考驗磨礪出來的。記得我們在準備全縣閱讀訪視的時候，學校承辦該項業務的教務（學）組長送上自評表給我核章，一如之前所說過的，為了要呈現最實際又理想的成果，我在審閱過後，立即提出一些意見要她改善，包括：訂正錯字、對齊文字、修改語句、增補內容、調整版面，她是沒有什麼不滿的態度或違逆的神情，只是面有菜色地冒出一句出人意表的話：「校長，你好像魔鬼唷！」頓時讓我「認知失調」，誤以為自己太過嚴格苛刻，不懂體恤同仁辛勞。但還好我理智線並未斷鏈，仍然清楚地知道我們可以「好到什麼程度」，所以，該堅持的依舊堅持，儘管可能被臭罵的口水淹沒，也不讓「魔鬼」翹著二郎腿舒服地看電視吃零嘴。幸運的是，我們的努力被認可、被欣賞，最終獲得「特優」的成績。除了閱讀訪視，另外一項全縣學校網頁製作評比，我也是抱持相同的態度和尺度來要求、規範自己，於是得以輕易地帶動夥伴前行，然後再錦上添花一個「特優」。如果說這樣是成功，那麼，「成功絕不是偶然，而是必然！」假若細節裡存在的是天使，能像「魔鬼」這麼有用嗎？答案昭然若揭！以下就是「魔鬼」的用處：

避免差錯

　　網路版星光大道「百萬部落客」製作人于文強（已改名為于為暢）在他的書裡有提到這一段話：「從前的人很注重錯別字，但現在教育越來越不把它當回事，連電視新聞的字幕也常出錯，所以國人中文程度才會每況愈下。對我而言，寫錯字就表示這個部落客不夠細心、用心、專心，當我發現履歷表上有錯字的話，我是一概不考慮錄用，因為這個人明顯缺乏注重細節的能力，不注重細節的人成不了大事[註10-1]。」所以不要忽略細節，因為一旦養成這種不好的習慣，出差錯的狀況就會紛至沓來，從小麻煩到大問題，光是「擦屁股」救火，就要耗掉無法估量的時間、精神和心力，更別談策劃啥大案子、幹出啥大功績！

　　「出差錯」的行為只是表徵，主導操縱的卻是行為背後的思維與心態，是潛在的輕率、偏執、推託、自我、主觀、依賴、無所謂、漫不經心、無企圖心、無團隊意識…等觀念和態度，這樣的處事慣性將使組織及個人蒙受損失或傷害。理解了這點，是不是請出「細節裡的魔鬼」來為你服務會更好？祂不僅可以讓你在工作及事業上紮穩馬步，更能展現獨樹的特質和風格，是從群體中突破而出（stand out）最有效的祕密武器，因為當別人頻繁出錯的時候，你的細膩和精緻將能帶出沉穩、成熟的自信，並且給予長官高度的安全感，而最重要的是，在競賽這條路上，將很難遇到對手。所以，當你接受評鑑的時候，不只是要秀實力、做場面，同時也要關注、

註 10-1　于文強（2008）。**部落客也能賺大錢**。台北市：如何。

監控好所有小細節。

減少缺漏

蘇軾在《水調歌頭》這闋詞的結尾是這樣寫的：「人有悲歡離合，月有陰晴圓缺，此事古難全。但願人長久，千里共嬋娟。」傾訴思念遠方胞弟蘇轍的深切情懷以及無盡祝福。無獨有偶，他在另一闋詞《卜算子》中，也有藉由景物來抒情，他說：「缺月掛疏桐，漏斷人初靜。時見幽人獨往來，縹緲孤鴻影。」很巧是吧？提到的月亮都不是滿圓的，而是帶有一些殘缺，卻能讓人在咀嚼文字的同時，感受到刻意營造的孤寂美感。想想，同樣在真實世界，高掛天際的輪月虧缺之時，不僅能享有上弦月、下弦月、眉月、殘月等美麗的名稱，還可以有機會回到明亮輝映的飽滿狀態，但如果是評鑑出現缺失紕漏，能有這麼好的景況和待遇嗎？

「機會只有一次！」評鑑結束了，委員離開了，何年何月再相逢？不把握這瞬間即逝的「show time」更待何時？但所有的粉墨登場，服裝、配飾、道具、佈景…都要齊備適切，才能演繹出最稱職的角色和劇情，一旦有所缺漏，別說是將就從事或濫竽充數蒙混帶過，順利開場可能都有問題，所以，要嚴肅、慎重地看待它。不過，也許有人會認為評鑑不像登台唱戲—除了「live 直播」以及那麼多眉眉角角要注意，它是沒有劇本的，可以「海闊從魚躍，天空任鳥飛」，有些事情不一定要做，有些東西不一定要放，那麼恭喜！「天使」已經悄悄陪伴左右，等著一起來個 happy ending！屆時，丟三落四的情景就可能如影隨形而來，想再補救恐將是緣木求魚。這是你渴望看見的結局嗎？如果不是，換個「魔鬼」當朋友，

保證你能道高一丈、鉅細靡遺。

提高水平

　　中國的「蘇繡」早已被列為「國家非物質文化遺產」，是一項非常精緻又重視細節的工藝，有時一幅作品可以飆高行情到千萬人民幣的身價。聽了是否讓你咋舌？如果你知道這種藝術品，是曾經致送給英國女王、墨西哥總統和西班牙總統的國禮，並且被高度讚譽比蒙娜麗莎的油畫更加傳神，你就不會這麼訝異了！不過，並非所有的蘇繡藝作都享有這般榮寵，而是頂尖藝師才能創就達到的，代表人物是誰呢？姚建萍！為何這麼多蘇繡匠師，只有她被尊稱為「刺繡皇后」？她又是怎麼磨練出這一身絕技呢？

　　從八歲開始，姚建萍就跟著母親學習刺繡，學會了分絲的方法，把細如髮絲的線一分為二、二分為四，在她手中，一根絲線最多可以被分為 128 根線，肉眼幾乎看不見。她對刺繡情有獨鍾，只要一有時間，就是在琢磨方法和技巧，也許因為如此癡迷，讓她毅然決然放棄考大學的機會，到專業的工藝美術學校繼續鑽研相關技術與內涵。畢業之後，大部分同學都進入市場謀生，她卻選擇去蘇州刺繡研究所繼續深造，成了大師徐志慧的關門弟子，由於日夜不停地穿針引線、精益求精，她終於將蘇繡技藝鍛鍊到爐火純青的境界。舉她最著名的作品《玉蘭飄香》為例，長 1.25 米、高 4.7 米，以五百餘朵姿態各異的玉蘭花為主體，牡丹為襯，有的含苞待放，有的舒綻昂揚；而九隻和平鴿神態自如，或閑庭闊步，或展翅欲飛，各有玲瓏巧妙，若非有細膩的構思、卓絕的技法和堅定的意志，要在百來日的時間完成這幅巨獻，難度是堪與天齊[註 10-2]！姚建

萍令人讚嘆崇敬的地方，在於她不斷挑戰極限、超越顛峰，因此可以說「細節裡的魔鬼」其實就是她自己，才能一次又一次提高水平、創造奇蹟！我們面對評鑑的時候，如果也能效仿她的思維及動力，品質自然就會水漲船高。

開展新局

「魔鬼在細節裡」這句經典名言，許多人都已經耳熟能詳、朗朗上口，甚至體會深刻、應用裕如。不過，真正的關鍵可能多數人容易忽略，那是決定「細節裡的魔鬼」能不能發揮用處的重要因素，換句話說，細節裡面還有細節要留意，能夠做到這個環節，「魔鬼」才可以當之無愧！那麼，到底是什麼其他要素呢？執行力！就是貫徹意志的力量，是紀律、持續、解決問題和複製行為模式的綜合能力。空有想法不行，光是看到細節也不行，要「知而言，起而行」，「做到」你所想、所看到的精微事項及程度，如此一來，不僅能夠降低失誤的風險，而且有機會開展新的格局。

在中國，有一間企業被稱為養雞領域的「黃埔軍校」，他們已經打造出一套成熟的飼養體系，包括雞苗的孵化、飼料的加工、蛋雞的養育、雞蛋的生產、自動化的包裝、自動化的雞蛋加工、物流運輸，以及有機肥的生成、銷售等一體化產業鏈服務。北京一年消耗的雞蛋量 20 億顆之中，有 8 億顆是來自這裡，這麼龐大的需

註 10-2　柳葉風動（2021）。**針尖上的舞者！蘇繡「皇后」姚建萍，一幅作品繡製 1.2 億針**。2022 年 6 月 22 日取自：https://www.163.com/dy/article/G1EFP70C0543QWHC.html。

求，光靠城市週邊農村散養的土雞產量能夠保證供給嗎？如果沒有現代化、科技化的設備與技術，根本不可能！他們在整個飼養、生產過程中，用領先全球的互聯網系統，控制住無人接觸的環境，從餵水、餵料到室內的溫濕度調控，都是由機器人來運行操作，就連雞蛋的分揀、分級、包裝，甚至打蛋都是用自動化設備來完成，徹底隔離了各種汙染源，確保產品都能無菌、清潔，而如此規模的基地，也已在上海、昆明…等地建置超過十個。他們的成功可歸因於關注細節、創新流程、自動操作、控制變數、重視品管及複製模式，如果沒有「魔鬼」般的心態、眼界和行動，怎麼能成就這世界一流的事業？所謂「有為者亦若是」，只要你有心，面對評鑑當然也可以展現出擘劃局面的擔當和能力。

創造機會

你或許可以舉出一些實例來論證有些成功者不拘小節，譬如不修邊幅的猶太曠世科學家愛因斯坦（Albert Einstein）、浪漫狂放的俄國天才大文豪普希金（Alexander S. Pushkin），只是這樣的「奇葩」古今中外能有幾人？若是你有如此天縱的稟賦和資質，當然有條件可以睥睨一切、我行我素，管他什麼雞毛蒜皮、狗屁倒灶的一堆繁文縟節及規矩約束！如若不然，那就得服軟地照著遊戲規則和領域文化來走，才能避免碰壁吃灰、一無所成。簡單地說，社會是競爭的、殘酷的，想要在夾縫中生存、優遇，就要給自己「創造機會」，那麼，注重細節、搞定細節必定能幫你心想事成。

有一位畢業生報考某間名校的教師甄選，經過了筆試、口試的關卡，最後來到試教。她努力將所學演示出來，一切進行得還算順

利。為了避免「填鴨式」的教學，她設計了幾個問題以活化流程，但效果似乎乏善可陳，讓她感覺錄取上榜的希望渺茫。豈料結果公布之後，她竟然雀屏中選，不禁喜出望外！怎麼會是這種情況呢？之後，她狐疑地請教了校長原因為何？校長的回答是：「論上課的精彩程度，妳的確是略遜一籌，但在課堂上提問的時候，妳叫的是學生的名字，而不像其他考生是叫學生的學號或用手指點名學生。我們設身處地去想，如果被別人以代號或手指來稱呼，感覺會舒服嗎？怎麼能錄取一個不懂得尊重和了解學生的人當老師呢？」[註10-3]這位校長不僅教育專業令人敬佩，細膩的心思與閱人的觀點也是直指要害。我們事後諸葛一番，若不是注意到小細節，在行動上表現出「人文素養」來對待學生，她能被校長的「慧眼」相中嗎？所以，「細節裡的魔鬼」應該要靠自己養出來，天助、人助還得自助！面對評鑑也是一樣，對自己「嚴苛」，等於幫自己「創造機會」，在競爭中不勝出都難。

說明了「魔鬼比天使有用」之後，我再做一個小整理，用圖10-1 呈現出來，方便你複習和記憶：

圖 10-1　細節裡「魔鬼」的用處

註 10-3　羅伯特・克魯斯（2005）。**把自己打造成一個品牌**。新北市：羚羊文化。

應用長尾理論延伸評鑑力

進入「少子化」的年代，學校的危機感日益深重，首先遭受衝擊的是小學，其次是中學，最後則是大學。我在國立台灣科技大學企管系博士班修讀「產業分析」課程的時候，有一天老師突然憂心忡忡談到這個話題，擔心台科大以後是否也會面臨招收不到學生的窘境！在一片靜默聲中，我跳出來回應：「台科大是國內的頂尖大學，不會有這樣的問題，要有的話，也是後段班的私立大學才會碰到（在那之前，已經有一些私校退場了）！」老師瞬間回神贊同地說：「也對！」所有的國立大學，不太需要憂慮「少子化」帶來的困擾，而頂大如台、清、交、成…等「聲名遠播」，甚至不必刻意搞行銷，學生仍會蜂擁而至。私校的處境和他們對比可謂天差地遠，難以相提並論，在這種「爹不疼，娘不愛」的殘酷現實中，要怎麼樣才能走出自己的一片天空？

無論是什麼階段、何種類型的學校，都有一個核心的事務，那就是「課程─教學」，先有全校整體性或理念性的課程規劃，而後有分系、分科、分階、分班的課程安排，據以設計、實施及評量教學。如果是有效的、理想的或令人滿意的教學，能夠從內部顧客（學生、教師）、外部顧客（家長、企業、政府、社會人士…）及客觀衡鑑機制（如媒體「企業最愛用的大學生」調查…）各方面得到回饋，例如：成績好、學業進步、升學率高、進入名校比例高、競賽成績優異、競賽優異品類多元大量、教師流動率低、畢業生表現出色、企業調查名聲顯著正向、社會服務口碑良好…等。其他的事務也都重要，與「課程教學」合力撐起學校的品牌，只不過有些事務、成果或績效並不容易被看到、聽到或查詢到，因此容易被忽

略，而需要靠一些作為來突顯，譬如私立大葉大學從行銷的角度出發，將豐碩的教育成果，以「主題式」的編撰方式，推出《師徒大葉》、《研發大葉》、《公益大葉》三項出版品，還有請出版社採訪師生，撰寫成專書《大人變了，孩子就會不一樣》，讓人耳目一新並連帶提升了學校的品牌價值感[註 10-4]。諸如此類的做法，正是「長尾理論」的具體實踐，以下為你做進一步的說明：

長尾理論

在說明「長尾理論」之前，我要先介紹「80／20 法則」。有許多不同層面的說法，譬如：世界上 80％的財富集中在 20％的人手上、組織裡 80％的工作成果是由 20％的投入所產生、商店中 80％的營收來自 20％的商品⋯。以 20％的商品為例，在傳統實體店面經營的條件下，這些可以稱為「主流」、「熱賣」商品。實體店面本身有侷限的貨架空間和必要的倉儲成本，所以會把暢銷的 20％商品放在顯眼的貨架上，讓消費者容易注意到；而其他 80％的商品則放在不起眼的位置，自然容易被忽略。如此情況形成一種弔詭的循環現象，造成暢銷商品始終受到青睞，同時囊括了大部分的營收。

「長尾理論」的出現，正好打破「80／20 法則」。提出者是《連線》雜誌主編克里斯・安德森（Chris Anderson），他在文章中指出，只要通路夠大，非主流的、需求量小的商品「總銷量」，也能夠和主流的、需求量大的商品相抗衡。「長尾」所指的，就是

註 10-4 連水養等（2016）。**肯，才有機會**。台北市：商周編輯顧問。

80％被看不上眼或被忽視的東西，而這些小市場的總和所展露出來的氣象，已逐漸扭轉了市場銷售商品的思維[註 10-5]。圖 10-2 可提供你視覺化理解這個論點。安德森後來完整詮釋他的這套見解，寫成《長尾理論（The Long Tail）》專書，在這本暢銷著作中，他更直言利基（niche）商品迅速在當代經濟中崛起，成為新興的強大力量；未來的商業，受惠於數位及網路科技無遠弗屆的效能，能輕易地銷售少量多樣的商品給任何消費者，而各種小型社群也將會形成一股龐大的市場潛能[註 10-6]。在網路新經濟這塊領域，安德森觀察犀利且論據充分，一系列超越時代的觀點，迄今仍然見證得到他的真知灼見。像這樣的「好東西」，如果只把它晾曬在商業、經濟領域，未免太暴殄天物！何不觸類旁通，將它運用在你我需要的業務工作上，豈不物盡其用、兩全其美？

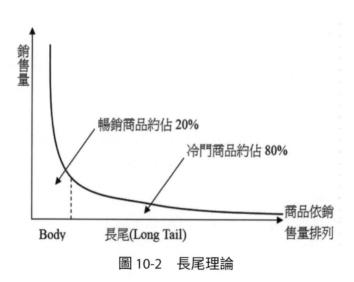

圖 10-2　長尾理論

細節的組合是長尾理論的具體實踐

接下來，要請你發揮「想像力」和「連結力」，並且短暫尋歡作樂一下，扮演「紅娘」的角色，為理論和實務搭起一座「友誼的橋樑」。「想像力」用在哪裡呢？把「細節」當作是不起眼的、冷門的、非主流的、需求量小的利基商品，然後一個又一個拾掇組合起來，即便不會像銷售商品累積這麼多樣式和數量，但「雖不中亦不遠矣！」因為在一個評鑑當中，可以做的事情非常多，也可以做得非常細，我相信，只要時間允許，求好心切的人勢必不會想要踩剎車！如果你又是英特爾（Intel）前執行長安迪・葛洛夫（Andy Grove）口中的「偏執狂」，那麼，「龜毛」一詞還不足以形容這極致的特質，似乎「魔鬼」是真的貼切！把團隊壓榨到油盡燈枯，才算得上合理的對待。用這樣的心思和態度來處理「細節」，「細節」將會滋生繁衍，超出所能想像的程度，所以說，「細節」的組合力量甚為可觀，不應小覷！

至於「連結力」又用在哪裡呢？用在「想像力」乍現的地方！它們倆個是「連體嬰」，只有同時產生作用，才會得到預期的結果。好比看到萬里晴空下的幾朵白雲，有的像嬰兒的臉，有的像路上奔馳的小汽車…，這些都是「想像力」的發揮，但它卻得靠另一

註 10-5　MoneyDJ 理財網（2022）。**長尾理論**。2022 年 6 月 28 日取自：https://www.moneydj.com/kmdj/wiki/wikiviewer.aspx?keyid=59328145-bcd4-4023-8c0e-83397f02c339。

註 10-6　黃秀媛譯（2009）。C. Anderson 原著。**長尾理論：打破 80／20 法則，獲利無限延伸（最新增訂版）**。台北市：天下文化。

個元素來「連結」，才能達到這個效果，是什麼呢？「形狀」！藉由「形狀」元素讓「想像力」和「連結力」發揮了作用，因而使感官及心理得到雙重的滿足。再好比說，有一首經典的琵琶名曲《十面埋伏》，描寫的是項羽、劉邦楚漢相爭最終章垓下之戰的情景，它與《春江花月夜》並稱為琵琶古曲「一文一武」的代表作品；原有列營、吹打、點將、排陣、走隊、埋伏、雞鳴山小戰、九里山大戰、項王敗陣、烏江自刎、眾軍奏凱、諸將爭功、得勝回營等十三小段，現代的演奏一般只走到第十段，全曲聲韻流暢、氣勢磅礴，時而急促高張，時而遲緩低迴，散透著高度詭譎莫測的肅殺氛圍，直到一陣金戈鐵馬疆場決絕，乃在硝煙漫塵中歸於平靜。你「想像」兩軍備戰、佈陣、交戰的畫面，卻得藉由各種模擬的「聲音」元素來「連結」，才能產生身歷其境的效果，使感官及心理得到雙重的滿足。以上這兩個舉例即在說明，當面對評鑑的時候，你不但可以組合「細節」，把它們「想像」成少量多樣的利基商品，還可以扮演「紅娘」，幫這些操作實務搭一座橋樑與「長尾理論（80%長尾）」相「連結」，不就是明確地指陳出對「長尾理論」的具體實踐嗎？

驅使細節裡的魔鬼來延伸評鑑力

透過上述的諸多說明，可以很清楚地了解，注重方方面面的「細節」，並且驅使隱身其中的「魔鬼」來貫徹「執行」，那就是靈活地應用了「長尾理論」，藉此延伸評鑑力就不會是海底撈針的難事了！不過，話雖如此說，事要如何做呢？你站在投手丘上，如果只會「直球」一種路數，就算可以飆到時速超過 160 公里，還是會不斷被狙擊，撐不了多久便會被 KO 下場！原因何在？因為沒有

其他曲球、滑球、變速球、指叉球、伸卡球、卡特球、蝴蝶球、螺旋球…等「變化球」利器搭配運用，以收欺敵制勝的效果。同理，在評鑑事務上，你也要懂得投出各種球路來壓制對手，確保對戰局有利，這就是有變化地、有技巧地驅使「細節裡的魔鬼」來延伸評鑑力的一種藝術能力。感覺很高明玄妙是嗎？一點也不！任何人都可以做到。以下，我將舉「實體評鑑」的一部份操作例子來說明（「線上評鑑」是內容為王，只要留意連結路徑的親和性，以及網頁畫面的簡潔、清爽和美觀性即可，較無值得說項之處），相關的做法大致用在內容、空間、情境、心理等幾個類別，古人說：「雖小道，必有可觀者焉」，你不妨參考看看，或試著「在雞蛋裡挑骨頭」，說不定可以發想出更多樣、更新穎的點子，那就真的賺到了！

壹、在內容方面

這個部分主要是指受評的業務範疇。舉例來說，當年的教育部交通安全教育評鑑，評的是「組織、計畫與宣導」、「教學與活動」、「交通安全與輔導」、「創新與重大成效」等四大指標內容，在遊戲規則內，大家各憑本事顯神通，優異超群無極限！但越是厲害的，處理、掌控到的「細節」會越多，而大部分這些 know-how，我已在前面章節分享了不少，既然「數不盡天上的繁星」，此處，便挑揀「熠熠生輝的星芒幾顆」來說明。為何如此考慮和選擇呢？因為它們有評鑑的「延伸力」，能像洪榮宏《愛情的力量》這首台語歌裡面的歌詞：「小卒仔有時也會變英雄！」發揮異軍奇襲的效果，以下分別敘述並整理於圖 10-3：

◢ **彙編「學校本位化交通安全教育參考教材」**：平心而論，我們規模六班的小學校參加全國性的評鑑，光是校內人力資源就輸大型、中型學校一截了！但「人窮志不短」、「愛拚才會贏」，我帶領學校成員秉持「人不分彼此、事無論大小」的意念，既分工又合作，所以能在短促的時間內，順利依照整體的規劃與步驟執行完成。這個教材以「平安就是幸福」為slogan，是教師交通安全教育的最高指導原則，內容包括學校本位教學設計、角色扮演教材、事故模擬及應變教材、情境佈置教材、常識測驗題庫，以及有獎徵答題庫等。我評鑑和輔導過數十所學校，從來沒看過跟我們一樣投這種「變化球路」的，當然是「稀世珍寶」讓人印象深刻囉！

◢ **打印交通安全宣導語句於 LED 小型手電筒身**：所有的教育措施，幾乎離不開「宣導」的作為，它和行銷不一樣，因為除了宣講、宣布、宣示、宣揚行動、成果和績效之外，還有對組織內外部人員指導、引導、開導、傳導的功用，所以，能做的「宣導」方式五花八門、無奇不有，運用之妙也存乎一心。為什麼會選擇 LED 小型手電筒送家長或來賓呢？難道他們買不起嗎？他們當然買得起，也不會在意這小東西，但這是我們的小小心意，除了表達支持和感謝，更重要的是透過它來傳遞教育的關愛及守護，連夜晚「行的安全」都替他們留意到了！只要瞄一下 LED 手電筒，「生命至上，安全第一；快樂出門，平安回家」、「豐田國小關心您」這些溫馨的叮嚀，便會映入眼簾，陪伴著幸福與安康。

◢ **製作「交通安全教育行銷摺頁」**：這份摺頁的正反面內容包含

中英文學校名稱、摺頁 slogan、校徽、學校基本資料、各年級放學時間一覽表、交通事故統計表、路權優先圖、遵守行的安全約定事項、上放學動線圖，以及愛心商店位置圖。選擇這些內容的主要考慮點，是以學生上放學與家長接送能夠用到的資訊和資源為著眼，把「圓熟的功力用在刀尖上」，就可像蜻蜓點水般曼妙輕盈地收到效果。我們怎麼看待它的功能呢？如你所見，對內作為「教學」、「宣導」的素材，對外則作為學校「行銷」、「推廣」的利器。薄薄的一張紙，「輕如鴻毛，但重如泰山」，你只要在腦海裡想著「勿以善小而不為」，這樣的方向就對了！

彙編「學校本位化交通安全教育參考教材」

打印交通安全宣導語句於LED小型手電筒身

製作「交通安全教育行銷摺頁」

圖 10-3　在內容方面的「魔鬼」

貳、在空間方面

你有聽過這個「舊聞」嗎？台鐵觀光列車「鳴日號」從 2021年開始，正式對外接單營運。它主打全新的視覺與美感體驗，曾榮獲世界四大設計獎項之一的日本 2020《Good Design Award》設計

大獎；能夠令人這麼矚目，是因為選用莒光號的復古機火車頭改造，保留大家熟悉的橘色與黑色搭配，在潛藏的經典韻味中，透出新世代的靚亮風格，所以被譽為有史以來最有質感的「鐵道台式美學」。「鳴日號」掛載的車箱包含三種不同空間用途，第一種是餐飲車廂，內含冰箱、小吧台，供應米其林星級餐點；第二種是客廳車廂，有 6 個舒適沙發座椅、21 個座位；第三種則是商務車廂，提供 33 個座位。台鐵每一款觀光列車都有它的等級與風格定位，而車廂空間及功能設計「隨之翩翩起舞」也是必然。這樣密切的邏輯性與相關性，可以在工作及生活中輕易看到，就以接受評鑑來說（尤其是高規重要的評鑑），空間的規劃和運用便要細膩明確，才能提高活動的精緻度，所以，我們在教育部交通安全教育評鑑的場地是分開安排的，敘述如下並整理於圖 10-4：

- **簡報場**：因為要用到電腦、投影等視聽設備，想當然耳是使用視聽教室。或許你會說，在資料審閱場合併處理不是更省事嗎？甚至訪談場和座談會場都可以兜在一起做「四合一拼盤」，單個空間解決四個需求，不是超級精簡方便嗎？這沒有絕對的好與壞，合併處理的前提是該場地空間足夠大，或者根本評鑑規模小不用大費周章分開辦理，又或者是視聽教室及其他需用空間距離較遙遠且分散不易操作…等情況，但即便各自環境條件有異，合不合併皆非關鍵的影響因素，不至於無法做簡報，重點是要找到最適切的方式來執行任務。

- **資料審閱場**：相對於其他的空間需求，資料審閱通常會用到最大範圍的面積，為何如此呢？因為評鑑所架構的指標向度，往往是四個起跳，每一個大指標向度之下，還有中指標甚至是小

（細）指標，若以樹狀結構累計它的總體數量，夯不啷噹數十項細指標應該跑不掉，你能夠「萬法歸一」只準備一個卷宗夾應戰？或是只從大指標著眼，發揮收納技巧，把資料都塞進幾個大卷宗夾就了事？「天下沒有白吃的午餐」，如果連做場面的「表面效度」工夫都捨不得花下去，只會貶抑自己的專業度，讓評鑑委員錯覺這是「一場遊戲一場夢」！我的原則和習慣是每一個細指標用一個卷宗夾，而且全部卷宗夾的外觀及內裡的格式都是統一的，所以，不僅總數會很可觀，屆時一字排列或花式展開，肯定形成徐志摩日記《西湖記》裡面說的：「數大便是美」，一時知性與感性兼具，評鑑委員還不被「收買」嗎？也許你會說：「內容才是王道啊！」那是當然，無需贅言，本書前面章節已經談了很多，自然也會應用到這裡。

▰ 訪談場：在人的一生中，很難避免入學、謀職或轉業的面試（談）關卡，這種必要的殘酷手段，意在篩檢出符合條件或者更為優秀的對象。通常，在進行這個流程時，會安排單獨的空間，並且控制住各項干擾因素，以利「按表操課」。評鑑的情形有些類似，雖然訪談的對象可能同時多人，需求私密、安靜的環境條件卻是一樣的，況且，評鑑委員應該都希望能夠自在順心地主宰現場。基於這個考慮，不讓訪談情境流為「開放市集」、「龍蛇雜處」的尷尬及難堪狀態，另外開闢明亮又清爽的適切場所，交由評鑑委員完全掌控，才是尊重且尊敬評鑑的做法。

▰ 座談會場：在整個評鑑流程當中，座談會應該是最完整、純粹的雙向溝通平台，「你大鳴，我大放」，卻不必擔心像鹽水蜂

炮般嚴峻的殺傷力。對於代表評鑑主辦方的委員來說，可以說明評鑑的意旨及功能、指陳受評者表現的優劣處、點出未來改善的方向、分享其他優秀的經驗、聆聽建議事項…等；至於受評者，雖說可利用此時機大吐苦水，卻是沒有積極性與建設性的失誤策略！誰不苦呢？需要在這種場合發牢騷嗎？只會顯示自己的貧乏和怯弱，與其這樣做，不如向評鑑委員報告，如何在諸多不利的條件下尋找資源、克服困難和解決問題，同時將心中既存的迷惑及疑慮提出來請教，甚至有無法排解的難題，還可以一併反映請委員帶回去商議，作為調整評鑑制度與規則的參考意見。如果座談會「火花四射」的是這些內容，才更有意義和價值，而規劃出一個妥善的會場讓效果浮現，則是受評者應盡的責任和義務。

圖 10-4　在空間方面的「魔鬼」

參、在情境方面

許多年以前，國際知名的探索頻道（Discovery Channel）曾經到台灣拍攝節目，當時擔任台灣觀光協會會長的嚴長壽先生，推薦

「雲門舞集」、「優劇場」、「食養山房餐廳」，以及新興的「人澹如菊茶書院」給他們。「人澹如菊」積極配合攝錄作業，將題名為「夏荷茶會」的活動，移師到寬敞的大樓廳堂辦理。當天的茶會現場，佈置了一池又一池的水塘和各種姿態的荷花，眾人圍繞花旁席地而坐，雖然身處炎炎夏日，卻也感受到清心涼意。在這種怡然自得的氣氛之下，品味著事茶人用唐壺、清碟呈上的茶湯，耳邊迴盪著南管雍雅的樂音，輔以文人高士吟詩誦詞、梨園子弟粉墨輕舞，不只匠心獨運地介紹了饒富中國風的茶道、花藝、音樂、文學與戲劇，還創造了一種內蘊優美、寓意豁達的展演模式，讓Discovery 的記者大為感動^{註 10-7}！這套做法目的是在行銷台灣文化、推廣觀光事業，其中，有一個很重要的元素處理得非常成功，那便是「情境」的營造。唯有關注到細微處，才能兼顧到多元性，從而由外在感官深入至內心，激起「幾回魂夢與君同」的潛移默化念想。在評鑑事務上，雖說競爭、比較的「剛性」本質十分明顯，不表示無法採取「柔性」行動，以及佈建對自己更為有利的場面及氛圍。我們展示的內容及圖示（10-5）如下：

▰ **大圖輸出**：在傳統的文化因子裡，時常提醒我們為人處世要謙沖、含蓄、溫和、低調，才能廣結善緣、寧靜致遠。這是無可厚非的觀點，不過，若拿來用在「刀槍棍棒的比武場」上，那就完全不切實際了，很快會被打趴伏地、滿臉沾灰！事後再來說是客氣禮讓，或是責怪現實冷冽無情，只會換來瞧不起的姍笑。所以，千萬不要輕易為自己製造「失敗的藉口」，而是要

註 10-7　嚴長壽（2010）。**我所看見的未來（二版）**。台北市：天下遠見。

用另類的思維，豪邁大膽地鋪排場面，將具體的、重要的成果和績效如專案組織架構及職掌、通學路隊資料、上放學交通工具統計、本位化的課程及教學、特殊大型的活動紀錄、各類必要圖示（位置圖、動線圖、安全地圖…）、問卷調查統計、測驗成績統計、路口車流量統計、交通違規統計、進步項目彙整與統計…等，都用大圖輸出的方式佈置於評鑑所及的空間，以彰顯用心的程度和求好的態度，如此一來，場面便會像「舳艫千里，旌旗蔽空」般恢弘開闊。能做到這樣，豈止一個「爽」字能夠形容！不就是「極盡所能」才對得起自己和組織，才塑造得出獨特的風格嗎？

▰ **藝文作品**：依我的認知及經驗，這類內容是主流的產品。在學校裡，包山包海的教育課程、重要議題，以及非教育領域附加進來請求納入短期課程或協助宣導的業務，多到「族繁不及備載」，都得仰賴第一線老師或專家的教化與指導，歷經幾番「和風潤雨」、「作育菁莪」，免不了要催生出學生的學習成果，這是「教學版」的劇本；另外，學校通常也會提供機會、製造高潮，設計競賽或徵選活動，很簡捷順當地取得學生的海報、標語、繪畫、書法、作文、漫畫、繪本、改編歌曲…等作品，而這是「創意版」的劇本，無論是哪一套劇本產出的藝文作品，用在評鑑事務上，都是「淡妝濃抹總相宜」。評鑑委員不會計較這些作品的水準或美感程度，受評者所要在意的，應該是「有」和「量」的問題，先求「有」再求「好」；先出「量」，才有能力在各個空間鋪陳出場面和氣勢。

▰ **教具模型**：教具、模型和藝文作品一樣，比較常見於教育機

構，而且適用於學齡年紀較輕的階段。如果是非教育機構的企業或組織，沒有教具、模型或藝文作品可佈置怎麼辦？「涼拌炒雞蛋（歇後語，意指無能為力、無可奈何）」嗎？束手待斃就可惜了！俗話說得好：「三個臭皮匠，勝過一個諸葛亮」，只要大夥兒肯動一動腦筋，必定能夠研製出專屬於自己的產物。舉個例子來說，苗栗縣大湖鄉的「薑麻園社區」曾經在2007年獲得第一屆「全國十大經典農漁村」殊榮，2022年又在「全國績優休閒農業區評鑑」獲得「模範獎」，他們自力更生經營「遊客服務中心」，展售社區小農開發出來的產品，譬如：薑黃粉、薑黃醬、薑黃細麵、薑黃山藥、薑汁餅乾、薑洗髮精、薑沐浴乳…等，這些都是評鑑非常好用的「兵將」，具有可觀的戰力。話說回來，所謂「養兵千日，用在一時」，如果受評者是教育機構，還不懂得集結、展示辛苦製作的平面或立體等各類型教具、模型，讓它們助攻一番，我也只能「無語問蒼天」了！

◢ **音樂盆栽：** 音樂和盆栽是軟化氛圍、美化環境的「神隊友」，在評鑑中用上它們，將頓時成就一幅「良辰好景」，顧盼流連出「千種風情」！這樣說雖然有些誇飾，但你不妨用想像對比一下，假若抽離了音樂、取走了盆栽，那心情會是什麼感受？畫面會是什麼模樣？既然橫豎都要走一遭，何不獻上最得體、最優質的形象，為自己博得好彩頭，也讓評鑑委員感覺到備受尊崇！要注意的是，播放的音樂要有「策略性」，目標在營造「輕柔」、「優美」、「舒曼」、「婉轉」的氣氛，所以必須刻意篩選，免得造成反效果；至於盆栽，要注意的地方稍微多一些，因為有些適合放桌上，有些適合放地上（牆邊或角

落），這時候就得考慮盆景植栽的顏色、大小、種類和姿態，我們當年是同時運用桌花、盆花，以及純綠植栽來創造視覺變化的效果，再搭配上精心挑選的高質感桌巾，雖不敢說「perfect」，也足以端得上檯面了！

大圖輸出

藝文作品

教具模型

音樂盆栽

圖 10-5　在情境方面的「魔鬼」

肆、在心理方面

曾經有一個小故事，發生在一間高檔酒店裡。賓客們正心情暢快地用餐，一位服務生送紅酒過來給其中一桌客人，品嚐之下發覺味道不對，竟脫口而出：「蠢貨才喝這種酒！」惹得原來點那瓶紅酒的隔壁桌客人十分不悅，於是「針尖對上麥芒」，雙方嚴重衝突的架式可比錢塘江大潮波濤洶湧。服務生被酒店高管叫喚過去，「啪！」的一聲耳光重重甩打在他臉上，在場的所有人無不感到驚訝又尷尬！高管隨即怒斥服務生：「一瓶紅酒你都能送錯，還能幹什麼事？花錢雇你來是讓客人滿意的，不是讓你來給他們添堵的，收拾東西，趕緊滾蛋！」賓客眼見誤事的服務生已在大庭廣眾下被責罰，原本盛怒的氣焰消洩不少，甚至幫忙打圓場，此時高管「打蛇隨棍上」，對著雙方賓客說：「你們來我們酒店用餐，就是我們的榮幸，就是我們的上帝，怎麼能因為這種事情影響你們的心情

呢?這樣吧…你們點的菜都由我來請,再給每一桌上一瓶好酒,算是賠禮道歉了!」賓客們感受到高管釋出的善意和誠意,心念一轉也都甘願息事寧人,異口同聲說:「不打不相識」,最後乾脆湊一桌同食共飲。故事到這裡,是不是覺得結局有點戲劇化?你認為轉折的關鍵點在哪裡呢?酒店是服務業,最重要的是「以客為尊」、「以客戶滿意為目的」,能夠洞悉他們的心理、體察他們的心情,距離成功將只是咫尺之遙。在經營管理方面,需要懂這個道理,在應對評鑑方面,又何嘗不是如此?我們不只奉評鑑委員為上賓,甚至看待他們為良師,所以在行動上,我們是這麼做的(附整理圖10-6):

- **陪同解說人員**:這主要是用在資料審閱方面,來幾位評鑑委員,我們就「差遣」幾位陪同解說人員上陣。有些評鑑會事先通知或預告「來者何人?何方神聖?」方便受評者製作名牌、安排座位,不過,我們更在意能不能讓每一位委員都詳細了解我們的作為,所以,我都是高規格指派處室主任及業務主管依工作屬性一對一接待,這樣才能針對委員的提問迅速有效地回答,並且正確地找到相關資料給他們核對。你會不會疑惑這個時候我在做啥?一旁納涼看戲嗎?身為校長,要站在「制高點」眼觀四面、耳聽八方,即時掌握現場狀況,視需要協助回答問題、排除困擾或調動資源,扮演好中樞指揮官與綜合解說者的角色。

- **配置連網電腦**:不是所有的評鑑場合都需要電腦,除了簡報必須之外,會用到表示評鑑規模較大、業務內容較多,或是有突顯數位及網頁功能的特殊需求。我們當初是在資料審閱場中,

同時配置多台能夠連上網路的電腦，讓每一位評鑑委員都可以在任意時間，不須等待即可「長驅直入玉門關」，親自操作滑鼠查閱我們建置的專案網頁及其有關內容。注意唷！這可不是「輕工業風」的道具擺設，而是肩負重任的支援者。為了要讓它們有效運作，多花費心力和經費，提早佈建完成並且「試營運」，才能確保萬無一失。

▰ 準備水果茶點：即便是再小的評鑑，應該都少不了水果、茶飲、糕點、餅乾…等現場品嚐、解渴的療癒系「滋潤劑」、「安慰劑」、「鎮定劑」。不瞞你說，我擔任評鑑、訪視或輔導委員的時候，也喜歡看到這些「養眼」、「養心」的小東西，因為我是嘴饞的貪吃鬼，抵擋不了輕甜美食的誘惑。所以我將心比心，料想評鑑委員不會排斥這些「貢品」，便只管把它張羅出來，就算它不是大咖主角，至少也能以色彩鮮麗的姿態陪襯起一幅好光景。不過，並非所有委員都會當場「賞臉」開吃，那麼你可以做得更細緻一些，用精巧的容器分開包裝給每人一份，既能提升質感，又方便攜帶離開，無論如何都不會「功不唐捐」，反而會有「一切盡在軌道中運行」的舒暢感。

▰ 附贈伴手禮品：還記得前面「在內容方面」提到的彙編學校本位化參考教材、打印宣導語於 LED 小型手電筒，以及製作行銷摺頁等做法嗎？我同時強調之所以做這些，是因為它們有評鑑的「延伸力」。其他內容就沒有嗎？當然有，只是這三項比較特別，是可以當作「伴手禮」讓評鑑委員帶回去，以加深對我們獨特、創新成果的印象，並且持續發酵、延伸我們的評鑑力；除此以外，我們還彙整所有評鑑的實施成果，包括教學設

計、照片、影音、簡報與評鑑表，燒錄成光碟紀錄片，一起置入伴手禮袋中，以備委員有復盤流程需求時，可作為佐證之用；最後，評鑑委員遠道而來絞盡腦汁執行任務，又不辭辛苦指導，總不能還讓他們花力氣提一些「不營養」的評鑑副產品回去，那太不人道了！所以，有一類禮物千萬不能忽略附上，就是在地農特產品或美食，能不能中他們的個人喜好，那是另外的問題，至少感謝的誠意要表示出來，如此，便有很大的機會提高他們的「滿意度」囉！

▰ **執行推進動作**：「推進動作」就是大家常說的英語「push」的意思，亦即在評鑑過後的跟進動作。有沒有人規定不能這麼做？如果沒有，那就不算犯規，評鑑委員吃不吃這一套，那是他們的心證，是他們的自由，我們根本不需要傷這個腦筋。至於為什麼要這樣做？有兩個用意，第一、評鑑委員通常會向受評者指出缺點或提出改進意見，由於我們也並非完美，自應從善如流、劍及履及，用十萬火急的行動將問題改善完成，並且回報給委員了解，以展現「一以貫之」的專業素養和態度，而不是只有應付評鑑了事；第二、人與人之間的相處，思緒或情感的互動變化是很微妙的，以評鑑來說，我們虛心受教於委員，又在事後迅速改正缺失，這是對評鑑委員及評鑑本身最大的尊重，或許在心有所感的狀態下，《詩經》裡「投之以木桃，報之以瓊瑤」的畫面，會經由他們如實地反應回來，對於我們來說，那可真是額手稱慶的附加價值了！

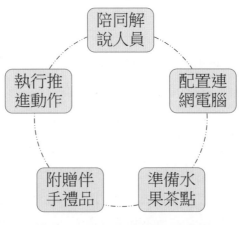

圖 10-6　在心理方面的「魔鬼」

chapter 11

汲取評鑑經驗讓組織再進化

　　初為人父母者，從來沒有天生駕輕就熟的，為了適當地排除緊張的情緒、釋放沉重的壓力，給第一胎寶寶最妥善的照護，往往會「照書養」，但有趣的是，第二胎以後，很多人卻戲謔地說是「照豬養」，怎麼會有這麼大的不同呢？其間的差別就在於有沒有「經驗」。比起新手爸媽的驚慌失措，老手爸媽無論在心態、知識、方法、技巧等各方面都顯得較為豐沛純熟和得心應手，處理問題與狀況也更能精準到位，所以，並不是真的先後待遇有如「天上人間」，而是刻意使用這種強烈的對比字眼，來突顯「經驗」的意義和價值。

　　不過，並非所有的「經驗」都留得住，還得看腦袋是怎麼想的？有心，插柳能成蔭；無心，船過水無痕，如何取捨全在一念之間，明智的人必定是「一念執著」，執著於怎麼從「經驗」裡挖寶學習，讓自己進化、升級。國內有一位在寶物鑑定界享有盛名的專家秦嗣林，他的經歷與故事就是一個明證。話說秦先生 17 歲就輟學去當舖做學徒，雖然迎來送往見識到不少世故冷暖，也明白許多待人接物的道理，卻沒積攢到典當這行的專業，雖然後來自立門戶，仍免不了一而再、再而三地「吃虧」、「上當」，舉凡金項鍊、古董、雞血石、汽車…等各種物件的首次買賣都讓他「繳了學費」，他毫不隱瞞地說：「開當舖的前 10 年，常常以淚洗面」[註11-1]，這樣的畫面若非秦先生自己承認，恐怕任誰都想像不到。沒錯！這世間讓人想像不到的事情太多了！誰又會知道他能撐過那個

註 11-1　許逸群（2016）。**秦嗣林開當鋪首年就賠光，「紅燈哲學」今身價破億**。2022 年 7 月 20 日取自：https://star.ettoday.net/news/700518。

慘澹椎心的漫漫歲月，有一天可以恣意縱情地騎著鍾愛的 BMW 昂貴重機，馳騁在蜿蜒曲折的山道，享受真正屬於自己的生活；誰又會知道他在這最近十多年，寫了好幾本有關於「學上當」、「29張當票（已出四集）」等許多典當人生的書籍。改變的關鍵到底在哪裡？在於他「有心」想要蛻變發展、樹立典範，所以奮發圖強「找鑑定師」學習、從「工作經驗」中反芻學習，以及考入研究所當學生「向百業」學習，這「一念執著」讓他徹底翻轉命運、實現夢想。個人可以透過「經驗學習」而改造，企業或組織能不能在評鑑過後也如法炮製，迴向能量給自己呢？答案當然是肯定的！

評鑑是可貴的組織學習時機

觀察一家企業或組織能否在激烈的競爭中生存致勝，並不取決於它是否擁有獨特的人才、稀有的資源，而是取決於它是否擁有持續的學習能力。這一項條件，在資訊和知識爆炸的時代，顯得特別可貴，因為學習的腳步假若慢了、跛了甚至停了，可能會被丟包在原始的叢林裡，找不到陽光穿射指引希望的出口。所以，組織學習理論的先驅克里斯・阿吉里斯（Chris Argyris）便曾一語道破地說：「在市場中的成功越來越取決於學習。」不過，「組織學習」的歷程好比出航於大海，並非任何時刻都是萬里無雲、一帆風順，而是會有突發湧現的波瀾逆襲過來，譬如無效的學習，或是個人的慣性防衛機轉限制學習；除此之外，學習的層次如果無法提升到團隊和組織，以改善工作缺陷或促進良好互動，恐怕也只會淪為口號喊喊而已。為了避免陷入如此的窠臼，也為了組織長久的進益發展，「組織學習」一定要落實於行動，不管是應驗於個人、團隊、

組織或環境，只要能夠確實偵測問題、校正錯誤及提高效果，終將「守得雲開見月明」，達成既定的目標。那麼，怎樣的行動是千載難逢的「組織學習」時機，可以幫助組織再進化呢？不管是主動爭取參與評鑑，或者是被動接受承擔評鑑，都是單刀直入的有效對策。

評鑑是組織逆向改造工程的促動因子

2018 年 8 月，台北君品酒店頤宮中餐廳首度獲得《臺北臺中米其林指南》最高等級三星榮耀，一時水漲船高，慕名用餐的外籍貴客絡繹不絕。對於酒店及其員工來說，這是值得高興的事，但緊密伴隨而來的，卻是難以言喻的壓力，那種情景彷彿已然登上世界頂峰，稍一不慎就會向下滑落，有高度榮譽感和責任心的組織或個人，絕不會讓此窘境出現。例如當時的經理歐宛臻，為了提升自己的服務品質，從原本害怕講英文、閃躲外國客人，到後來犧牲休息時間刻苦背誦，把菜單上的所有英文單字和語法通通牢記下來，並且慢慢調整自己的儀態，由原本略帶男子氣概的舉止，逐漸調整到輕柔優雅、細緻周到；而為了更加優化頤宮的整體服務，君品酒店特別聘請美姿美儀老師，來教導員工行走及站立的姿態、講話的語調和速度，另外，還訂製下半身是窄裙的新款制服，協助女性夥伴婉約其肢體動作、提高其雍容氣質[註 11-2]。這些行動上的改變，顯然是積極正向的，促動的因子是什麼呢？是國際知名餐飲集團米其林的評審及鑑賞肯定，帶給企業或組織逆向改造的契機，而工程一旦啟動，就等於按下了「永不停歇」的開關，要無止盡地複製「精美傑作」呈現給尊貴的顧客。果不其然，如此追求美善的「執念」，讓頤宮成為國內唯一四度拿下三星頭銜（計至 2021 年）的餐廳，

經理歐宛臻尤其難得地從全台 37 萬名競爭者中脫穎而出，榮獲第一位「米其林服務大獎」最佳外場人員（2021 年首設此獎）。頤宮的故事是一個能夠激勵職場動機、熱忱與意志的案例，說明了正面看待評鑑將帶來可觀的力量，幫助企業或組織改善體質踏上驚奇之旅。過去，在遭遇重要評鑑的時候，我會刻意向學校夥伴提示它的好處，以確立健康良好的心態，來創造評鑑可回饋於組織的「附加價值」，它們是哪些呢？說明如下並整理於圖 11-1：

▰ **促使思維進化**：孫文在他的《建國方略》自序中曾說：「夫國者人之積也，人者心之器也。」佛光山星雲法師對這句話的解讀是：「心理的感受產生思想，思想成為行為，行為決定了個人和國家的命運[註 11-3]。」言簡意賅地點出其要義，如果換個說法，就是指人心之所向，會主導他的路徑選擇、著力重點及省思判斷，最後影響到大局。孫文在文章中更加深入地闡釋這句話，他說：「吾心信其可行，則移山填海之難，終有成功之日；吾心信其不可行，則反掌折枝之易，亦無收效之期也。心之為用大矣哉！夫心也者，萬事之本源也。」真是令人擊節讚嘆的見解和論述！正因為有此相同的體認，當初在面臨「如何」接下全國交通安全教育評鑑這個任務時，我最早下工夫的

註 11-2　蘋果新聞網（2021）。**米其林專訪｜三星「頤宮」歐宛臻，十年磨出感動人心的服務**。2022 年 7 月 25 日取自：https://www.appledaily.com.tw/supplement/20210917/JBOKDHJUQJFWTLRTMQFHFSOGA4。

註 11-3　釋星雲（2012）。**我對當代人物的評議**。2022 年 8 月 2 日取自：http://books.masterhsingyun.org/ArticleDetail/artcle7438。

事項就是老師的「想法」和「觀念」，畢竟是團隊作戰，校長一人無法成事，必須全體夥伴同心支持才行，所以當長官來電交辦重責時，我選擇眾人都在的大辦公室接聽電話，讓老師們知道這項工作不是我攬下來的；其次，既然此事已無法推託、勢在必行，我便利用全校會議的時機，採取柔性訴求對老師們「動之以情，曉之以理」，與其消極從事落得成績難堪，不如積極戰鬥推動校務革新，那麼就能以「一石二鳥」之策，既可做好評鑑工作，又能趁此良機爭取資源「圖利學校」；其三，我和老師們站在同一陣線共組「英雄聯盟」，不是像「漫威（Marvel）人物」意在復仇，而是在「化壓力為助力」，把握考驗及試煉來學習成長，這個扭轉乾坤的正念，在溝通與激勵的談話中，已悄然默化地提升了老師們的思維層次。

◢ **改善環境設施：** 在第七章有提到土地、廠房、建物、機器、設備等實體資產是有形的「策略性資源」，對企業或組織來說，不僅這些「設施」都是關鍵要素，連攸關企業形象、社會責任、組織功能和成員身心的「環境」條件與狀態，也是必要重視的影響因子，二者猶如蟠龍石柱撐起寺廟的門面一般，肩負企業或組織生存及競爭的基礎。但話說回來，這些「硬底子大物」並不是「喊水結凍」想要就有的，也不是一天兩天施工就可以完成的，歸結起來，沒有「麥克麥克（錢）」根本成不了事，除非自己生財有道，否則，在公部門、學校或非營利組織，倚仗於長官照顧、人脈支持而達到目的皆屬司空見慣。在評鑑這檔事上，許多時候逃不過環境與硬體需求改善的宿命，如果消極以對，恐怕難免吃虧，所以，讓夥伴們知道走這一步

棋的盤算,正是在借力(評鑑)使力、順水推舟,即便「上刀山下油鍋」,或是用盡三寸不爛之舌,也要為組織找到「經費活水」,落實逆向改造環境設施的工程,才不枉費陪玩這一場「遊戲」。

◢ **提升團體動力**:美國康乃爾大學的科學家曾經在十九世紀做過一個實驗,主角是「青蛙」。設計之一是把青蛙放進熱水裡,牠受不了突然觸及的高溫,會反射性地從熱鍋裡彈跳出來求生;設計之二則是將青蛙置入不溫不火的水裡,並且放慢加熱速度,牠「不疑有他」悠閒舒適地來回浮游,而隨著水溫緩慢升高,青蛙逐漸陷入恍惚的安寧,過不了多久,牠在沒有抵抗的狀況下,神鬼不覺地被烹煮而死。這個實驗結果後來被廣為討論和傳說,形成所謂的「煮蛙效應」,經常被用來比喻在自我感覺良好的情況下,對於外在環境演變所產生的威脅,沒有做出適當的反應,以致遭受到不利的後果。或許這可以引為借鑒令人有所警示,在「舒適圈」不能待太久,待太久會陷入陳腐的狀態!用學術性的講法,那就是一種「組織惰性(organizational inertia)」,是普遍存在的維持既定行為模式和消極應對環境變化的傾向,組織內在的進取心與活動力會因此漸次消退,益發浮顯出保守性格,進而喪失突破創新的能力。想像一下,企業或組織如果變成那副「德性」,差不多也該送進加護病房了!所以領導者要洞若觀火、思慮明敏,避免讓上述隱疾竄起滋長,在消極面果決防患未然,在積極面則投入促動變革因子,作為團體動力的發酵劑。值得慶幸的是,有機會藉由評鑑同時兼顧這兩面需求,達到「一箭雙雕」、「摸蜊仔

兼洗褲（台語）」的目的，又何樂而不為呢？此時不該當「悶葫蘆」，應該當「大聲公」，散播評鑑的好與妙！

▰ **淬鍊組織技能**：組織跟個人一樣，如果習慣於養尊處優，沒有優異競爭、創造績效的能力，也欠缺隨機應變的成事技巧，那麼「庸碌淺俗」就會是它的代名詞，將很難引起關注與談論，更別說留下什麼特別的記憶。如此的困境，不免讓人聯想起「江闊雲低，斷雁叫西風」的殘景，孤子一身看不見希望和未來！好在「天無絕人之路」，「機會」就像列車一般準點到達，提供有志之士扶助組織蛻變轉身，它雖然不太討喜，卻有點「良藥苦口利於病」的味道。這「機會」是什麼呢？評鑑！抓得住它，就可以大進補，至於補哪裡，企業或組織要回頭檢視本身的特性和需求，對症下藥才有用，可以著力的方向包括內外部環境與條件分析、業務或專案計畫（規劃）、品質管理、尋找及分配資源、時間（進度）控管、溝通協調、發掘並解決問題（含危機處理）…的技巧和能力。每一個企業或組織都有個別差異，同樣的思維和做法也許在此可以開花結果，在彼卻是落英流水，不保證放諸四海而皆準。所以，找出自己的「行走江湖之道」，比起「東施效顰」要實際多了！此時，利用評鑑的逆向改造功能，來淬鍊、磨礪企業或組織的各項運作技能，擺脫「蕭規曹隨」的故步自封心態和慣性，那麼從平凡到優秀、從優秀到卓越將是指日可待。

圖 11-1　評鑑可回饋於組織的附加價值

從專案管理角度導入經驗學習

蘇軾在《赤壁賦》裡說過這句話：「蓋將自其變者而觀之，則天地曾不能以一瞬；自其不變者而觀之，則物與我皆無盡也。」如果從「變」的角度來看待事象，那麼天地萬物每一瞬間都在變化。可不是嗎？現在的你，已不是前一秒鐘的你；前一刻還在枝椏上旖旎訴情的花朵，轉眼間已凋落於塵土之中化作春泥，似乎「變」才是永恆「不變」的真理。這世間的人與物是如此，企業或組織不也是這樣嗎？內部人事會招募、流動、汰換，軟硬體設備會添購、更新，而外部環境則更為嚴峻無常，來自政治、經濟、社會、科技…的變動，往往「翻臉比翻書還快」，非線性（non-linear）的現象特徵，容易讓專家、權威的預測失去準頭，任何時刻都可能出現「巴西蝴蝶展翅引發德州颶風」的「蝴蝶效應（butterfly effect）」，想要置身事外恐怕是「夢裡貪歡」！在這樣的前提下，企業或組織還能八風吹不動以不變應萬變嗎？

別忘了，永恆「不變」的真理是「變」，只有俯首於「變」的

天威才能得到永生，那情形就好比遭遇惡劣天候，於怒海狂浪之中載浮載沉的危船，得靠有能力、有技巧、有方法的掌舵者帶領夥伴穩妥住船身，才能順著波濤的勢頭起伏前行。不過，這些工夫和團隊動能並不是嘴上說說即可蒙「灌頂加持」，也無法在因循苟且、平庸無為的組織生態中順利運行，若想具備無畏環境挑戰的特質，闖越任何艱難、阻礙及挑戰，一定要建構組織學習的制度，培養習慣、鼓勵分享、烘焙氣氛、形成文化，讓每一位組織成員都能浸淫受惠、進化認知，如此熔煉出的良性循環效果，才能夠幫助組織適應各種惡劣處境，那將是「咬定青山不放鬆，立根原在破巖中。千磨萬擊還堅勁，任爾東西南北風」的最佳寫照。

　　「組織學習」並沒有既定模式，也沒有固定章法，老話一句，每個企業或組織本來就有差異，如何運用這個概念，自然是隨人巧妙、各憑本事。簡單地說，只要組織所規劃、安排、推展、檢討的行動，足以促進團隊或個人的學習意義及成果，並且能在思辨、修正、回饋的過程中，凝練出互通性、共識性和系統性的集體知識及智慧，便稱得上「登堂入室」了！在眾多可行的方式中，從專案管理角度切入的「經驗學習（lesson learned）」，特別有益於評鑑附帶而來的「組織學習」價值。專案管理強調專案工作經驗的蓄積及傳承，在執行專案生命週期的每一個階段，都有值得留存下來的甜蜜點（sweet spot）和檢討點，可以提供專案結束時的省思、分析、記載、歸檔之用，也就是說，「經驗學習」能夠在專案的任何時間點被覺察、辨識而產出，舉凡彙整文件、調整需求、研究討論、記錄會議、稽查評核、提取心得…等，都歸屬於它的範疇與內涵，若懂得靈活運用在企業或組織的管理和評鑑事務上，將比別人有更深一層的功力。

　　「經驗學習」這一個概念好像「三合一咖啡包」，既有可貴的學習效果，又有平實的分析功能，更能在最後「神龍擺尾」，利用專案結束的會議平台，凝聚團隊意識、表達感謝之情、彰顯專案成果、惕勵未來願景，為下一個專案奠定互信美好的開端。許多學者、專家致力於「經驗學習」的推廣，也舉出相關的操作成果做說明。例如約瑟夫・希格尼曾經擔任專案管理的全球實務領導人（global practice leader），帶領國際團隊負責確認「最佳實務」，他對於「經驗學習」的解說，是根據美國專案管理學會（PMI）的「專案管理知識體系指南（PMBOK® Guide）」而提出，包括學習的類型、項目、描述、評語等內容，都秉持忠實客觀、自我針砭的心態來處理，或許有些會令人振奮、開心，有些會令人痛苦、沮喪，但就像蟲蛹幻變成蝴蝶一般，最終能夠讓團隊及組織改善和進化，那麼這一個勞心努力的過程便都值得。表 11-1 是希格尼在實務工作上的操作範例[註 11-4]，看似簡易普通，但填入表格的內容卻要絞盡腦汁、嘔心瀝血，所謂「不經一番寒徹骨，怎得梅花撲鼻香？」如此才能確切地貼合「經驗學習」的理想和正念。理論上，能依據希格尼的模式來進行是最好，如果形式上無法比照，至少實質上一定要能做到，這樣才不會流於口號、虛應故事。

註 11-4　何霖譯（2022）。J. Heagney 原著。**我懂了！專案管理（暢銷紀念版）**。台北市：經濟新潮社。

表 11-1 「經驗學習」的操作範例

識別碼	類型	項目	描述	評語
1	改善	溝通	有必要提高狀態更新頻率；信件往來效率必須提高。	擬定溝通計畫。
2	改善	PERT（計畫評核術）期間估計	時程估計過度樂觀。	調整 PERT 時間估計，以提高正確性。
3	接受	風險管理	多數風險已經由風險管理計畫辨識出來；應變計畫成效不錯，並且也有及時實施。	無
4	接受	建立 WBS（工作分解結構）	專案範疇定義明確，範疇潛變（不可預期、不受控制的變數）有限。	無

汲取評鑑經驗形成組織學習迴圈

有一首歌是這樣唱的：「池塘邊的榕樹上，知了在聲聲叫著夏天，操場邊的鞦韆上，只有蝴蝶停在上面，黑板上老師的粉筆，還在拚命嘰嘰喳喳寫個不停，等待著下課，等待著放學，等待遊戲的童年…」許多人的童年是類似這樣的畫面編織起來的。這樣的畫面不斷交織重疊，在淡出與淡入的影像銜接間，洗鍊地播放著學校的年華，從花樣青春到沉穩知命，緩步走來已屆五十之年。此時值得回首觀照，為豐田寫下一個註腳，以留待後人有所取用。

　　上面這一段話，寫於 2005 年 11 月，是我初任校長時的豐田國小五十週年校慶特刊「校長發刊辭」的開頭。真是無巧不成書，沒想到事隔多年，可以拿來用在這本書裡。最後那兩句「為豐田寫下一個註腳，以留待後人有所取用」，指的是什麼呢？系列慶祝活動及其紀錄。當年，隔壁的中心學校—規模大我們好幾倍，在同月份辦理百週年校慶，時間點非常接近，事後，學校主任聽到一個「評語」轉述給我，說我們五十週年活動辦得比人家一百週年還要盛大熱鬧、豐富有料！姑且不論眾人的觀感如何，我們的確是花費相當長的時間準備，提出來的「饗宴內容」，不只是在前一週假日辦理全國性的排球邀請賽，揭開系列慶祝活動的序幕，還在當週三安排親職教育暨登山健行活動持續暖身，更在慶典前夕端出化妝踩街、音樂晚會橋段，而最後的高潮，則是擴大舉辦慶祝典禮、師生家長藝文聯展、郵票特展和衛教宣導。

　　有句話說：「凡走過必留下痕跡。」其實不見得！能殘留在腦海、烙印到心坎上的又有幾何？經過歲月的消磨侵擾，記憶裡變錯誤或時序紊亂顛倒，是屢見不鮮的事，更何況在企業或組織大團體之中，成員眾多、庶務龐雜，若未建構知識管理的制度、模式，或訂定文件歸檔、交接的規範，或甚至兩者都付之闕如的情況下，仍舊沒有指定專人負責彙總記錄這些活動，那麼，若干年後「香消玉殞」隨風而逝也就不足為奇了！反過來講，若是觀念通透、思慮周到，明瞭組織事務需要永續經營的道理，自然會採取留存珍貴史料、文物的行動。當初我們在五十週年校慶辦理之時，外聘專業攝影師全程錄影所有動靜態活動，事後剪輯成紀念光碟；另外，整個籌辦的資料、檔案、照片、影音也都彙集成光碟成果；最特別的是，耗費許多心神與時間收集學校懷舊老照片、邀請各界襄贊祝賀

文章，編輯完成具有教育、文化傳承意義的紀念特刊。這些光碟和刊物，對他人而言不過是「浮光掠影」，對我們來說，卻別具意義與價值，因為在多年以後，它們都還能派上用場！那時，我已經異動了兩所學校，主任仍然「不離不棄」在豐田，某日因公巧遇，他有感而發地對我道謝：「還好五十週年校慶有留下那些光碟、檔案等成果資料，現在再辦六十週年才能有跡可循、事半功倍。」他說到重點了！企業或組織的經營管理思維與作為，不僅應有長遠的盤算，還要能「打帶跑」產出附加價值，這樣所有的經驗—包括評鑑在內，不會只是「飛鴻踏雪泥」而已，都會成為組織學習暨建構迴圈的養分，知所運用必然助益匪淺。

任何經驗都是組織學習的養分

　　2009 年 11 月初，我收到一封很特別的信，來自於一位素昧平生的志工「徐阿姨」。她只是單純的家庭主婦，出身基督教世家，靠做手工、當保母賺取微薄的收入。不過，她從十八歲開始，持續做一件看似普通卻又不平凡的事，彈指間韶光飛渡四十餘年（收信當時）。「如果更多人做愛心天使，讓社會少幾分暴戾多幾分愛，世界就會更美了！」這是徐阿姨的發心願力，所以，她數十年來默默擔任犯罪及自殺預防志工，關懷弱勢團體也注重環保、交通安全議題，透過書寫一封又一封的信件給中小學生（附贈智慧箴言）、安寧病患（表達慰藉祝福）和重刑罪犯（給予關懷規諫），用行動來實踐「勸善揚芬」、「扶愛化戾」的堅定信念，因此受惠的人不計其數也深受感動。她的嘉言懿行不只針對個人，還擴及不同領域的團體，寄給我的信函與剪報就是例證，她說：

Dear 校長、每一位老師：

感恩奉獻心力、培育英才的辛勞。良師興國良師出高才。

敬佩教導有方！貴校獲金安獎交通安全教育績優，恭喜！

因為有您，豐田國小更好，願主耶穌眷顧保佑賜福 Peace ＆ Health！

　　另外，針對「價值」這個概念，她也有所著墨，期望與豐田國小全校學生共勉，她寫道：

一個人在世上的價值

不在擁有什麼

而在於為旁人付出什麼

不在擁有那些優勢才華能力

而在運用那些優勢才華能力

為旁人貢獻什麼

讓自己的存在成為別人的祝福

讓旁人的日子因為有你而更美好

　　記得當年那一段時間，忙於各項會議、研習、評鑑，以及一年一度的校慶準備工作，我是到月底諸事已過才得空給徐阿姨回信，摘要如下：

您在信函中闡述有關「價值」的意涵，個人深表敬佩！不僅因為言之成理，更因為您躬身力行實踐，而更顯得珍貴。

您的信函與剪報附件，我將利用教師會議時間向全校教職員工報告與說明，讓他們了解在社會的某個角落，有像您一樣默默奉獻行善的志工，在為學校教育支持打氣，在為許多需要協助的人做那麼多

可貴的事情；並且，我也會在會議之後將您的信函與剪報公告出來，讓他們也能夠進一步閱讀及體會。

　　原本是在各自的世界，忙於各自的工作和生活，卻因為如出一轍的莊嚴使命與高潔情懷而有了交集，儼然是「海內存知己，天涯若比鄰」的寫照。此時不禁心有所感：人生本無劇本，又何須相逢相識？有理想、熱情、正念、毅力、勇氣、耐性的人，總會很有默契地譜寫出饒富意蘊的樂章，一如「高山流水（古箏名曲）」之聲撩撥知音心弦，同時留下感人肺腑的故事引為傳誦。徐阿姨的赤誠及遠志，支持她義無反顧、勇往直前去做對社會有貢獻的事，得此之緣，我們與她產生有意義的連結，如果換個角度想，她可以說是另外一種形式的老師，教化於社會大眾，也前導於學校師生。這樣千金難買的「經驗」，打著燈籠還不一定找得到，我們卻何其有幸能夠遇著，簡直是上天賜予的禮物！我把這份禮物直送給全校師生，就是希望它轉化為養分和能量，成為激勵組織學習的作用力和催化劑。從這個例子來看，什麼「經驗」能讓企業或組織向上提升？只要有智慧地汲取可用之處，包括評鑑在內的任何「經驗」（即便是錯誤的、失敗的）都值得回溯參考，一旦厚積了這種紮實的內功，則「龍飛聚雲，虎嘯生風」，未來騰躍而起之勢將銳不可擋！

評鑑經驗形成組織學習迴圈的具體實踐

　　有句民間俗語是這樣說的：「男怕入錯行，女怕嫁錯郎」，意思是指男性選擇職業很重要，身為家庭的頂樑柱，肩負經濟的重擔，如果工作沒有晉階的空間又收入涼薄，那麼生活就會艱難困

頓，前途也會黯淡無光。但是現在的社會，這種壓力已經不再是男性的專利，女性、第三性都有可能碰到，機會是平等晾曬於陽光下的。不過，這裡要談的重點並不在職業的高低或待遇的優劣，而是在業務的特性和需求，我就直截了當地說，有些工作是要接受公部門主管機關或是私部門權威機構評鑑的，密度高的會像「民俗慶典」般每年來一次，密度低的則三年左右輪迴一趟，不管是哪種方式，你只要腳踏進來捧這個飯碗，就不要哀怨後悔入錯行，畢竟只是例行工作以外附加的任務，多辛苦一些而已！

真的只是多辛苦「一些而已」嗎？若是用「如人飲水冷暖自知」帶過，你可能會覺得我太過於輕描淡寫，但相對於一個年度裡要應付好幾項評鑑，這麼說應該比較不會被質疑。啥？一年好幾項評鑑！有這樣「不人道」的主管機關嗎？要是經年累月這般操勞下去，鐵杵也會被磨成繡花針！好在，長官並非全然不食人間煙火，有些已經意識到評鑑數量太多，因而有時會彈性採取簡化、合併或線上操作模式進行，只是，理想「蓋高尚（台語）」，現實卻很殘酷，最後還是會公布結果週知，此時，誰會希望敬陪末座？誰又希望同樣的評鑑每次都吊車尾？俗話說得好：「人往高處爬，水往低處流。」正常人都會有榮譽心，企業或組織也一樣，既然躲不掉被評鑑「玩弄」，何不反過來把它的營養液榨個精光，充分補給回自己身體，這就是「汲取評鑑經驗形成組織學習迴圈」的思維。從設定「評鑑目標」起始，而後進行「評鑑準備（專案行動）」、處理「評鑑活動」，到接收「評鑑結果」，表面上完備了評鑑流程，但若要避免同樣的評鑑每次都困在「老鼠賽跑迴圈」，或是擁有改革奮進企圖，各項評鑑都想要拾級而上，便須實踐「經驗學習」理念回饋於每一個評鑑流程，以構築完成「精進評鑑模式」，如圖 11-2。

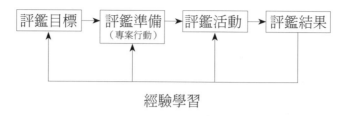

圖 11-2　精進評鑑模式

　　在實務上，我們大部分「經驗學習」的做法是融入於學校既有制度及慣例，少部分是依專案特色而隨機行事，以下分別說明並整理於圖 11-3：

▰ **燒製成果光碟**：「昨日種種，皆成今我，切莫思量，更莫哀，從今往後，怎麼收穫，怎麼栽。」這是胡適先生說的話，可以用在鼓勵人生，也可以用在企業或組織的經營管理，包括評鑑這檔事。過去的作為成就了今日的模樣和績效，不管好壞如何、滿意與否，它都是一片蘊藏生機的沃土，而在評鑑方面，若想要有豐盛的收穫，就要知道怎麼育苗和栽培。因為有這樣的體認，我們會把評鑑過的簡報檔案、受評表件、教學設計、活動照片與攝錄影音等資料燒製成光碟，除了留存成果列入學校智慧資產，更重要的是，可以作為「經驗學習」的參考內容，以提升後續同類評鑑的處理能力。

▰ **載入管理系統**：我在第六章談論知識管理系統的時候，曾舉出學校的網頁架構內容和說明來當佐證，這些「證明檔案」其實

已經遺失多年，為了讓這本書的內涵更加實在、豐富，我還不死心地找遍所有儲存設備，希望能尋得它的蹤影，無奈事與願違，迫使我萌生「再製」的念頭，但「再製」何其困難，終究無法產出一模一樣的「原本」，以傳達我的胸臆，那可怎麼辦？在不願束手就縛的情況下，我找到在任豐田時建置的「舊網頁」，嘗試連結進去，但卻徒勞無功，真是一種「笑漸不聞聲漸悄，多情卻被無情惱」的悲冷處境！此時似乎已經山窮水盡無路可行，我只好抱著「死馬當活馬醫」的想法，求救於以前處理 KMS 資訊工作的組長陳一銘老師（目前是主任），他回答我曾「打包」部分檔案，並且很有效率地把它們壓縮放上雲端硬碟提供我查找，只是我們都不知道「標的」是否在其中？既然有復活機會，當然要真切把握！我像潛入迷茫大海撈取細針一般，帶著忐忑的心情努力探尋，在幾乎要放棄的時候，黑暗中微光乍現，「失散多年的孩子」終於蹦出重回我的懷抱！喜悅之情溢於言表，衷心感謝一銘主任！我回述這個往事，是在說明善用工具能夠幫助你遂行意志。豐田「舊網頁」的功能不只是傳達資訊、溝通內外，它本身就是實用、好用的知識管理系統，可以促進知識庫藏、智慧升級與組織學習，這也是我強調將評鑑成果載入知識管理系統，讓它形成回饋循環要素並藉此精進評鑑能力的用意。

◢ **召開檢討會議**：在《史記・項羽本紀》裡面記載，楚漢相爭的時候，項羽發現劉邦竟然有能力攻破秦都咸陽，驚覺他有圖霸

天下的野心，於是採納范增的計謀設宴於鴻門，伺機誅殺他。劉邦硬著頭皮赴宴，果然強烈感受到詭譎險峻的氣氛，在項莊託辭舞劍刺殺未果之後，他藉由尿遁倉皇逃離現場，才得以保住性命。這就是著名的「鴻門宴」歷史故事，後來被引用為不懷好意、居心叵測的邀宴，而且還延伸出頗為寫實的「宴無好宴，會無好會」的說法。如此看來，「會議」是個不被喜歡的活動！但是，就像送車子進場維修，不喜歡還是得做一樣，「會議」有它重要的功能，在避免或減少責備、辱罵、取笑、諷刺、衝突、拖延…的前提下，設法讓它產出應有的價值。我們召開於評鑑專案或活動後端的會議，重點並不是規劃全案、控制流程，而是檢討成敗和誘發省思，例如：交通安全教育委員會議、校外教學檢討會議、導護交接會議、防災演練檢討會議、行政會議、教師會議…等，這樣才能成就循環上升的組織動能，厚植駕馭評鑑的實力。

▰ **辦理研習活動**：宋朝文學家黃庭堅有一段名言膾炙人口：「士大夫三日不讀書，則義理不交於胸中，對鏡便覺面目可憎，向人亦言語乏味。」而位列「宋四家（四大書法家，另兩位是米芾、蔡襄）」之首的蘇軾也曾以詩句「腹有詩書氣自華」來勉勵朋友應試，兩位千古聞人說的是同一件事情，但前者是負面表意，後者則是正向陳述，無論怎麼說，都在突顯「內涵」的重要。假若一個人只是「消費」既有的學識，不再有所「input（輸入）」，那麼就只會「到此為止」甚至「每況愈下」，事

業、生活將岌岌可危！而企業或組織呢？也是同樣的道理，要不斷地「百尺竿頭更進一步」，才有可能邁向卓越。所以在學校裡，我們時常辦理研習活動，例如：專題演講、媒體（資訊科技）運用、教學觀摩、成長團體、教學（行動）研究、教學（事務）研討、參觀、訪問、考察、寫（創）作…等，以「敦促」教師成長與發展，就像「滾石不生苔」一樣，常保充電學習的狀態，就能更新、豐盈個人及組織的內涵、程度和能力，因此而產生的能量用在評鑑的任何流程上，都會是正面的效益。

◢ **諮詢前輩專家：** 有些老話我們常常掛在嘴邊，像是「三個臭皮匠，勝過一個諸葛亮」，或是「三人行，必有我師焉」，意思都很明確，道理也很淺白，但真正遇到事情突破不了的時候，當事人會不會腦筋急轉彎跳出情境找外援，就很難說了！一個人的思路和智慧畢竟有限，一個組織也不見得能應對所有任務和挑戰，如果同樣的事務（包括重要的評鑑）已經有前輩處理得鏗鏘俐落、名聲斐然，那麼他（們）就是值得諮詢請教的專家，就是可以開發、運用的資源，援引他（們）的成功思維和經驗，無論是複製應用或變通創新，必然能對需要幫助的賽局中人有所助益。我們當初在全國性的評鑑之前，就曾經接受前輩專家的指導，因而可以跳脫藩籬、拓展視野獲得好成績，也因為得之於人者如此可貴，我們抱持同樣的心態及意念，分享和回饋經驗給其他有需要的人，這一來一往之間，評鑑的知能

在無形中蓄積、優化，並且可以實踐於後續的各項評鑑，受惠最多、最深者終歸還是自己。

▌ **學習標竿經驗：**「標竿（benchmark）」的意思，最早是指工匠或測量者在進行測量時作為參考點的標記，之後衍生為衡量事務的基準，慢慢地，企業界在談論品質管理的時候，也會把「標竿」列為關注的議題。既然有參考的基準，就會有學習的期許，標竿學習因此逐漸受到重視。美國生產力品質中心（America Productivity Quality Center, APQC）看待標竿學習是：「一種確認、分享和利用的最佳實務改進業務的過程，經由分析一流的做法，將他人最好的經驗應用到組織自身，以達到強化、改進的目的。」[註 11-5] 而全球標竿學習網路（Global Benchmarking Network, GBN）總裁 Robin Mann 更簡潔明瞭地解釋：標竿學習是一種經驗學習的歷程[註 11-6]。所以，只要稍微留心一些，你定能從周遭獲得靈感和構想以改善工作現狀。舉例來說，當我們把評鑑放在心上，參加相關會議、進修、觀摩、研討的時候，甚至是頒獎、展示的場合，觀看或聆聽到實用有料的標竿經驗，就會帶回學校透過既有的研習機制分享給同

註 11-5　教育 Wiki（2022）。**標竿學習**。2022 年 8 月 24 日取自：https://pedia.cloud.edu.tw/Entry/WikiContent?title=標竿學習。

註 11-6　國家品質獎（2022）。**應用標竿學習，迎接全球化競爭**。2022 年 8 月 24 日取自：https://nqa.cpc.tw/nqa/Web/Tutoring_Content.aspx?ID=0e661200-da97-4064-b4d6-5270a2d097a7&P=0002081d-fc71-4bc7-b8d7-315ffc4effe2&TC=2。

儕。俗話說：「滴水可穿石。」不起眼卻有價值的事情長久地做下去，總有一天會看到驚人的效果，但評鑑不用等待這麼久，做「對」的事很快就有回報。

圖 11-3　評鑑的經驗學習

chapter 12

優化評鑑力的進階魔法祕訣

　　走筆至此，已經是最後一章了！前面的內容基本上已經寫出我的大部分意思，不知你收納、領略了多少？但我要感謝你，這麼有耐心地容忍我大放厥詞直到現在，可，你都不會懷疑我的言論是在釋放「思想毒素」嗎？「盡信書不如無書」，多加辨析、批判，建構出自己的主體意識才能有存在性和延展性。依據我的閱讀體會與感受，「看書」是非常有用的吸收知識、促發思考、激盪情感及重組價值的方法，但是，不一定能夠幫助你累進經驗和增長智慧，那是要從實務情境與工作中磨礪及省察，而後回饋給經常閱讀學習新知的自己，才會有這方面的收穫。基於這個道理，書籍之中所蘊藏的思想和觀念一定要純良端正，具有啟迪誘導的積極作用；知識體系也應該架構縝密、脈絡清楚、內容豐實，才能讓讀者有如沐春風、心靈飽滿及愉悅幸福之感，若能因此而樂在其中、不捨晝夜，那麼「書中自有黃金屋」、「書中自有顏如玉」的形容語詞，便是充盈美麗人生的雋永寫照。

　　人們常說：「行百里半九十」，用意在強調最後一小段路程的重要性及特殊性，走過去了才算是「完成」，否則，曾經的熱血、奮勇、激昂、勁爆和吆喝，都將前功盡棄、付諸流水。所以，本書這收尾的最終章，不僅要順利 ending，還要呈現出關鍵力道，發揮它收斂、提示和優化的臨去秋波效用，讓即將與我在這「文字天地」中分別的你，有醍醐灌頂、豁然開朗的感悟，並且額手稱慶，幸好有這「進階魔法祕訣」，得以一窺堂奧，真正享受到「know-how」的受評樂趣。

　　如第二章所談論，「評鑑」是一個專案，在任何「管理」它的階段，本質上都是「解決問題」的歷程，解決如何成立專案團隊、設定目標、定義範疇（規劃任務）、監控時間、計算成本（預算／

經費）、提高品質、運用（調配）人力、溝通協調、管控風險、處理採購、管理利害關係人等各種需求、狀況與問題，那可是極為耗費心神的活動！尤其是要找出影響評鑑成績的負面因素，以及有效的對症下藥解方，那就需要應用邏輯思考的技術，才能切中要點。二十世紀著名的哲學家與教育家杜威（John Dewey），具有廣袤的思想及深厚的學養，他對於「如何思考以解決問題」頗有研究，完成《思維術（How We Think）》一書，包括如下幾個步驟：第一、發現困難情境；第二、找出問題所在；第三、提出解決問題的假設；第四、推論各假設的結果，探明哪種假設可以解決問題；第五、驗證假設。企業或組織面對評鑑，可以試行杜威的建議，協助自己克服關卡，而如果想快速又精準地掌握及處理所有要點，我也已經幫你準備好簡明易懂的「懶人包」，提供「一站式 VIP 服務」，方便你輕鬆了解評鑑績效不彰的原因，以及可以採用哪些進階魔法祕訣避免負面因素干擾，同時能進一步打造出優異的評鑑力。

評鑑績效不彰的原因

　　大作家魯迅曾經點評自己筆下的人物孔乙己，說道：「可憐之人必有可恨之處。」這句話如果套用在評鑑情境上，似乎也可以這樣說：「評鑑績效不彰的企業或組織，其表現必有令人質疑之處。」哪些方面的表現呢？包括人、事、物的整體面向。就在那一個評鑑的時間點（或一段期間），所有日夜勞頓、費盡心思準備的一切東西，都得攤在陽光下接受檢驗，「即便是醜媳婦，最後還是要見公婆。」只不過，負責「驗貨」的評鑑委員買不買單，通常都

沒有「打包票」的！於是，被秤斤論兩、挑三揀四提出一些疑問，甚至槍林彈雨直接掃射過來，釋出不滿意的訊息，也別感到驚恐和詫異，為何？因為「沒有十全十美的成果」、「永遠都有努力的空間」，評鑑委員會想盡辦法讓你知道哪裡有待改進！以下的看法，是我「以評鑑／輔導（委員）之名」的過來人身分，所觀察、了解、整理出來的受評者成績欠佳的原因，這些因素應該不會同時出現，但彼此之間可能都有連動或因果關係，使得問題更加複雜難解。若是不小心或不得已有這些狀況，卻依然任由它們「飄盪遊走」，恐怕連神仙也難救，而如果有心爭取績效，就必須先搞清楚造成阻礙的絆腳石，然後將它們逐一剷除，請詳見如下的解說。

基本條件欠佳

　　不知道你有沒有發覺，長相英俊帥氣、身材高大壯碩的男子，很容易討得女性的歡心；同樣地，容顏嬌艷美麗、體態婀娜多姿的女子，也很容易吸引男性的目光，這就是典型的「色不迷人人自迷！」但是，能因此而恥笑這世間男女嗎？似乎不必那麼道貌岸然。欣賞「美」的事物是一種與生俱來的本能和天性，再自然不過，既可以賞心悅目，又能夠怡情養神，何樂不為？倒是該感謝「造物主」巧妙的傑作！不過，若全天下的男女都是潘安和西施，又有誰是真正的潘安和西施？所以，祂也很公正無私，還創造出「中等美女」、「醜陋男子」…各種等級的外在形貌，來豐富這個色相的頻譜。在評鑑情境中，類似這樣不同的「天生我材」狀況有沒有可能出現呢？常有的事！

　　舉例來說，苗栗縣近幾任的縣長中，有一位特別重視學校的環

境整潔，他曾經連續數年辦理評比活動，要求縣府參議、祕書⋯等高幹下鄉，到全縣各中小學查看環境，質優者給予獎勵。雖然對學校和校長而言有壓力，但是我舉雙手支持這種行動，畢竟是用意良善、正面導向的構想，況且哪一個工作沒有壓力？適度的給壓才能敦促成長。不過，似乎結果隱約存在著「月暈效應」，讓一些校長同儕感到不平，因為大家其實都很用心、賣力，環境改善的幅度也都很明顯，可某一所 921 地震之後重建的小學，不僅校舍新穎，校園規劃也是錯落有致、舒適宜人，因此連年勝出獲獎，而其他學校並非偷懶耍廢，只是由於校史太悠久、積垢太厚重⋯等狀態難處理。這種情形，就是牽涉到「基本條件」的因素，不單是建築、設施老舊斑駁改善不易的問題，也可能跟組織所在位置及其週邊特性有關，條件不利的企業或組織，取得社區、自（天）然、機構、人力、物力、經費等資源的機率就會比別人低，甚至，沒有顯著績效的過往或紀錄，也可能是壓制、踩踏的另一個潛伏殺手。但即便如此，也不能消極默認、承受，而應該奮發圖強、積極作為，才有機會扭轉劣勢。

起點行為較弱

什麼是「起點行為」？這是教育方面的慣用說法，意思是指學生在學習活動進行之前就已經具備的知識和技能，是教師教學的主要依據。從歷程上來看，「起點行為」的分析，就是對學生實施教學之前的程度評估活動，是一個不可或缺的前置步驟。這樣的概念可以適用於各項評鑑活動，在準備初始，就為企業或組織先行把脈，查看哪些事務已經有做？做了多少？做到什麼程度？有什麼優點？有哪些特色？有什麼環節需要加強？

　　是不是所有企業或組織的「起點行為」永遠都一樣？不！反而是「永遠都在變」。管理人（領導者）或任何一位組織成員流動（甚至包括工友），所做出來的工作績效便會隨之產生差異，有可能向上提升，也有可能向下沉淪，端賴人力的素質高低。我就曾經聽過，某些人異動或離職，竟然將業務檔案清空或銷毀，不願意確實移交，以至於接辦的人啞巴吃黃蓮、無語問蒼天，一切得要自力更生、重起爐灶，那情形就像是被悶棍重捶之後傷痕累累，不但無法就醫休養，還要忍痛幹活，想當然步伐會變慢、水平難拉高，連帶影響到組織整體「行為」的表現。所以，企業或組織應該要了解「起點行為」的意義和功能，在評鑑時懂得去運用它，就可以消減本身的弱勢。

認知偏差

　　在心理學中，「認知」的意義是指個體經由意識活動，對事物產生認識與理解的心理歷程，所以，能夠透過形成概念、覺察、判斷或想像等內隱思維來獲取知識。話說諸葛孔明還在隆中的時候，劉備三兄弟前來茅廬敦請他相助，孔明說道：「你們誰能對出我的啞謎，我就出山。」只見孔明用手指向天空，沉默不語，劉備和關羽不得其解，張飛卻像領悟到什麼，便用手指地；孔明用三隻手指在空中畫一個圓，張飛就伸出九隻；孔明在胸前畫一個大圈，張飛則將手往自己袖裡指，孔明見狀露出笑容，便爽快答允劉備出山。這一段趣聞，是農民在閒暇時分瞎編打造的「柴堆三國」故事，雖然不是真實，兩人心裡所想的，也完全是「牛頭對不上馬嘴」，卻能用來解釋「認知偏差」的意思。

　　「認知偏差」只會存在部屬腦海裡嗎？當然不是！每一個組織成員都有可能。假若每個階層的管理人（領導者）與同僚都對評鑑的認知沒有一致，那就是危險的事，不僅成績可能難看，過程也可能衝突四起、恩怨叢生，破壞組織氣氛與人際情感。有一年，我走訪某一所國小輔導交通安全教育全國評鑑，非常意外地聽到該校的校長說：「交給主任規劃和執行就可以了！」你想，這樣他們會同心同德嗎？會有超越品質的產出嗎？並非主任和老師不行，而是「圓滿」已經欠缺一塊，卻又力不從心很難補全；偏偏這個問題極有可能「從一而終」，如陰魂不散地隨侍在側，始終扮演著「扯後腿」的角色，讓負面效應孳生繁衍，終將難免以「悲情」收尾！

心態消極

　　老楊的貓頭鷹，一個用後腦勺盯著這個功利世界的作家，非常珍惜時間、愛惜生命，並且喜歡用炙熱的文字，揭穿表象看似靜好的歲月。他（她？）在《不要在該奮鬥時選擇安逸》這本書中，用「不負責疼愛你，只想喚醒你」這句 slogan，來提點「對自己用心太少，對生活用力太小」的「心態消極」者。有一段文字說得很直白坦率：「你若是羨慕畫家、作家，那麼你就朝那個方向去努力；若是羨慕政客、商人，那麼你就往那個領域去嘗試…，而不是端坐在電腦前，等著日子像翻書一樣過去，然後以為到了某個年紀，就能得到自己羨慕的一切。」人生的確是現實殘酷，但也很公平，如果「在一行怨一行」，甚至對工作、績效、學習、成長都不在乎而輕鬆逍遙度日，就不容易跳脫庸俗，也不容易感到幸福。

　　從經驗上來看，「心態消極」的狀況是真實存在於企業、組織

成員之中，可以想見，它所產生的效應必定是負面的影響，評鑑一旦「擁有」了它，也將沒有例外遭到掣肘。難道只能束手就擒、坐以待斃？如果真是這樣，那麼最後要被列管、追蹤、輔導，不過是「剛好」而已！但有為的管理人（領導者）絕不會任由風險橫生，破壞既定的規劃及正常的運作，而會去挖掘問題的根源。可能是什麼呢？動機薄弱！由於需求無法滿足、成就感匱乏，或是「不知為何而戰」，以至於欠缺正向的思維與高昂的鬥志，當然就沒有閃亮振奮的行動。

本職學能不足

《禮記·學記》有一句話這麼說：「學然後知不足，教然後知困。知不足，然後能自反也；知困，然後能自強也。」意指「教」或「學」各種知識、技術與能力，並非到某一個程度或階段就已足夠，而應是永無止境追尋的歷程，才能妥適、滿足於不同的情境和狀態。這樣的需求，絕對不僅僅存在於各級學校，多數企業和組織也應該非常渴望。但不可諱言，有的企業或組織會忽略它們的重要性，所以沒有規劃及執行相關的措施和行動，結果很可能成為枯井中的一灘死水，既缺乏靈活能量，還會逐漸低沉消退。

假若「後天失調，先天又不足」，將會如何？那就是雪上加霜！我之所以提出上述的看法，是在突顯一個已知的現象：在眾多的工作崗位中，有些在職者並不見得是「學以致用」，而是「半路出家的比丘（尼）」，或是「半路殺出的程咬金」；也可能是「科班出身」的老手，但奉上級指示接辦「新」的業務；又甚至是「尸位素餐」者，長久佔據這個職位卻不求長進⋯，因為各種不同的背

景、條件、情境、需求…等因素，導致人員無法調整或不得已要遷徙流動，連帶使得人力資源的能量產出，經常處在不到位、不確信、不穩定的狀態之中，那麼，你能奢望他們的「本職學能」都足夠勝任評鑑嗎？

職務與雜務干擾

　　我有一個師專同學，長得斯文清秀，在學生時期和大夥兒相處也是溫謙有禮，不過，他參加的社團卻是「理直氣壯」的辯論社，故而但凡有公開表述想法或辯論實戰的機會，就能見識到他的思路廣深、邏輯明晰、態勢沉穩和攻守有方。畢業之後，幾乎沒有「漏網之魚」，我們都投入為人師表、作育英才的行列，沒想到時過兩年，這位「仁兄」竟然出家當師父去了！可是他並非與世隔絕的方外之人，我們同學的 Line 群組裡，他還會時常傳逗趣可愛的貼圖，以及發人深省的勵志圖文與大家同樂、共勉。最特別的是，每年八月有一段時間，他都要「閉關修行」，謝絕人際往來，包括我們輪流辦理的「同學會」。

　　「修行」為什麼一定要「閉關」？佛道中人操持這種禮儀、法度，自有他們的考量。以我凡俗庸碌的眼界來看，明心見性、修練證道的工夫，是需要十分虔誠、專注去履行的，一室的「寧靜」應是不得已而為的手段。你或許會想，佛門不是清淨無煩擾的聖地嗎？何須另闢禪房？其實不然！他們也有許多事務要處理，譬如灑掃寺院、料理齋食、早晚課誦、舉行法會、辦理講座…，勞心勞力的程度不亞於紅塵世界。可不是嗎？紅塵滾滾，你我似乎忙著在裡頭翻滾！而評鑑就是捉弄眾生的「遊戲」。各項準備工作毫不客氣

地紛至杳來，但屬於本職的業務和瑣碎的雜務，能因為評鑑而帥氣地把它晾在旁邊嗎？那可不行！而且也沒有人「應該義務」幫忙。自己的分內事如果不勇於承擔和操持，難道要等菩薩顯靈來扶持？

時間短促

北宋大詞人周邦彥在所寫的詞《六醜・薔薇謝後作》之中這麼開頭：「正單衣試酒，悵客裏、光陰虛擲。願春暫留，春歸如過翼，一去無跡。」意思是說：「正是更換單衣的時節，以酒為伴，悵恨客居異鄉，光陰平白地流逝。祈求春天暫留片刻，但春天匆匆歸去就像鳥兒飛離，一去無蹤跡。」在詩詞作家筆下，文字都變得儒雅有韻味，但即便如此，他們對「時間」也是一籌莫展，同樣會有「日月逝矣，歲不我與」的無奈感嘆！這世間有太多的不公平，唯有時間沒有偏私，一視同仁對待天下人。

所以，聰明如你，絕對知道怎麼看待和利用「時間」吧！否則，將強烈感受到「時光一去不復返，白雲千載空悠悠」的追悔與扼腕。尤其，如果有評鑑在身的時候，你會發現日曆紙撕得特別快，一溜煙，一天就飄走了，然後是一週、一月、轉眼間便要「上戰場」。也許你會說：「不是大家都一樣？」有時還真是不一樣！假若受到「幸運之神」的眷顧，你們可能會最後才被評鑑，反之，則是最早，這中間甚至差距兩個月的時間，那麼，對最早受評的企業或組織來說，「時間」相對就顯得「短促」了！這是教育部交通安全教育評鑑曾經出現的真實情形，你能奈他何？還有一種情況是，評鑑日期都是同一天或幾天，但是給予的準備（緩衝）期間很有限，這也是一種挑戰，對某些企業、組織而言，或許會應對不

良。

規劃貧乏

1995 年 6 月 27 日，臺北市地標之一圓山大飯店發生惡火，極具歷史、文化價值的建築藝術與特色被無情燒毀。其後，亞都麗緻飯店總裁嚴長壽先生接手經營，在短短三年間，由災後乏人問津的慘狀，扭轉到一位難求的熱況，讓圓山再度入選企業家心目中十大最佳飯店。他是怎麼做到的呢？首先，為圓山「定位」，確立一個明確的方向，亦即「成為國家接待重要貴賓、元首的活動場所」；其次，作為學術、科學、醫學、社團…等各種型態活動的「國際會議舞台」；再來，則是提供一般性的商務活動、餐飲宴客、國民旅遊、婚慶宴會…等用途。這整個改革行動是分三個階段落實的，分別為「重生」、「精進」與「超越」，但即使「規劃」如此準確、精實、有效，嚴長壽卻特別重視軟體（人）的改變，所以親自主導（持）市場行銷、領導統御及餐飲客房等一系列的訓練活動。之後，他回顧對圓山的重建，提綱挈領地說：「一個優秀的領導人，並不只是一個優秀的經營者與決策者，還要是一個能夠規劃願景的人」[註12-1]。

「規劃」的意義、功能及價值，從圓山飯店改造重生的故事，足以突顯出它的角色特性。我相信，能夠看得清、做得實此要點的各階層管理人（領導者），在企業或組織中也為數不少，但是這種

註 12-1　嚴長壽（2006）。**御風而上：嚴長壽談視野與溝通（三版）**。台北市：寶瓶文化。

行動能力，有沒有辦法完全移轉、應用到評鑑任務中，還是個未知數。評鑑任務的「規劃」需求，分為兩個方面：一個是含括生產、行銷、人資、研發、財務、品質、知識、資訊…等企業功能的計畫；另一個則是因應評鑑而做的專案安排，前者著重於長期、例行的運作，後者則關注於短期、爆發的表現，無論何者，都不能等閒輕視其重要性。可惜的是，依據我擔任評鑑及輔導委員多年的經驗，受評內容「not too bad or so-so（馬馬虎虎／普通）」的，還是佔大多數（符合「常態分配」現象），亦即令人驚艷的「佳作」較少出現，那麼，所給予他們的成績或評價便難以拉高。若從績效不彰的評鑑結果往回推論，沒有能夠妥善、用心「規劃」相關業務及任務，以至於執行內容貧乏或闕如，應該也要承擔某個比例的責任。

執行不力

　　2022 年 7 月 23 日，中華職棒富邦悍將外野手林哲瑄在新竹市立棒球場比賽時，因為撲接飛球造成左肩關節唇破裂，確定需要開刀治療，球季提前報銷。因為這個受傷事件，連帶爆出新竹棒球場整修的諸多問題。雖然耗時長久達 6 年，耗費巨資達 12 億，但新球場啟用才兩天就不斷出包，屢遭球員與球迷指出「草皮充斥石頭」、「紅土顆粒較粗」、「場地土質太鬆」和「廁所門鎖裝反」…等問題，更有網友在 PTT 上發文，羅列出共計 21 項缺失的懶人包，以致在短時間內便擴散成全國性的新聞事件；無巧不成書，9 月 18 日台東池上鄉發生 6.8 級強震，桃園市震度僅 3 級，卻讓八德國民運動中心羽球館的天花板瞬間崩塌，在館內運動的民眾見狀閃避逃跑，所幸僅 1 人受到輕傷，但是已經震出公安疑慮。

　　這兩項工程專案所出現的瑕疵，說它「執行不力」應無懸念，從檢核的面向來看，都是屬於「質性」的指標；而通常，檢核還會有另一面向，就是「量化」的指標，譬如：公益募款 50 萬，只達成目標 100 萬的 50%，或是書籍採購 4500 本，不足 5500 本，達成率僅 45%，「質」與「量」兩種指標都可以作為衡量執行績效的依據，所以我們在評鑑上也常採用。不過，此二方法的檢核僅是某個時間點的結果陳述，背後其實還有許多影響它的因素，包括：溝通、協調、應變、教學、整合、創新、資源取用、問題解決…等可以操作的能力，若應用得當便是強大的助力，否則，落入成效不彰的難堪局面也在情理之中。那麼，從哪裡可以全面又清楚地發現、了解業務「執行不力」呢？接受審閱的資料！無論是實體或線上評鑑，在這一關都將被仔細檢驗，最終，會像華倫·巴菲特講的：「退潮之後，就知道誰在裸泳。」簡報、自評報告、現場視查、訪談、問卷調查等，或多或少都可以做「漲潮」的掩護效果，但資料審閱沒那麼容易，況且，若要大規模地「做」，就沒意思了！

簡報不得要領

　　在名劇《瑯琊榜》中有一個橋段，是太子聯合其母親越貴妃，以暢談雲南的家鄉風情為由，假意邀請風華絕代、氣度凌雲的霓凰郡主（劉濤飾演）入宮，卻暗地在酒水裡摻入催情藥，想藉此手段讓郡主失身就範於外臣司馬雷；當藥性開始發作，郡主驚覺不妙，迅即起身，踉蹌地逃向門外，而越貴妃及太子極力攔阻，緊追至庭院時，才遭遇到聞訊趕來搭救的靖王（王凱飾演）。越氏母子發覺事跡敗露，利慾薰心之下，竟然一不做二不休，令待命周遭的弓箭

手齊發箭矢欲置靖王於死地，靖王在千鈞一髮之際，以迅雷不及掩耳之勢，轉瞬間即魚躍飛縱太子身側，利劍已抵其頸項，然後他輕描淡寫地說：「三軍之中斬將奪帥，本是我常做的事。」此時，情勢驟然逆轉，靖王取得了談判的優勢。這得歸功於他懂得在急難中掌握「要領（擒賊先擒王）」處理危機，若非如此，早晚會成為箭下亡魂。

許多評鑑少不了「簡報」這項目，受評者應該像靖王一樣，懂得「要領」才易於突圍而出。為何這麼說呢？我在本書開闢專章（第八章）費盡思慮分享了個人的經驗與心得，就是在強調、突顯「簡報」的特殊角色及功能，並且冀望你能透過我的闡述，汲取我的優點和長處，內化為用之後，建構出自己的成功模式。但是，依據以往的評鑑及輔導所見，能夠有效掌握到「簡報要領」的，比例其實不高。一般來說，問題大都出在欠缺組織性、系統性、脈絡性，只想著怎樣「交代出有做的事」就算完成，並不自覺在評審委員心中，激不起壯闊的波瀾！那樣如何喚起好奇心與好感度？當然，有一些會多用心思，設法呈現亮點、主打特色，可惜又同時忽略了前述的幾個原則，有點「顧此失彼」的遺憾。總體來看，簡報不難做，但要做到「堅實有 power」，還是得抓對方向、用對技巧。

自評報告粗糙

在每個人的生活中，有可能面對一些重大的事情，例如：升學考試、出國留學、選擇職業、買賣房屋、步入婚姻、懷孕生子⋯等，往往弄得勞心傷神、難以抉擇，但還是會勇敢地、慎重地迎向

它、處理它,為何?因為對事情本身及週遭親朋的在乎與重視,希望得到滿意的結果和眾人的祝福。假若以同樣「重要」的尺度來看待解決問題的需求,在企業或組織裡成員的行為表現,公私兩相比較,許多時候是南轅北轍、大相逕庭的!換句話說,有些人私事忙得勤快、做得妥當,而公務卻進得緩慢、幹得鬆弛,一旦這種心態和慣性反映到評鑑上,就很容易看到「自評報告」的「粗糙」模樣。

「粗糙」的「自評報告」有哪些態樣?舉一些我實際看到的情況「分享」給你,例如:分項成果沒有正確對應於指標,也就是資料擺錯位置,或是有意濫竽充數;打「擦邊球」,置放看似相關的資料,其實只沾到一點邊;資料準備不全,遺漏一些原本有做的事項,減損了報告的豐富度;文句的表達及語意的敘述不夠條理通暢、清楚明確;上傳的電子檔成果沒有正放,而是以 90 度呈現(讓評鑑委員扭著脖子看資料,不會太殘忍嗎?);版面缺少協調性和美觀性,包含文字沒有對齊左右兩側、條列事項有的標號有的無、有標號的條列事項格式不一致(有的縮排有的無)、文字間距疏密不同、上下行距與上下段距寬窄有差;在同一份報告中,印刷體和手寫體並行;有些無意義的字句重複出現(像唱盤跳針一樣);有寫錯字也有漏打字;在文句中出現空白(像斷橋般空一兩格)。假若別人的「自評報告」都沒有這些問題,你說誰的品質較好會受到眷顧?

現場視查有落差

2022 年 11 月初,經濟日報登出一篇報導,指教育部國民及學

前教育署針對地方政府的「教學正常化」視導訪查，督學現場所看到的情況，似乎與事實有落差。「教學正常化」的內涵，包括編班、課程規劃及實施、教學活動、評量等方面的正常化，也就是要杜絕不依規定編班、教學不正常、借課、早自習考試…等陋習，所以受到學生和家長的重視。但依據監察院的調查結果，發現督學實地訪查前通知時間不同（15 天或 1 小時），學校違反規定的比率相差竟然超過 10 倍，顯示學校如果有時間準備，會透過各種方法如要求學生謊答問題、不實填寫教學日誌…等，以掩飾違規行為[註12-2]。

學校為何甘冒大不韙去做違反規定的事呢？而且不是只有一兩所這麼做，暗示著潛存某些錯綜複雜、剪不斷理還亂的教育、歷史和文化問題！所以，學校應該是迫於「兩難情境」而做出無奈抉擇，有其不得已的「苦衷」。不過，情雖可憫，背離了教育理論且違逆了重點政策，終究還是損及學生的部分受教權與學習權，此種權益的「落差」又要向誰追討？但對於學校這種做法，只能往良善的方向解釋：用意在求好，不是想作壞。企業或組織面對評鑑的心境和態度，相較於學校教育的這些思維，基本上並無二致，都是想「力爭上游」、「搶占灘頭」，可若衡量的重點錯誤、選擇的路線偏頗、運用的方法失當，就非常有可能漏洞百出，不客氣地顯擺出來，尤其是走入現場視查的問題，一旦不符合簡報、自評報告或書面資料的陳述，幾乎一目了然、無所遁形，即便有心隱藏、掩蓋，

註 12-2　陳至中（2022）。**督學訪視是否提前通知？潘文忠：疑似違規會機動查**。2022 年 12 月 6 日取自《經濟日報》：https://money.udn.com/money/story/7307/6732794。

恐怕也時不我與、力有未逮，就像非正常化教學被舉報一樣難堪。

訪談不理想

我有一位小學同學，在六年級上學期結束後就轉學到高雄，因而中斷音訊三年多，直到國中畢業我們都進入師專念書，才又連繫上。她是個學霸，以第一名的優異成績輾壓眾多應屆畢業生，足見是個聰慧伶俐又勤奮好學的高材生。有趣的是，我們又經歷二次斷線，之後又再度重逢，卻已悄然飛渡了大半人生。生命有了淬鍊，感悟必定深邃，比我更早退休的她，分享了一句智慧箴言給我：「快樂自己找，天堂自己造。」她所追尋的「快樂」，興許還有更深的涵義，但我相信，《孟子・盡心篇》裡提到的「得天下英才而教育之」的「快樂」心境，我們都曾擁有過。

我在台北市當老師的時候，教過不少的學生，其中有一個男孩令我深切感受到「得英才而教之」的「快樂」，所以記憶特別深刻。雖然年紀相差十來歲，看似有世代觀念的差距，但那絲毫不影響他與我之間的「心靈默契」，往往我話還沒說完，他就能清楚意會我的想法；許多口頭的提問，他的反應敏捷度和正確率總是又快速又狠準，不消說，他的成績始終名列前茅。在我擔任校長若干年之後，他偕同當年同班的另兩位傑出同學，專程來苗栗找我敘舊，那時，這「小子」已經是國立陽明醫學大學（現已與交大合併為國立陽明交通大學）博士班學生。我提這些往事，主要在論述那種發自內心的「快樂」、「喜悅」和「滿足」感，不管是老師對學生或是評鑑委員對受訪者，都渴望能遇上的情境及結果。單純就評鑑而言，如果沒有這種「興奮交織的火花」出現，就表示受訪者所回應

的訊息或內容，沒有符合評鑑委員的期待，這部分的成績自然就打了折扣。

問卷反應不良

原本以為，台灣受「科舉制度」的觀念影響，會是學科補習最嚴重的國家；而東亞地區有「華人文化」的地方如中國、韓國、日本、新加坡，應該也不遑多讓，但是，事實卻超出我這個「笨蛋超人」的想像！依據中研院運用「國際學生能力評量計畫（PISA）」數據進行跨國性比較研究的結果，各國課後補習科學、數學、語文的普及程度，竟狠狠地打破「亞洲學生專利」的迷思。那麼，在 36 個參與調查的國家／地區中，中學生總補習率（含免費）最高的是哪一個國家呢？你應該會跌破眼鏡，是俄羅斯！其次是南韓、上海及新加坡，緊跟在後為日本及波蘭，接著是台灣，再後面則是以色列、香港、葡萄牙、保加利亞、義大利、英國、塞爾維亞及芬蘭[註 12-3]。

各國中學生會選擇課後補習，以強化閱讀、數學及科學能力，必然有國情、文化、社會、學校、家庭與學生的各種不同因素交相作用而造成影響，PISA 也許只是推進器、助燃劑而已。它所採取的評量方式，除了學科試題之外，也有關於學校特色和學生背景的問卷調查，無論是哪一種，都與學生接受個人學習成績的評量不一

註 12-3　研之有物（2022）。**哪國的中學生最愛補習？PISA：不是南韓、新加坡，冠軍不在亞洲！** 2022 年 12 月 8 日取自《商周》：https://www.businessweekly.com.tw/careers/blog/3008931。

樣，差別在哪裡？第一、受評目的及心理感受不同，作答較無壓力；第二、評量結果不會列入學生個人的學習成績紀錄。評鑑如果有運用「問卷」收集受評者的能力、程度或成果，心理狀態其實也跟 PISA 的受測差不多，然而，不管是測度企業、組織層面或是成員個人層面，結果一定會有優劣、好壞的差異比較，這就必須事先了解和妥為因應。假如沒有做好準備，以致「問卷」反應不夠理想，也只能虛心檢討、多謝指教了！

說明了「評鑑績效不彰的原因」之後，我再做一個小整理，用圖 12-1 呈現出來，方便你複習和記憶：

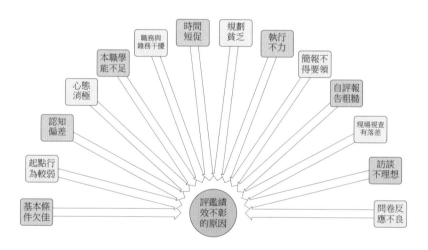

圖 12-1　評鑑績效不彰的原因

掌握進階魔法祕訣
打造優異的評鑑力

　　許多年以前，我就已經建置部落格，然後會在管理後台調整程式語法，把「關鍵字」潛藏於圖片之後，當網友將游標移動到圖片上，「關鍵字」便會立刻浮現出來。為什麼要這麼做呢？這牽涉到「關鍵字導流（到網站）」、「搜尋引擎優化（search engine optimization, SEO）」和「網站優化（website optimization）」的需求、設計與操作。「網站優化」的範疇較為廣泛高層次，可涵蓋前兩項概念，它包括內容、配置、目的、使用者介面、顯示及搜尋引擎等幾個面向的「優化」，能夠做得好，網站的整體品質才能彰顯出來，最後連結到績效目標、經營獲利與投資報酬的計算。但話說回來，網站沒有「優化」會怎樣？放心，還能活著！那只不過是像一個「穿著 polo 衫、休閒褲、休閒鞋，頭髮順其自然，鬍子愛刮不刮」的男人；至於經過「優化」的網站，則像「整套西服筆挺、頭髮梳理齊整、鬍子刮除乾淨」的男士，兩者的差別，在於風格意韻的不同。只是，若論及何者可以產出更具效益、能量且更為細緻、雅觀的有利作用，還是得仰仗於「優化」處理。面對評鑑也應該有這樣的理解與行動，做出「最佳化」、「差異化」成果的可能性才會提高。那麼，「優化」評鑑力的進階魔法祕訣是哪些呢？以下逐一說明。

盤點組織條件與能力

　　「盤點」一般是指管理經濟學的用語，它的目的是針對企業、

組織的現存原料、物料、資產進行清算點檢，以了解實際情況是否與帳面資訊相符合，並協助企業與組織強化管理的效果。所以，「盤點」的涵蓋範圍包括存貨盤點、財務盤點與資產盤點，它的功用不只是清點產品及庫存，在組織任務、專屬職位、特定時間與偶發狀況的需求上，還能迅速協理出可用的資源、找尋到相關的問題、評估定已有的損失，以及研擬好解決的方案，是一個十分重要卻又非常基本的技能。

既然理解了「盤點」的意義、功能和價值，還能輕易放過它嗎？勢必不行！當「評鑑」已然兵臨城下，就應該想辦法在最短時間做到「知己知彼」，而後做出攻防的決策。那是怎麼個「知己」法呢？最有效的選項就是「盤點」。盤點企業或組織內外部的環境、廠房、設施、工具、設備、軟體、財務、成本需求等狀況，社區、人力（利害關係人）、物力、機構、經費、時間等資源；具備哪些優勢、存在哪些弱點、蘊含哪些機會、包藏那些威脅；組織成員所具有的業務及評鑑相關知識、能力和技術；受評前是否有其他評鑑或重要任務必須應對；績效目標設定在哪裡；達到績效目標的預估差距…等等。這一步如果紮實地做了，就是有了非常好的「起手式」，為前方的勝利奠定穩固的基礎。

通透領導精髓展現風範

我有一位校長朋友，上任第二年就面臨縣內的交通安全教育評鑑。她很有責任感、榮譽感，更有強烈的企圖心，對於學校這種年度重要事項，展現出「勢在必得」的壯志豪情，並且錨定了最佳的績效目標。首先，她專程來找我，請益準備此項業務評鑑的重點和

方法，以及可能出現問題的環節，同時還很細膩地複製我以前的檔案、資料，帶回去研究和參考；其次，釐清、統整出評鑑範疇，並做好任務分工；其三，明訂各工作內容完成的時間期限；其四、妥善運用、分配及調整資源；其五、隨時進行檢核和評估成效。除了這些以外，或許她還有不傳的「獨門心法」，自己「暗槓（私藏）」發功以遂目的也說不定！總之，最後她們是獲得全縣特優的佳績。

這個例子說明了什麼？「領導者」角色至為關鍵！我在第五章特別先破除人們可能存在的「最高階才是領導者」的錯誤觀念，以鋪陳關於「領導」的論述。此處，我必須強調和提醒，「領導者」的重要性好比棒球場上的「投手」，佔球賽（評鑑）勝負的比重大約 70%，非常的高！雖然往下的領導階層其影響力佔比逐步降低，但仍有可能發揮出高度的效能。所以，每一個階層的「領導者」都應理解本身的重要地位與功能，特別是「最高階」那位「老大」，得十分清楚組織系統具有「漣漪效應（ripple effect）」，由他擔當建設或改革的發動機，漣漪擴散的效果才會顯著。那麼，如何做更好呢？善用「正向的認知」和「積極的心態」，激發夥伴的熱情、理想並追求更高的績效標準，而這個背後的支撐力量，則需要發揮「謙遜的特質」及秉承「專業的堅持」，創新思維、指引方向、發展策略、謀定方法，把事情處理得多元豐富、細膩深入，便更有助於實踐企業或組織的願景，同時達到評鑑的目標。

跨越資源限制

以前我還在職的時候，每一學期都會「乖乖地」參加教育處召

開的「校長會議」，原因無他，這是重要的集會，親自出席才能完整掌握各項資訊。我很早就發現，耗費時間、精神、經費所編成的會議資料，其實有很高的比例是「冷飯熱炒」，即便真心「品嘗」，滋味也沒那麼鮮美動人！除了書面內容讓人感到生硬無趣，口頭報告也會來逗熱鬧、湊一腳，經常會虛與委蛇地做表面文章「叮嚀」我們：「各位校長都很用心辦學，如果你們有經費需求，請按正常程序提送申請計畫，我們會整體考量和處理。」聽起來似乎沒啥問題，但「明白人」都知道，如果沒有特殊交情和政治手腕，所提計畫很有可能被「錄案辦理」打入冷宮。可是能怪罪這些長官嗎？似乎又不能過於苛責，因為「資源」本來就有其侷限性！它同時也對評鑑有相當程度的影響。

「資源」不單是指「經費／財力」而已，還廣泛地包含了有形、無形的資產和能力（請詳第七章）。它雖然可以來自四面八方，也存在於組織內外，但畢竟還是有限的，而且經常會有「需求衝突」的狀況出現，造成管理者的壓力與困擾，企業或組織能否跨越這層障礙，決定了評鑑績效的好壞。如何解決這個問題？著名管理學者金偉燦（Kim W. Chan）、莫伯尼（Renée Mauborgne）在《藍海策略》書中，提出了研究多年的心得及建議：領導者不能只想著要爭取更多資源，而應致力於加強現有資源的價值，亦即當資源有限之時，可利用「熱點」、「冷點」、「交易」三種槓桿因子將它快速釋放出來，同時提高其價值數倍。「熱點」指的是需要投入的資源很少，但潛在效益很高的活動；「冷點」是需要投入的資源很多，但潛在效益很低的活動；「交易」則是以某個部門的多餘資源，交換其他部門的多餘資源。所以，這三種槓桿的操作方法就是「把資源轉向熱點」、「從冷點轉移資源」，以及「交換資

源」，企業或組織若懂得運用，便易於克服資源障礙的問題。

掌握核心指標

　　幾乎每一年，全省各縣市政府都會辦理中小學校長或主任甄選，甄選的項目也都包括「資績」、「筆試」和「口試」，不同之處則在於配分的權重差異。其實，各縣市不一樣本沒啥好詫異，即便是同一個縣市，在不同年度也可能會有變動，成為影響上榜與否的因素。什麼？你懷疑這個說法？那我就舉個例子給你聽：多年前，苗栗縣有一位校長演繹了「失敗為成功之母」這句話，依據他的說法，我可以用「予豈好考哉？予不得已也。」來形容他，為何？因為苗栗縣連續兩年在配分權重上有所改變，如果這兩年的任一年不變動，他就上榜了！可惜老天爺愛捉弄他，所以讓他多「玩」了兩次校長甄試。不過，參加考試若想順心如意，可不能「瞎忙」！有一條金科玉律必定要掌握到，那就是：在沒有弱項的基礎上，「衝高權重最／較高的項目」，讓分數更容易拉開差距，而這個原則，同樣適用於評鑑。

　　在最近的年度，教育部和苗栗縣的交通安全教育評鑑四大指標的配分，都是「組織、計畫與宣導 25％」、「教學與活動30％」、「交通安全與輔導 40％」、「創新與重大成效 5％」，但是在 2009 年我們參加全國賽時，配分卻有頗大差異，分別為15％、30％、35％及 20％。何者較優並沒有絕對，但會影響受評者的決策方向和執行內容，譬如「組織、計畫與宣導」從 15％拉高到 25％，學校端就會加強計畫內涵、組織運作密度與效度，以及各層面的宣導；而「創新與重大成效」從 20％降低到 5％，也可

能變相鼓勵學校端減少創新思考活動。不過，儘管這兩項權重調整幅度明顯，另外兩項卻是幾乎穩如泰山，為何？因為交通安全的課程、教學、安全、輔導等活動，是核心的業務內涵，能夠確實掌握其精髓、意旨、要點，當可立於不敗之地。反過來說，有些學校無法獲得好成績，就是由於這兩項核心指標的成果較為貧乏空洞，秀不出「肌肉」來展現「身材」，即使另外兩項豐富有料，也難突破低權重的配分上限來扭轉頹勢。所以，這一個原則定要緊緊抓牢，並且應用到其他所有的評鑑，便能水到渠成取得可觀的績效。

擴大定義業務

　　蘋果電腦公司創辦人史蒂夫・賈伯斯（Steve Jobs）曾經豪氣干雲地說：「活著就是為了改變世界，除此之外，難道還有其他原因嗎？」這句話被收錄在摩天文傳研究機構所出版的《時尚由我定義：78 位引領時尚潮流的傳奇人物》書裡。摩天文傳從時尚歷史中篩選出全球呼風喚雨的靈魂人物，提供讀者了解這些名流的人生側寫，進入他／她們的內心世界，並一窺其引領風向的特質與能量。他／她們深具魅惑力和影響力，遍佈於服裝、珠寶、電影、科技…各領域，且作品都已廣泛滲透到持續遞變的潮流之中。此書很簡約地用「時尚是一種生活態度」這句話來定義「時尚」，它並非高高在上，而是貫穿在我們生活中的每一個細枝末節。但是，如果你問書裡的傳奇人物怎麼定義「時尚」，或許會得到 78 種不同的答案！這就是我的立論要旨，你要對自己的「認知」有信心，果敢地在評鑑中應用它，顯露出「業務由我定義」的氣魄！

　　這樣會不會太倨傲狂妄、自以為是？其實，能「定義」的部分

還是有限的，基本上，仍然要以評鑑方案所指明、界說的名稱、項目、意涵與指標為基礎前提，再往外延作擴充解釋。舉例來說，當年學校接受教育部「建置防災校園」評比的時候，我朝兩個方向擴大定義業務內涵，其一、是業務本身；其二、是簡報內容。前者，有關於「災害潛勢類別」之中，有一類是「人為災害」，在「全國各級學校災害潛勢資訊管理系統」裡，含括的種類繁多，譬如：加油站、製造業與瓦斯、電力設施（變電箱、變電所、高壓電塔、既有電波發射臺）所造成的意外事件，或鐵路平交道、交通要道大型車輛經過所造成的車禍事件，或無人看守水域（河川、運河、溝渠、水庫、湖泊、池／埤／潭、人工湖）所造成的溺斃事件，或實驗室毒性化學物質所造成的中毒事件，都是屬於中小學校園以外的人為環境與設施的危害，而我則把「校園內」的校舍、交通、飲水、防火、防盜、防搶、緊急傷病等安全需求事項納進來一併處理；另外，這些「擴大定義」的業務內涵與行動，我也利用最後的評選時機，將它們置入簡報當中來做強化論述。

經營與管理利害關係人

美國公平交易機構（TransFaire USA）曾經在某個時點，指出一個令人頗感心酸的事實：「全球的咖啡價格非常低廉，多數的栽種小農每磅（約等於 453 公克）咖啡只能賣得 0.25 美元（大約台幣 7.5 元）。」但星巴克（Starbucks）100 公克的咖啡卻賣到台幣 120 元，對比之下，咖啡企業和小農的營利差距真是天壤之別。不過，站在星巴克的商業立場，它也需要追求利潤，對股東和員工負責，更何況從財務報表來分析，它的主要獲利來源還是得益於對供應鏈的管理。這裡提到的「小農」、「股東」、「員工」都是星巴

克的「利害關係人」。既然稱作「利害關係人」，就是動不動會影響你「利益」的人，動不動會讓你知道「厲害」的人，所以千萬不可隨意「放生」或輕忽他們！

那麼，應該要怎麼做呢？在積極面，必須用心「經營」彼此的關係；在消極面，則需要妥善「管理（領導）」標的對象。「經營」彼此的關係並不能短線操作，而是要長久一致的情懷。在學校，除了老師以外，學生和家長是「利害關係人」主體，所有教育的措施，都是圍繞他們的最佳利益來思考及運作。某一年，學生參加歌唱組的「客語生活學校藝文觀摩賽」，雖然成績普普只得到甲等，卻因為結合舞蹈重現往日鄉村農家風情，竟博得在場觀看的客委會副主委的青睞，因而邀約上台北主題博覽會演出。這機會來之不易，我們便順勢邀請家長同行，讓他們見證學生的專注與可愛，也體會老師的認真及辛勞。同樣的心思，我們也用在各項評鑑上面，例如外埠教學、參訪等活動，提供家長共同參與和學習的平台。而關於「管理」的作為，對象則偏向內部成員，主要在強調「生命共同體」的概念，破除「非我業務，不干我事」的偏差認知，以凝聚企業或組織的共識，迸發集體的能量。請不要笑我八股彈老調，這是我輔導評鑑多年的觀察。大凡單位之間能夠摒棄私念，以組織目標為優先，團結和諧齊心並進的，評鑑都能斬獲好成績；而那些沒有上心、有所保留或各自為政的，總是無法殺出重圍而敗下陣來。歸咎原因，重點之一就是欠缺聚合組織成員意志的管理（領導）能力，或是沒有做好規範、統御的工作。若能理解這一點而知所琢磨，評鑑的戰力便會自動升級。

🎯 檢核進度並滾動修正

在中國，有一家被譽為「零售業奇蹟」的企業—胖東來商貿集團，不斷吸引世界大型企業的高階管理人前往考察，它的總部並不在北京、上海等大城市，而是設在二級城市的河南省許昌。由於新冠疫情和網購興起，很多大型零售企業陷入經營困境，在這樣的背景下，胖東來的業績仍然十分強韌堅挺，2022 年還新設兩個網點和一個物流產業園區。走進胖東來的門市，會驚訝地發現，蔬菜、水果等商品擺放得井井有條，貨架上的調味料都是標籤正對顧客；顧客拿走了商品之後，工作人員會馬上跟進將商品重新整理歸位，窗戶、玻璃、地板每天都擦得晶亮，狀態就像開業那天一樣好[註12-4]。

曾經是台灣籃球國手的好市多（Costco）亞太區總裁張嗣漢，在一次節目受訪中表示，顧客購買他們的商品，享有 90 天內退貨可全額退款的保證。這是有魄力的經營手段，也是檢驗商品及服務品質的好方法。相較於 Costco，胖東來的檢核機制做得更為細膩極致，他們在生鮮商品賣場掛著數位看板：「不好吃請告訴我們！我們將上門為您辦理全額退款及調退貨！」的提示，而且上面還附註專線電話號碼。從顧客的角度來看，企業基於經營理念，設計有利於消費者的制度且誠信而行，當然是樂得坐享其成，但企業也不是省油的燈，怎麼會願意如此降低姿態、蝕本倒貼呢？無非是懷抱自

註 12-4　日經中文網（2022）。**中國「零售業奇蹟」胖東來的服務與日本有很深的淵源**。2022 年 12 月 3 日取自：https://zh.cn.nikkei.com/china/ccompany/47863-2022-03-09-05-00-00.html。

我期許、嚴訂標竿、日益精進、萬年長青等高瞻遠矚的雄圖霸業！他們不只檢驗績效成果而已，更會在不同的時間點查核階段目標的達成率，並且積極改正錯誤或不良的方向及做法。這種思維模式，我們在評鑑中也很重視，透過召開會議、自我評估、檢討缺失、提供建議、採行新案、監控改善等「自我管理」作為，持續追蹤進度、了解成效並執行滾動式修正。這些動作看似平常，卻是「大內高手」的功夫，相較於有所忽略的企業或組織，二者必定會有懸殊的分別。

提早啟動專案

在《中庸》的書裡如此寫道：「言前定則不跲（音唸「夾」），事前定則不困，行前定則不疚，道前定則不窮。」意思是說：說話前先仔細思慮，就不會出現詞窮理屈；做事前先周詳籌劃，就不會遇到困窘難堪；行動前先謀定方略，就不會產生錯誤後悔；做人的道理預先決定妥當，就不會空礙難行。這些話你是否覺得言之有理？作為「萬物之靈」的人們，依循「理性」的道路而行，應該是通達明智的選擇吧！不過，事實似乎不盡如此，許多人認為，「歷史還會一直變換面貌重演」，大至國家、種族的爭鬥，小至家庭、個人的交鋒，故事總會「似曾相識」地不厭其煩輪番上演，真正能做到「以人為鑑，可以知得失」者又有多少？

面對評鑑，假若選擇了「理性」的思考和行為模式，則應該會朝向「最佳績效目標」來規劃和準備，而為了達到預設的目標，必然會考慮諸多可能的影響因素，譬如企業或組織的內外在環境、基本條件、成員觀念／心態／能力、資源供給、成果質量、偶發事

件…等變項，竭盡所能讓這些因子被緊握在「如來佛的掌心」之中。然而，世界有那麼美好嗎？老話一句：「人生不如意事十常八九」，沒有永遠的順風順水，未雨綢繆才能有備無患。此時，最好的應對策略之一就是從「時間」下手，鞭策自己及夥伴儘早上緊發條「啟動專案」。這樣做有多方面的益處，其一、可以爭取較多時間準備評鑑，以充實業務內涵、提高質量水平；其二、可以較有餘裕地調整執行方案、解決突發問題；其三、可以在提早就緒的狀態下，從容優雅地進行修補潤飾。除此之外，還有更細膩的「提早啟動」法，那就是平日即建立評鑑意識、研究評鑑內涵，讓夥伴明白辦理本職業務也同時是準備評鑑，那麼在做好檔案管理、知識管理之餘，已經一兼二顧提前執行評鑑工作了，豈不妙哉？

運用一魚多吃策略

在石門水庫附近有許多活魚餐廳，他們在為客人準備的菜品中，不只強調活魚料理的多樣選擇，也注重一尾活魚的多種吃法，例如：用魚身做紅燒，用魚頭來燉湯，而一般人會丟棄的魚鱗呢？則做成魚鱗凍。一尾魚可以變化出三道菜，除了成本相對較低之外，還能顯示出運用魚材的高度效能與效率。這種善用智慧以解決「時間」、「資源」問題，並創造企業或組織存在價值的方法，在現實生活中並不少見，譬如全球速食業巨擘麥當勞（McDonald's），表面上看是做快餐、賣漢堡，但它的創始人卻說，麥當勞其實是一家房地產公司，在都市的熱鬧區域購置土地、房屋，除了直營門市自己經營本業，另外也出租給加盟商，一面收取高額租金，一面坐享房產增值，同時運作三條獲利的管道，無疑是「一魚多吃策略」的最佳驗證者。

　　不過，「一魚多吃策略」能在評鑑中操作嗎？別懷疑，沒問題！但我不敢對你說「信我者得永生」，那可是耶穌基督的教化。我只能用「叢林求生」過後的法則，分享實戰所得的經驗給你參考。操作這種策略並沒有限定標的，也沒有規範要點，而是因應業務內涵的需求來調變，所謂「兵無常勢，水無常形」，如何運用則存乎一心。那麼，我是怎麼做的呢？從兩個方向著手：一個是在既定的日常行政或教學內容上，結合評鑑需辦的事項，例如：對低年級學生實施的繪本教學，不僅將它列為語文（閱讀）教育、藝術教育的成果，也融入「交通安全」主題，作為教育部該項評鑑的業務成果；另一個則是在同一評鑑中，置放相同業務內涵但適用不同指標項目的執行成果，例如：在「交通安全教育評鑑」中，必須關照到學生學習「腳踏車」的知識、技術與行為，所以我把「規劃腳踏車課程與教學」、「建置腳踏車教學擬真情境」及「實施腳踏車教學及路考測驗」等措施，分別放在三個不同的指標項目。這些做法並不是旁門左道的技術，你可以大膽嘗試！就算有「魚刺」，也都被我挑掉了！

採取分進合擊策略

　　2018 年，被譽為「外資金童」的洪進揚接掌群創光電董事長，他有一個經營心法，就是盤點、安排既有的團隊人才和資源，達到最公平、最佳化的配置目的。從 2021 年開始，公司進行策略轉型，孵育許多「小金雞」，其一是生產 X 光平板感測器產品的睿生光電，2021 年 12 月於興櫃掛牌交易，股價一度衝上 2 百元，躍為醫材界的明日之星；其二是群豐駿科技，於 2018 年 3 月自群創的車用面板業務獨立出來，因為應用市場規模夠大，並且具有高

度客製化特性，所以持續提升本身的技術及研發能力，如今已能一手包辦從軟硬體到系統開發的整合工作；其三是方略電子，由群創顧問丁景隆主導，著力於新創技術，目前已可做出玻璃 IC，並獲得夏普電視採用**註 12-5**。這些被扶植起來的「小金雞」，就是群創所採取的新策略──「分進合擊策略」的攻堅部隊，主要負責「分進」的任務，用意在協助群創達成「企業轉型」、「超越面板」、「超越同業」的「合擊」目標。

　　不可諱言地，「評鑑」也是另一種樣貌的「戰場」，只是「敵人」沒有現身肉搏而已，但正因為如此，往往會讓賽局中人失去戒心和鬥志，以致不知目標為何？策略為何？這樣便可能成為「散兵游勇」缺乏戰力。有為的企業或組織，會避免陷入這種窘境，同時會開創有利局面。在「評鑑」的需求中，「分進合擊」是一種能夠兼顧效能和效率的靈活策略。我們在教育部「交通安全教育評鑑」、「建置防災校園評比」中，都有執行這項策略，舉例來說，在同一天辦理全校的校外教學活動，低年級走訪桃園航空站、中年級搭乘捷運到淡水坐渡輪、高年級搭乘巴士到旗津坐渡輪，這樣便能畢其功於一役含括「陸海空」交通的教學成果；另外，無論是交通安全的「融入」課程或是防災的「主題」課程，也「化整為零」讓各年級或各年段分別實施教學，而最後仍能「全面統合」，「完整」呈現出計畫目標所要追求的成果。從上述例子可知，達成目標

註 12-5　楊喻斐（2022）。**外資金童接棒四年，大打分進合擊策略。群創洪進揚：對面板未來很樂觀**。2022 年 12 月 20 日取自：https://tw. news.yahoo.com/news/外資金童接棒四年-大打分進合擊策略-群創洪進揚：對面板未來很樂觀-064538146.html。

的策略有很多選項，只要集中意志、篤誠行動，便能笑納甜美的果實。

呈現量化數據

剛結束的 2022 年世界盃足球賽，阿根廷奪得冠軍。陣中的傳奇球星梅西（Lionel Messi）雖然無緣「金靴獎」，仍然創下十大超狂紀錄，包括：26 度登場世界盃、世界盃總上場時間 2284 分鐘、從小組賽到冠軍賽場場進球、本屆進 7 球含 4 顆 12 碼罰球、助阿根廷世界盃獲 17 勝、兩度奪世界盃金球獎、世界盃生涯共踢進 13 球 9 助攻、史上最老年紀單屆進 7 球、決賽進球年齡 35 歲又 177 天、世界盃生涯總計踢進 13 球，除了倒數第二項年齡是第二老、最後一項生涯進球和其他人並列第四之外，另外八項紀錄他都是獨占鰲頭，即便足壇「江山代有才人出」，想要突破超越他，也不是容易的事。他在足球界的成就已然樹立起「梅西障礙」，經由媒體的採訪整理和大肆報導，使其名聲傳遍四海、舉世皆知。假若再進一步深究下去，你我依憑什麼知道他的「偉大不凡」？有兩個衡量的要點：第一、是他個人的歷史紀錄，都用客觀「量化」的統計「數據」呈現事實出來；第二、比較他和其他球星的「量化數據」，便能分辨出高下。

從梅西的例子，我們可以了解到「量化數據」的角色功能，在生活、職場、商戰各領域、各層面都有它的妙用價值。舉例來說，我們以前在呈現「評鑑」成果時，將學生在校內外發生交通狀況的地點和人數做了統計與比較，2007 學年度在「運動場」、「教室」、「走廊」、「校外」的事故人數分別是 173、128、9 和 15

人，而 2008 學年度則為 110、101、2 和 3 人，你來看一看，數量及比例的變化如何？是不是顯著降低有進步？怎麼看出來兩者的差異？因為這些資訊都是「數字」，都是「量化數據」，可以進行計算、比較、分析和應用。如果不是用這種方式處理，「空口說白話」如何取信於評鑑委員？他們這麼好「唬爛」嗎？我擔任評鑑委員也沒有這麼好打發！從這個角度來斟酌，想要有實質作為以「差異化」的成效取得評鑑好成績，朝這個細節努力肯定會有正向的報酬。

併入硬體績效

儘管電子商務已經一日千里、蓬勃發展，實體經營仍然需求活絡、屹立不搖，這表示，能夠提供人們「五感體驗」的店鋪，還是有它的存在價值。日本 D. I. Consultants 公司總經理榎（音唸「甲」）本篤史在他所寫的《地點學》書中，有一篇關於「招牌怎麼做能吸引目光」的論說。他提到，「招牌」是一種能為店家持續宣傳的工具，它能向路過的人傳達「我們在這裡」、「我們做這種生意」的訊息，言下之意就是：經營事業有生產、行銷、人資、研發、財務…等眾多管理面向的（軟性）事情要注意，但設法讓路人看見「招牌」，也是很關鍵的影響因素。至於怎樣的「招牌」才能夠醒目吸睛？他指出三個重點：第一、以「垂直於道路走向」的角度來設置，或是以「A 字型看板站立」於店門前；第二、從形狀上變化；第三、在顏色上下功夫。後面兩點並沒有放諸四海皆準的範式，他是舉星巴克咖啡的「圓形綠色」招牌為例來作說明，就容易讓人理解了！

　　無論經營哪一種事業領域，只要有實體店面，就會牽涉到房屋、建築、設施、設備、工具…等各種「硬體」組件（例如上述的「招牌」），這些是封疆守土、攻城掠地的功臣，「點將行賞」絕對不能遺漏它們。同樣地，在「評鑑」的資源運用上，也必定要將所執行的「硬體」績效陳述出來，以突顯企業或組織全面性的思考及作為。當年，我們在教育部的「交通安全教育評鑑」中，除了落實宣導、課程、教學、安全、輔導等各項「軟性」的活動，還在「硬體」方面設置遠端安全監控系統、整平車道路面、重建綜合操場、改善跑道、安裝籃球柱軟墊、整建遊戲區地坪、舖設遊戲區地墊、建置無障礙設施、改建沙坑為「交通安全教育」亭、設置安全護欄、裝設防撞護條、黏貼樓梯止滑布條…等，可以說是徹底為學校「整肅儀容」；另外，在教育部的「建置防災校園評比」中，我們也應用相同的思考及解決問題模式，執行校舍耐震補強、坡地水土保持、防水防漏修繕、校園人車分道等工程，以及加裝監視器鏡頭和舖設走廊水溝蓋，成功地扮演「硬體」績效相輔相成於「軟性」教育措施的角色。

視覺化資料

　　網路發達以後，企業、組織與個人的思考、工作和生活模式有了翻天覆地的變化。不想看老闆臉色、想自由自在幹活、想開創個人事業、想提供特定資訊、想分享專業知識、想傳播成功經驗…的有志之士，便會當仁不讓地勇闖「自媒體（self-media 或 we media）」的天地。「自媒體」要經營得出色，需要符合「有個性」、「勤於表述意見」、「能與讀／聽者互動」和「具有影響力」等幾項條件，那些關鍵意見領袖（key opinion leader, KOL）、

網紅、部落客、YouTuber、Podcaster…等，都會運用可以散播影音資訊的平台如 Facebook、Instagram、YouTube、Line、Blog、Google+、Podcast、TikTok、Twitter、plurk…，來貫徹意志、達成目標、實現理想，他們極少使用「純文字」的模式表達想法和見解，因為跟融合「聲音」的動態「影像」比較起來，前者的「留客」效果實在難望後者之項背。這一個關鍵點已經廣受認同並驗證在案，就是告訴大家，「視覺化」的做法遠優於「純文字」的平鋪直敘。

「視覺化」並不單純指動態的影像，還包括圖形、圖片、表件和地圖等視覺元素。它之所以能吸引目光，是因為能藉由不同的顏色及形狀來收攏注意力，同時促進觀看者的理解與認知。這種特性帶給文字資料和原始資料非常實用的附加價值，你若輕視而放棄它，無異於「自動繳械」，只有等著「挨槍子兒」的份！但我相信你是聰明人，當知「視覺化」就是一種資料形態的變化，妥善地操作它，可以取得「業務功能」和「呈現形式」之間的巧妙平衡，扮演好「敘事」與「分析」的橋接角色。正是因為如此重要，無論在政府、科技、金融、軍事、農業、漁業、建築、教育、體育、藝術…任何領域或職業，都不致疏漏掉這種技術。所以，一旦遇上「評鑑」，那可是實戰應用、升級火力的好時機！我們以前除了在「書面資料」會這樣處理之外，也在一擊致勝的「簡報」與「情境佈置」中充分發揮。

兼顧紙本與數位資料

喜歡觀看或曾經參加正規籃球比賽的人，都知道雙方上場的球

員各是五人，每個球員有他的位置和進攻、防守的職責：一號位置稱為「控球後衛」，是組織進攻的靈魂人物，透過控球製造有利機會，所以必須具備敏銳的觀察能力與良好的傳球技術；二號位置稱為「得分後衛」，需要有強悍的體能，以滿足大量投射的角色期待，展現優勢的速度和爆發力；三號位置稱為「小前鋒」，以進攻得分為主要任務，強調能快速推進上籃、運球突破及長距離放冷箭；四號位置稱為「大前鋒」，必須具備壯碩結實的體格，還有一定程度的移動能力；五號位置稱為「中鋒」，是場上最高的球員，在底線或籃框附近埋伏，伺機進攻、抓籃板球、掩護隊友甚至外線投籃。無論是進攻或防守，這五個位置都需要有高度的團隊作戰默契，以順利運行各項變動的戰術，其中，二號及三號被賦予「速度」的特性，當情境翻轉為進攻局面，會以「迅雷」之勢同時向前移動，執行「快攻」的任務，所以號稱為「雙箭頭」。在籃球競賽場上，只有兩軍對陣廝殺，但是「評鑑」的敵手，卻有可能比東漢末年討伐董卓的「十八路諸侯」還多，要如何才能殺出重圍奪得王旗，沒有往細部謀劃是不行的！「雙箭頭」就是可以操作的技巧。

在一般情況下，「評鑑」即便採取多種方式檢驗成果，也大多不脫簡報、審閱資料、訪談、現場視查、問卷調查等做法，表面上看，這些方式似乎不過是「形式」而已，殊不知，它們也可以是「攻堅破城」的武器。為何這麼說呢？如果你願意花一點時間重溫第八章，就會很輕易理解我的意思。此處，基於行文的考慮，我只挑揀它的大小標題來說明：首先是主題名稱「製作一擊致勝的簡報」，即直言「簡報」可以具備巧妙的攻擊力！而後是第一單元名稱「簡報是評鑑的最強攻心術」，更加強調「簡報」的「武裝本色」，能夠產生「開路」、「濃縮」、「優化」、「說服」、「差

異」的「正增強」作用！再則是第二單元名稱「讓簡報有畫龍點睛的效果」，重在提示「簡報」應該扼要精煉，不妨從「醒目標題」、「統一格式」、「謙遜思維」、「專業脈絡」、「強調核心」、「質量並重」、「軟硬兼施」、「特殊事蹟」、「成效檢核」、「後設認知」、「績效對照」、「感性氛圍」、「惕勵未來」等取向，來創造品質形象、突顯成果優勢，這可是「迷惑打者（評鑑委員）」很有威力的「變化球」。依此類推，簡報以外的評鑑方式，也都是如假包換的實戰力，端看你如何打造它們。而我，在「資料審閱」這個部分，把它們視為「雙箭頭」來落實「作戰意圖」，除非評鑑明確規範「全紙本」或「全數位／全線上」審查，我們會同時兼顧「紙本」的檔案卷宗化、系統化、格式化，以及「數位」的知識管理績效與特色，以確保「周全地」呈現業務成果，並且展露「差異化」的決心。

重視每一種評鑑方式

　　在古今中外的歷史上，大國之間的博弈始終動見觀瞻，也會牽引其他國家的思考和決策。當無法再以和平局勢相處，或某（些）方竄起狼子野心，便會開啟戰爭模式，不是被迫以武止戈，就是藉機謀取私利。早自遠古時代，戰鬥不過是刀劍火石、肉身強攻而已，軍隊不從陸路也僅剩水路可行；隨著科學、技術發展，迅即加入空戰，從平面轉化為立體，複雜度及精彩度大幅躍升。自此之後，戰爭形式的多元性一日千里，甚至共榮並存、創新巧變，假若稍有怠忽疏於應對，可能會遭受重創、追悔莫及！已經出現的新形式戰爭有生化、資訊、恐攻、科技、經濟、貿易、貨幣、文化…等態樣，無論是哪一種，都可能帶來難以計算的傷害，但從反面來

看，卻足以證明每一種都有它無可替代的「攻擊價值」。

　　拉回到「評鑑」，你我若已在賽局之中，也需要讓各項準備工作具有「攻擊價值」，換句話說，都要預設目標程度，並且想辦法達成。國與國之間的較量，無所不用其極地發動任何形式的戰爭，只為壓制對手、取得優勢、維持勝果以保障利益，我們面對「評鑑」也應該有類似的覺知，竭盡所能了解自己的狀況，掌握每一個環節和時機，使充分發揮能量朝「最佳化」的效果進展。好比前面提過的簡報、審閱資料、訪談、現場視查、問卷調查等評鑑方式，每一種都可以是有利、有效的「武器」，必須悉數關照、同等重視，妥善地運用及操作，才有可能提升整體的水平、獲致理想的戰果；反過來說，假如輕忽、懈怠任何一種方式，它肯定會「君子報仇」、「賞吃苦頭」，讓你知道它的厲害！所以該怎麼做，不用擲筊問神明了吧！

包裝與行銷成果

　　話說滿清高官左宗棠，某日穿著便衣進入一間寺廟，和尚以為他是普通香客，隨意招呼說：「坐！」下一句再說「茶！」和尚接著問他從何處來？他答道：「北京」，和尚心想：「該是官客吧！」變得客氣地說：「請坐！」又吩咐下去：「泡茶！」再請教姓名，他回：「左宗棠」。和尚聽了便趕緊說：「請上坐！」，「泡好茶！」後來，和尚央請他寫副對聯，他就寫了：「坐、請坐、請上坐！茶、泡茶、泡好茶！」和尚一時尷尬說不出話來。這個趣聞很寫實地詮釋了一句俗話：「人要衣裝，佛要金裝」，意思是指人得靠衣飾裝扮來支撐底氣、塑造形象。如此說來，不是顯得

特別淺薄庸俗嗎？在人的世界裡，還真難完全抹滅這一種偏執，所謂：「先敬羅衣後敬人」，道盡了勢利虛浮的社會現實。不過，若把情境轉換到「評鑑」上，我們所想、所做的，卻不是這般無奈不得已，反而是從積極面有目的性地利用人們這種心理，藉由「情境佈置」、「簡報」及「書面資料」等方式，以「整理」、「轉換」、「升級」、「美化」過的新資料形式，來敘說屬於我們的獨特故事。

接著來談行銷。紅牛（Red Bull）是一家銷售能量飲料的公司，最早起源於泰國，目前的事業版圖已經擴展到全球一百七十多個國家和地區，為世界最大的能量飲料品牌。它最震人耳膜的一句廣告標語：「給你一對翅膀」，訴求喝完 Red Bull 以後，任何人都能有飽滿的精力和專注力完成想做的事。但是，他們的行銷並不會讓消費者感受到「被推銷」，而是以優質的內容展現品牌的個性和風格。在產業內，還有其他的競爭者，Red Bull 之所以能突圍而出登上顛峰，靠的是它的質感、形象，以及勇於冒險的氣魄。這個鮮活的行銷案例，每天還有機會見識到，十分巧合地，他們重視品牌內涵的廣告策略，正是我們應對「評鑑」所採用的，具體做法落實在三方面：第一、呈現紮實豐富的業務成果，不僅有廣度也有深度，而這是行銷 7P 元素中最根本之所在；第二、突顯具有差異性的創新作為、特殊成就和優良事蹟；第三、運用「目標與關鍵結果（objectives and key results, OKR）」的管理概念，以「績效對照」的方式，強調不同面向的顯著進步成果和改善情形。從評鑑所獲得的成績檢視當初這些行銷努力，似乎得到了非常正面的回饋。

說明了「掌握進階魔法祕訣打造優異的評鑑力」之後，我再做一個小整理，用圖 12-2 呈現出來，方便你複習和記憶：

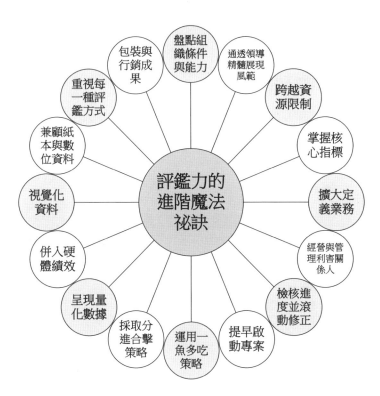

圖 12-2　評鑑力的進階魔法祕訣

國家圖書館出版品預行編目（CIP）資料

評鑑力：企業與組織創造績效的魔法師 / 傅志鵬
著 .-- 初版 .-- 高雄市：巨流圖書股份有限公司 , 2023.06
　　面；　公分

ISBN 978-957-732-690-4（精裝）

1.CST: 企業管理評鑑 2.CST: 績效評估
3.CST: 品質管理
494.01　　　　　　　　　　　　　　112006216

評鑑力：
企業與組織創造
績效的魔法師

著　　　者　傅志鵬
責 任 編 輯　張如芷
封 面 設 計　閻錫杰

發 行 人　楊曉華
出　　　版　巨流圖書股份有限公司
　　　　　　802019 高雄市苓雅區五福一路 57 號 2 樓之 2
　　　　　　電話：07-2265267
　　　　　　傳真：07-2233073
　　　　　　e-mail: chuliu@liwen.com.tw

編 輯 部　100003 臺北市中正區重慶南路一段 57 號 10 樓之 12
　　　　　　電話：02-29222396
　　　　　　傳真：02-29220464

劃 撥 帳 號　01002323 巨流圖書股份有限公司
購 書 專 線　07-2265267 轉 236

法 律 顧 問　林廷隆律師
　　　　　　電話：02-29658212

出版登記證　局版台業字第 1045 號

ISBN ／ 978-957-732-690-4（精裝）
初版一刷 · 2023 年 6 月

定價：390 元